Michael Moesslang

Professionelle Authentizität

»To be trusted is a greater compliment
than to be loved.«

[George MacDonald]

Geleitwort

Als ich gefragt wurde, ob ich ein Geleitwort für Michael Moesslangs Buch „Professionelle Authentizität - Warum ein Juwel glänzt und Kiesel grau sind" schreiben wollte, war meine erste innere Reaktion „Ich habe eigentlich keine Zeit …" Als ich jedoch das erste Kapitel gelesen hatte, konnte ich dieses Buch nicht mehr aus der Hand legen. Dieses Buch ist genau das, was alle Führungskräfte und solche, die es werden wollen, lesen sollten.

Der Untertitel „Warum ein Juwel glänzt und Kiesel grau sind" wirft viele Fragen auf. Michael Moesslang beantwortet sie alle.

Der Vergleich des grauen Kiesels in der Masse mit einem glänzenden Juwel ist ein wunderbarer Weg, aufzurütteln und aufzuzeigen, wie wichtig es ist, Eigenverantwortung zu übernehmen und im persönlichen Entwicklungsprozess nie stehenzubleiben.

Wenigen ist bewusst, dass sie als gleichförmige graue Kiesel im Fluss des Lebens unterwegs sind, sich von der Strömung einfach mitschwemmen lassen, ohne Akzente zu setzen oder auch nur den Versuch zu machen, anders zu sein, besser zu werden.

Moesslangs zentrale Botschaft lautet: Jeder kann ein Juwel werden. Jeder kann sich gezielt verändern und sich gleichzeitig treu bleiben. Jeder kann sich professionell authentische Rollen auf Dauer zueigen machen, statt sie nur zu spielen.

Michael Moesslang zeigt Ihnen in diesem außergewöhnlichen Buch, welche Bedeutung professionelle Authentizität für Ihren Erfolg besitzt, und wie Sie sich Schritt für Schritt zum glänzenden Juwel entwickeln können. Es ist für Mitarbeiter genauso geeignet wie für Führungskräfte, denn jeder präsentiert sich jeden Tag, und dies immer wieder von Neuem. Erfolg ist genauso wenig ein Zufall wie professionelle Authentizität. Sie haben alles in sich, was Sie zu

Ihrem Erfolg brauchen und Michael Moesslang zeigt Ihnen, wie Sie dies auf natürliche Weise zum Vorschein bringen können.

Dass ausgerechnet Sie dieses Buch jetzt in Händen halten, ist sicher kein Zufall. Sie haben bereits erkannt, dass Erfolg nicht von alleine kommt, dass Sie selbst aktiv werden müssen, um sich glänzend zu positionieren. Wäre es nicht schön, alle glanzvollen Fähigkeiten, die Sie in sich tragen, Schritt für Schritt zu fördern? Wäre es nicht schön, zu wirken und sich dabei rundum sicher und wohl zu fühlen?

Wenn Sie diese Seite wenden, ist dies Ihr erster Schritt auf einer langen und intensiven Reise. Einer Reise zu einem inspirierenden Leben als Juwel.

Ich wünsche Ihnen dabei viel Erfolg und möge Ihr Glanz immer strahlen!

Antony Fedrigotti

Top 100 Speaker, Trainer des Jahres 2003

www.fedrigotti.de

Vorwort

»SEI GANZ DU SELBST!« – UND BLEIBE GRAU UND UNSCHEINBAR

Führungskräfte[1], Selbstständige und Unternehmensführer[2] stehen unter Beobachtung. Machen Sie sich bewusst: Was Sie sagen und wie Sie wirken hat Gewicht. Aber Vorsicht: Wie Sie wirken hat auch dann Gewicht, wenn Sie es gar nicht planen oder beabsichtigen. Sie können nicht Führungskraft nur für die Momente sein, in denen Sie sich vor die Mannschaft stellen. Sie stehen unter ständiger Beobachtung. Sie sind immer Führungskraft - sobald Sie im Umfeld des Unternehmens sind, also im Gebäude oder als Repräsentant bei Kunden oder Auftritten, auf Geschäftsreisen oder Messen. Und alles - alles! - was Sie tun, wird von Ihren Mitarbeitern und Kollegen genau wahrgenommen.

Führungskräfte werden allerdings selten darauf vorbereitet, was das bedeutet und welche Anforderungen sie erfüllen müssen. Gut, ein oder zwei Führungsseminare werden manchmal noch bezahlt. Doch wie erfüllt eine Führungskraft ihre kommunikativen Aufgaben? Wie gelingen ihr ihre Auftritte? Wie wirkt sie auf andere? Eine Führungskraft mit mittelmäßiger Ausstrahlung macht eine mittelmäßige Karriere, führt ein Team mittelmäßig, erreicht mittelmäßige Ergebnisse und repräsentiert das Unternehmen mittelmäßig. Damit schadet sie sich selbst. Und sie schadet der Organisation. Erst wenn der Schaden zu groß wird, wird das Scheitern offenbar, wird der blasse Manager gestoppt. Führen heißt wirken, und wer nicht wirken will, hat seinen Führungsanspruch verwirkt.

---

[1] Ich verzichte im Buch der Lesbarkeit wegen auf die zusätzliche weibliche Form. Selbstverständlich sind immer Damen und Herren gemeint.

[2] Wenn ich von Unternehmen spreche, sind immer auch NGOs, Verbände und andere Organisationen eingeschlossen. Denn alle Aussagen gelten dort ebenso.

Zu führen heißt wirkungsvoll und ergebnisorientiert zu kommunizieren. Wenn Sie eine gute Führungskraft sind, dann wissen Sie auch, wie Sie sich gut verkaufen können, wie Sie sich ins rechte Licht rücken und dort glänzen können. Wer beruflich weiter kommen will – ob auf die nächste Karrierestufe oder auf dem Weg zur Spitze – kommt nicht umhin, andere Menschen zu überzeugen und für sich zu gewinnen. Der schafft Klarheit, erntet Sympathie und weckt Begeisterung.

Charismatische Führungspersönlichkeiten tun sich leichter. Es gibt kein Erfolgs-Gen, kein Kommunikations-Gen und kein Charisma-Gen, all das muss man sich erarbeiten. Sicher, manche haben durch die Prägung ihres Elternhauses einen Vorsprung. Doch jeder, der im Leben Erfolg haben will, muss früher oder später lernen ein Netz an Unterstützern um sich zu knüpfen. Wer es versteht, seine persönliche Wirkung und seine rhetorischen Fähigkeiten gezielt einzusetzen, der bekommt auch die Chance, an der Stirnseite zu sitzen. Wer gut auftreten kann, wird nach vorne geschickt. Wessen Persönlichkeit dort überzeugend wirkt, der wird gefördert. Ein wirkungsvolles Auftreten ist eine Schlüsselqualifikation jeder Führungspersönlichkeit.

Dieses Buch fordert Sie zu einer Entscheidung auf: Wollen Sie ein Kieselstein bleiben oder ein Juwel werden? Ein Kieselstein ist grau und unscheinbar. Ein Juwel funkelt und wird von allen beachtet.

Jeder kann ein Juwel werden. Aber dazu genügt es eben nicht, nur fachlich gut zu sein. Wer sich als Sachbearbeiter, Ingenieur oder Wissenschaftler hauptsächlich mit Sachen beschäftigt, braucht womöglich keinen Schliff. Wer aber weiter kommen will, wer Menschen führen will oder wer es in seinem Arbeitsumfeld hauptsächlich mit Menschen zu tun hat, der braucht Persönlichkeit. Der muss lernen, sich von seiner besten Seite zu zeigen. Ob Sie ein Achat, ein Saphir oder ein Brillant werden wollen, liegt ganz bei Ihnen. Von mir bekommen Sie ein Angebot aus Anregungen, Sichtweisen und Übungen, aus dem Sie wählen können, was Sie weiter bringt. Gehen Sie Ihren eigenen Weg.

Dabei wünsche ich Ihnen alles Gute und viel Erfolg!

München, im Frühjahr 2010   Michael Moesslang

Inhaltsverzeichnis

Geleitwort _____ 7

Vorwort _____ 9

»Sei ganz du selbst!« - und bleibe grau und unscheinbar

TEIL I
DER ROHDIAMANT _____ 13

1. Was glauben Sie eigentlich, wer Sie sind? _____ 15

Warum Sie selbst entscheiden, ob Sie ein Kieselstein oder
ein Rohdiamant sind

2. Auch ein Kiesel wird geschliffen - von Anderen _____ 29

Warum Sie der Versuch, authentisch zu sein, nicht weiterbringt

3. Erst ein geschliffener Edelstein ist von Wert _____ 53

Wie Sie herausfinden, welche verborgenen Potenziale in Ihnen stecken

4. Princess-Cut oder Ceylon-Schliff? _____ 84

Wie Sie sich gezielt verändern und sich gleichzeitig treu bleiben

TEIL II
DER SCHLIFF _____ 103

5. Das Feuer im Innern _____ 105

Wie Sie Ihre innere Sicherheit steigern und souveräner werden

6. Auch ein Facetten-Schliff muss schmeicheln _____ 131
Wie Sie sympathischer wirken und Ihren eigenen Charme entwickeln

7. Der Stein in der Mitte zieht alle Blicke auf sich_____161
Wie Sie gelassener führen und andere Ihnen folgen

8. Ein Hochkaräter_____177
Wie Ihr Wort Gewicht bekommt und Sie gehört werden

Teil III
Das Juwel _____ 203

9. Das Funkeln in allen Facetten_____ 205
Wie Sie sich neue Rollen im Leben zu eigen machen, statt sie nur zu spielen

10. Was einen Edelstein zum Juwel macht _____222
Wie Sie sich mit Ihrer Einzigartigkeit glänzend verkaufen

11. Ein Stein mit Charakter _____ 243
*Wie Sie im Alltag Ihre eigenen Werte leben und
dabei an Wertschätzung gewinnen*

12. Ein Stein allein macht noch kein Diadem _____ 262
Wie Sie nicht nur Ihre eigene Rolle, sondern das ganze Stück inszenieren

Nachwort_____291
Ein Diamant ist für die Ewigkeit

Literaturempfehlungen _____ 293

Der Autor _____ 295

Teil I
Der Rohdiamant

1. Was glauben Sie eigentlich, wer Sie sind?

Warum Sie selbst entscheiden, ob Sie ein Kieselstein oder ein Rohdiamant sind

ARD, Abendprogramm. Es läuft die Übertragung der Verleihung des »Bild Osgar 2008«. Auf der Bühne steht ein Mann und hält die Laudatio für den damaligen Vorstand der Deutschen Bahn, Hartmut Mehdorn. Dieser sitzt in der ersten Reihe neben Kanzlerin Merkel und Altkanzler Helmut Schmidt.

Der Laudator beginnt ganz trocken - ohne Begrüßung oder andere Floskeln: »Wenn man den Namen Hartmut Mehdorn googelt, erscheinen als erstes Worte wie ‚Betonkopf'!«

Pause. Er hebt seinen markanten Schnauzbart etwas an und blickt in die Runde. Ein ungewöhnlicher Beginn für eine Lobrede. Aber das passt zu diesem Mann. Er ist selbst Vorstandsvorsitzender, Chef der Daimler AG. Es ist Dieter Zetsche.

Man sieht ihn selten im Fernsehen, aber wenn, dann erkennt ihn jeder sofort wieder, vor allem wegen seinem Markenzeichen, dem markanten Schnurrbart. Er wirkt auf Fotos oder im Fernsehen zurückhaltend, ein bisschen introvertiert. Man kann erst mal schlecht einschätzen, ob man ihn nun mag oder nicht.

Dieser erste Satz seiner Laudatio im öffentlichen Fernsehen lässt aufhorchen. Seine Rede zeichnet sich durch spitzen Humor aus. Seine Schlussworte sind beispielsweise: »Sie haben einmal gesagt, Sie wären gerne Porsche-Chef, weil ein Porsche etwas sei, was man nicht brauche, aber irgendwie Spaß mache. - Bei der Bahn ist es ja eher umgekehrt. ... Sollten Sie, Herr Mehdorn, einmal einen neuen Job suchen, sollten wir vorher noch mal über den Autokonzern reden.«

Er redet ungewöhnlich, kantig, eigenwillig. Er redet genau so wie er ist – und außerdem einfach gut. Und als er das Rednerpult verlässt, hinterlässt er einen hervorragenden Eindruck bei Millionen Zuschauern.

Nicht nur Hartmut Mehdorn – und selbst Kanzlerin Merkel – haben herzlich gelacht. Das Publikum im Studio und zuhause vor den Bildschirmen hat sich amüsiert und gleichzeitig ein Bild von einem der mächtigsten Autobosse erhalten, das sowohl ihm persönlich, wie auch den Marken Daimler bzw. Mercedes-Benz ein kräftiges Image-Plus beschert haben dürfte.

Wenn Sie nun sich mit diesem Mann vergleichen – was ist der Unterschied? Der Humor, der Schnauzbart, die Macht? Natürlich, jeder ist anders. Doch der wesentliche Unterschied ist der, dass dieser Mann sich bewusst und gezielt inszeniert und dass er dafür gearbeitet hat, so zu wirken, wie er wirkt. In allen Facetten, mit allen Mitteln, die ihm zur Verfügung stehen. Die auch Ihnen zur Verfügung stehen! Dieter Zetsche hat es verstanden sich vom Rohdiamanten zum funkelnden Brillanten zu schleifen.

Glauben Sie, dass ein Dieter Zetsche, ein Karl-Theodor Freiherr von und zu Guttenberg, ein Thomas Gottschalk, eine Angela Merkel zufällig so wirken, wie sie eben wirken? Glauben Sie, dass diese Menschen immer schon so waren? Eloquente Redner, charmante Charismatiker, sympathische Unterhalter, die nebenbei auch noch hervorragend führen können – und zwar Menschen und Organisationen? Mag sein, dass nicht alle diese Eigenschaften auf alle diese Personen gleich stark zutreffen. Doch unbestritten ist jede von ihnen auf ihre Art sehr erfolgreich. Erfolgreich sind auch Sie auf Ihre Art und ich auf meine Art. Doch im Gegensatz zu Merkel, Gottschalk, zu Guttenberg oder Zetsche ist bei uns noch viel Luft nach oben ...

Bekanntlich wird die Luft oben dünner. Das bedeutet so viel wie: die Anforderungen steigen, der Wettbewerb wird härter. Und wer nach oben will, der muss sich anstrengen. Dabei spielt es keine Rolle, ob Sie Führungskraft in einem Unternehmen werden wollen oder sind, ob Sie als Selbstständiger erfolgreich oder noch erfolgreicher werden wollen, ob Sie in kulturellen Bereichen, als bildender Künstler, Sänger oder Entertainer, nach oben wollen oder in der Politik.

JUWELEN-GEDANKE

Je höher Sie kommen, desto härter werden die Anforderungen – egal wo.

Die Anforderungen steigen in dreierlei Hinsicht. Erstens: Ihre Aufgaben werden mehr und vielseitiger, neben fachlichen kommen immer mehr Führungs- und unternehmerische Aufgaben dazu. Zweitens: Die menschlichen und persönlichen Fähigkeiten, die »Soft-Skills« werden immer wichtiger. Und drittens: Es kommt immer mehr auf Ihre Persönlichkeit an, darauf wie Sie auftreten, kommunizieren und wirken.

WOLLEN SIE NACH OBEN?

Viele Menschen sind mit dem zufrieden, was sie haben. Ein Zustand der wunderschön ist, denn Zufriedenheit ist es letztlich, wonach wir alle streben. Andere – und da Sie dieses Buch lesen, vermute ich, dass Sie eher in diese Kategorie gehören – wollen mehr. Diese Entscheidung muss jeder für sich selbst treffen. Eines muss Ihnen dabei klar sein: oben gibt es keine Kiesel, oben sind die Juwelen. Wenn Sie sich also betrachten und in sich nur einen grauen, mehr oder weniger rund geschliffenen Kiesel sehen, werden Sie dem Kiesbett kaum entfliehen können. Wenn Sie erkennen, dass in Ihnen ein Rohdiamant schlummert, der darauf wartet, geschliffen zu werden, dann haben Sie einiges vor sich und große Chancen.

 JUWELEN-GEDANKE

Kiesel und Juwelen sind geschliffen: die einen rund, die anderen brillant.

Geschliffen werden wir alle, Kiesel wie Juwelen. Der Unterschied liegt in der Art und Absicht des Schleifens. Ein Kiesel in seinem Flussbett wird mitgeschleift und rund geschliffen. Alle Ecken und Kanten gehen dabei verloren, der

Widerstand, den die Kiesel im Flussbett bieten, wird immer geringer, der Stein wird all den anderen um ihn herum immer ähnlicher. Je mehr er geschliffen wurde, desto unauffälliger ist er. Beim Juwel geschieht das Gegenteil: Je mehr er geschliffen wird, desto auffälliger und wirkungsvoller wird er. Harte Kanten, glatte gerade Flächen, keinerlei Rundungen, eine stimmige Gesamtform und Perfektion im Detail. So ein Schliff ist – im Gegensatz zum Kieselschliff – kein Zufall und nichts Passives. Dieser Schliff erfordert Planung, Ideen, Reife und vor allem viel und präzise Arbeit.

Entscheiden Sie sich: Kiesel oder Juwel? Es ist eine Entscheidung, die Sie selbst treffen können, und eine Entscheidung, die Konsequenzen hat. Wer ein Juwel werden will, braucht Fleiß, Disziplin und Kontinuität. Manchmal auch Verzicht, denn Sie müssen womöglich bestimmte Seiten Ihres Lebens vernachlässigen und in andere Bereiche mehr investieren. Und mit der langfristigen Aussicht auf eine erfolgreiche Karriere und ein angenehmeres Leben in allen Bereichen und Dimensionen.

WIE WICHTIG IST FREMDWIRKUNG?

Auftreten, Kommunizieren und Wirken. Ist es das, was einen erfolgreichen Menschen ausmacht? Ja! Uneingeschränkt ja! Es ist nicht das Einzige, denn auch das Fachliche, das Umfeld und die glücklichen Zufälle im Leben gehören dazu.

Für das Fachliche sorgen Sie seit Ihrem Studium oder Ihrer Ausbildung. Ohne Ihren hohen fachlichen Standard wäre Auftreten, Kommunizieren und Wirken in der Tat nur Blendwerk. Die Blender ohne jegliche Substanz gibt es auch, diese scheitern jedoch, mal früher, mal später. Mein Vorschlag an Sie ist, auf dieser fachlichen Substanz aufzubauen und dann authentisch und wirkungsvoll ins Rennen um die vorderen Plätze zu gehen.

 **JUWELEN-GEDANKE**

Auftreten, Kommunizieren und Wirken bestimmen Ihren Erfolg.

Wenn Sie kein Baron sind, sind Sie keiner. Wenn Sie nicht in eine reiche Familie geboren wurden, sind Sie es nicht. Niemand kann etwas dafür, in welchem Umfeld er geboren wurde. Haben Sie Glück gehabt, nutzen Sie es. Haben Sie weniger Glück oder gar Pech gehabt, machen Sie das Beste daraus. Nur bitte machen Sie eines nicht: Es als Ausrede verwenden, warum Sie keine Chance hätten. Ihr Umfeld spielt eine Rolle, doch selbst aus den schlimmsten Umständen heraus haben es Menschen geschafft. Nämlich genau die Menschen, die sich erst recht angestrengt haben und es nicht als Ausrede haben gelten lassen.

Lamentieren Sie nicht über das, was Sie nicht ändern können. Sondern konzentrieren Sie sich auf Ihren Einflussbereich. Was Sie definitiv selbst in der Hand haben, sind Ihr Auftreten, Ihre Kommunikation und Ihre Wirkung.

 JUWELEN-GEDANKE

Sie selbst bestimmen über Ihr Auftreten, Ihre Kommunikation und Ihre Wirkung.

Abbildung 1.1: Auftreten, Kommunikation und Wirkung

SIE BRAUCHEN AUCH ANDERE

Ob Sie nun für den Vorsitz eines örtlichen Verbandes kandidieren, die Stelle des Bereichsleiters ergattern wollen oder Vorstand eines Dax-Unternehmens werden – was Sie machen ist wichtig, aber genauso wichtig ist, wie Sie dabei »rüber kommen«.

Manager, die in ein und derselben Pressekonferenz einen Rekordgewinn vermelden und Massenentlassungen ankündigen. Die vor dem Gerichtssaal der sich betrogen fühlenden Öffentlichkeit ein Victory-Zeichen vor die Kameras halten. Die ihre Rolex auf dem Pressefoto wegretuschieren lassen. Die Boni und Provisionen ausufern lassen, während der deutsche Durchschnittsverdiener weniger Netto vom Brutto hat. Keine gelungenen Signale. Die Aussagen treffen wie die des langjährigen BMW-Pressechef Richard Gaul: »Bei uns ordnet sich der Vorstandsvorsitzende in der Kommunikation unter. Das Gesicht von BMW ist das Unternehmen und sein Produkt, nicht der CEO.« – Solche Manager sind einseitig ausgerichtet – nämlich nur auf die Sache. Als ob sich die Kunden und die Öffentlichkeit nicht vor allem für Menschen interessieren würden. Solche Führungskräfte sind heute so nicht mehr tragbar. Ein Großteil der Kunden von BMW beispielsweise sind selbst Führungskräfte und eben durchaus daran interessiert, wie und von wem ein Unternehmen geführt wird. Das wissen wir spätestens seit dem Image-Verlust Porsches bei der Übernahme durch VW.

Und das zeigt uns der wahrgenommene Image-Transfer von der Persönlichkeit auf das Unternehmen, positiv wie negativ, z. B. bei Wendelin Wiedeking und Porsche, Steve Jobs und Apple, Hartmut Mehdorn und Deutsche Bahn, Klaus Kleinfeld und Siemens oder Josef Ackermann und Deutsche Bank.

Selbst wenn Unternehmen wie BMW dies anders steuern wollen: Was die Öffentlichkeit wahrnimmt, bestimmen die Medien. Und die wollen Menschen zu den Geschichten: »An Leuten entlang lässt sich oft auch noch die drögste Geschichte spannend erzählen«, sagt Financial Times Deutschland-Chefredakteur Steffen Klusmann.

 BRILLANTEN-TIPP

Was die Öffentlichkeit wahrnimmt, bestimmen die Medien.

SIE SIND DAS AUSHÄNGESCHILD IHRES UNTERNEHMENS

Jens Krawucke ist Projektleiter für IT einer großen Consultant-Firma. Das bedeutet: Er hat einen Arbeitsplatz direkt beim Kunden. Aber sein Schreibtisch sieht unaufgeräumt, chaotisch aus. Jens Krawucke macht viele Überstunden und hat immer zu wenig Zeit. Seine Zusagen hält er manchmal nicht ein. Deshalb wird schon mal in der Teeküche oder auf dem Gang bei ihm nachgefragt. Krawucke, normalerweise ein eher schweigsamer und sachlicher Mensch, reagiert dann häufig gereizt. »Ich kann nicht alles auf einmal erledigen ... ich hab schließlich auch nur zwei Hände«. Normalerweise fällt überhaupt nicht auf, dass er Externer ist. In diesen Momenten jedoch wird es den Mitarbeitern des Beratungskunden wieder bewusst. Er selbst vergisst dabei, dass er das Image seiner Firma repräsentiert. Ein Image, das durch sein Verhalten - so menschlich es sein mag - negativ beeinflusst und geformt wird.

Nicht nur die Dax-Unternehmen, die ständig unter Beobachtung von Bild, Süddeutscher Zeitung oder Manager Magazin stehen, müssen darüber nachdenken, wie ihre Vertreter auftreten. Das betrifft, auch das mittelständische Unternehmen, das in seinem Umfeld und Kundenkreis ganz genauso ein Image aufzubauen und zu pflegen hat - und eben auch zerstören kann. Und es betrifft nicht nur die Vorstände und Geschäftsführer, es betrifft jede Person, die das Unternehmen nach außen und innen repräsentiert. Die Wirkung einer durchschnittlichen Führungskraft darf sich kein Unternehmen leisten. Eine durchschnittliche Führungskraft stellt eine Gefahr dar! Sind Sie im Außendienst? Dann bilden Sie das Image Ihres Unternehmens! Sind Sie Berater und sprechen mit Kunden? Dann bilden Sie das Image Ihres Unternehmens! Sind Sie Führungskraft und führen ein Team? Dann bilden Sie das Image Ihres Unternehmens!

 BRILLANTEN-TIPP

Eine durchschnittliche Führungskraft stellt eine Gefahr dar. Sie lässt das Unternehmen bestenfalls durchschnittlich wirken.

Fragen Sie sich selbst: wie denken Sie über ein Unternehmen, dessen Außendienstmitarbeiter Sie besucht und dabei ungepflegt gekleidet ist, stark nach Rauch riecht oder niveaulose Witze erzählt? Dessen Geschäftsführer in einem alten, klapprigen VW-Bus anrollt, ständig ans Handy geht oder der Ihnen ständig ins Wort fällt und Unrecht gibt? Oder dessen Projektmanager seine Mitarbeiter vor Ihren Ohren herunterputzt, mit diesen vor Ihnen flüstert oder der cholerisch die Schuld an Fehlern auf Abwesende schiebt? Stehen Sie an der Spitze eines Unternehmens, eines Bereichs oder einer Abteilung und *Sie* sind schlecht drauf, dann nimmt das Ihr Umfeld so war als wäre das *Unternehmen*, der *Bereich* oder die *Abteilung* schlecht drauf.

Geschäft bedeutet Kommunikation. Führung bedeutet nicht, »zu machen«, es bedeutet dafür zu sorgen, dass das Richtige gemacht wird – und zwar durch die richtige Kommunikation. Es geht nur um sprechen und zuhören. Und es geht darum, dass Ihre Botschaft gehört und verstanden wird. Sie sind die Botschaft! Und so gewinnt die Botschaft dadurch an Bedeutung, dass Sie Ihr Gewicht geben.

 BRILLANTEN-TIPP

Führung bedeutet richtig kommunizieren. Zuhören und sprechen.

Für Sie selbst heißt das: Ihr Unternehmen erwartet von Ihnen ein perfektes Auftreten, zumindest sollte es das verlangen. Sie werden mehr und mehr danach ausgewählt werden. Das betrifft nicht nur Ihre Chancen bei der Besetzung bestimmter Positionen. In Ihrem Alltag sind Sie auf andere angewiesen, auf das Wohlwollen von Mitarbeitern, Kollegen, Vorgesetzten und Chefs. Auf das Wohlwollen von Verbandsmitgliedern, Familienmitgliedern und Menschen, von denen Sie etwas brauchen. Und seien es nur die Kleinigkeiten im Leben, wie einen besonders kurzfristigen Werkstatttermin zu bekommen oder die Hilfe Ihres Nachbarn beim Tragen eines sperrigen Gegenstands. Laut einer Untersuchung ist das Verhältnis der Anzahl der Entscheidungen Anderer, die unser Leben beeinflussen, zu der Anzahl der eigenen das Leben beeinflussenden Entscheidungen eins zu drei. Wir können nicht alleine für uns entscheiden, andere bestimmen unser Leben mit. Doch Ihr eigenes Verhalten bestimmt, ob diese Ihnen helfen oder anderen.

Das Leben mag ungerecht sein, doch das Wohlwollen und die Hilfe anderer bekommen die, die sympathisch, authentisch, glaubwürdig und menschlich sind. Und je deutlicher das bei Ihnen ausgeprägt ist, desto leichter tun Sie sich im Leben. Ob Sie also im Laden um die Ecke etwas einkaufen gehen, Ihren Kollegen in der Teeküche treffen oder vor Ihrem Vorstand präsentieren, es ist Ihr Auftreten, Ihre Kommunikation und Ihre Wirkung, die den Erfolg ausmachen. Denn es sind Menschen, mit denen Sie zu tun haben, die Ihnen helfen oder Sie blockieren können.

Haben Sie schon einmal an einer Ladenkasse gearbeitet? Dort können Sie sehr wohl einen unfreundlichen Menschen, der es eilig hat, eine Weile aufhalten, nur weil Sie ihn nicht mögen. So sorgt die Kassiererin dafür, ob Sie Ihren Zug erreichen oder nicht. Das Leben hängt immer vom Wohlwollen Anderer ab – und so wie Sie in den Wald hinein rufen, so schallt es zurück.

 BRILLANTEN-TIPP

So wie Sie wirken, werden Sie auch behandelt.

NATURTALENT ODER LERNEN?

Natürlich gibt es Naturtalente, die sich einfach leichter tun. Das hat vor allem etwas mit dem Umfeld zu tun, in dem wir aufgewachsen sind. Und auf der anderen Seite gibt es Menschen, die bei jeglicher Kommunikation einer Herausforderung gegenüber stehen. Lernen kann es jeder. Dem einen fällt es leichter als dem anderen.

Doch es geht in diesem Buch ja gar nicht darum, mit den Mitteln der Rhetorik beispielsweise einen fehlerfreien Redner aus Ihnen zu machen. Ja, Sie müssen natürlich wissen, was ankommt und wie die Wirkung Ihrer Rhetorik ist. Doch zum Juwel werden Sie im Kopf.

 JUWELEN-GEDANKE

Zum Juwel werden Sie im Kopf.

Dazu finden Sie in diesem Buch eine Menge Übungen. Bitte erwarten Sie nicht, dass Sie dieses Buch mal eben in den Urlaub mitnehmen, im Flieger lesen und schon sind Sie ein Juwel. Sie werden von mir durch eine lange Reise geführt und dazu empfehle ich Ihnen die Übungen wirklich zu machen.

IHRE ZIELE

Ziele haben die Funktion, die Richtung vorzugeben – nur wenn Sie wissen, wohin Sie wollen, wissen Sie in welche Richtung Sie losgehen sollen. Ziele haben zudem eine motivierende Wirkung: Wenn Sie Ihr Ziel kennen und es sich vorstellen, entsteht der Wunsch, es auch zu erreichen.

Notieren Sie sich deshalb Ihre Ziele in Bezug auf

▶ Ihr Auftreten

▶ Ihre Kommunikation

▶ Ihre Wirkung

Was genau wollen Sie erreichen? Schreiben Sie nicht nur auf, dass Sie beispielsweise »kompetent« wirken wollen, sondern auch, wie diese spezielle Kompetenz aussehen bzw. sich anhören soll. Im Laufe des Lesens dieses Buches nehmen Sie bitte diese Aufzeichnungen und korrigieren und ergänzen diese, sobald Sie neue Erkenntnisse gewinnen.

Machen Sie sich bereits jetzt ein erstes Bild von Ihrem Ziel, es wird Ihnen während des Lesens helfen, zu erkennen, ob diese oder jene Passage für Sie Relevanz hat und was Sie tun können, um Ihr Ziel zu erreichen.

SIE SIND DIE WIRKUNG!

Ihr Auftreten, Ihre Kommunikation und Ihre Wirkung sind nicht nur eine Frage von Techniken – Wann dürfen Sie sich an die Nase fassen, wann nicht? Ist es gut, einen Stift in der Hand zu halten, wenn Sie vor Publikum sprechen oder nicht? Wo setzen Sie beim Sprechen Pausen, um die Wirkung Ihrer Worte zu verdreifachen?

Viel mehr als die Tricks und Techniken sind es Sie als Ganzes, der wirkt oder nicht wirkt. Sie selbst werden sich entwickeln. Sie werden kein anderer Mensch, Sie müssen sich nicht verbiegen, doch Sie werden in Zukunft anders wahrgenommen.

 JUWELEN-GEDANKE

Sie werden sich nicht verbiegen, doch Sie werden besser wahrgenommen.

Sie haben vermutlich nicht die Unterstützung einer ganzen Mannschaft, die sich ständig um Ihre Auftritte, Reden, Präsentationen und Interviews kümmert, wie dies ein Vorstand hat. Doch ob Sie sich selbst darum kümmern oder eine Abteilung diese Aufgabe wahrnimmt, es geht immer um Ihr Image und Ihre Glaubwürdigkeit.

Schauen wir uns nochmal genauer an, wie sich Dieter Zetsche in der Öffentlichkeit zeigt:

Sein Auftreten ist ruhig und sachlich, seine Stimme tief, und in vorbereiteten Reden betont er akkurat. Seine Gestik ist verhalten, dafür setzt er seine Augenbrauen umso deutlicher ein. Er ist meistens sehr gut gekleidet, zeigt sich aber bei entsprechenden Anlässen betont leger mit Lederjacke. Als Redner wirkt er wenig aufregend, doch für seinen Persönlichkeitstyp recht deutlich und zumindest von der Stimme her sehr lebendig.

Seine Darstellung nach außen ist geschickt inszeniert. So gibt es Geschichten aus seiner Detroiter Zeit als Chrysler-Sanierer, in denen er sich bei Firmenfeiern selbst an den Barbecue-Grill stellt und Mitarbeitern eigenhändig deren Steak brutzelt, Geschichten, in denen er Mitarbeiterinnen Unterlagen abnimmt und in deren Büro trägt, oder Geschichten, in denen er sein Auto auf den ganz normalen Parkplätzen der Mitarbeiter parkt und im Winter selbst von Schnee frei schaufelt (und wir sprechen hier von einem Winter im schnee reichen Michigan). Er inszeniert sich bei Chrysler geschickt als Mann mit Volksnähe. Für die Amerikaner ein wichtiges Signal, denn »die Leute haben gedacht, sie würden Adolf Hitler bekommen«, sagt der US-Autoexperte David Cole, »aber dann ist Martin Luther erschienen.«

»Ich mache diesen Job nicht wegen des Gehaltschecks«, diktierte Zetsche persönlich den Journalisten. »Ohne totale Hingabe kannst Du keinen Erfolg haben. ... Ich atme diesen Job.« Für Chrysler übernahm er sogar selbst die Hauptrolle einiger Fernsehspots als Chauffeur von Kindern und Senioren und schenkte medienwirksam Popstars wie Snoop Dogg und 50 Cent je einen Chrysler.

Sein Image ist auch in Deutschland durch und durch positiv. Zetsche spielt beispielsweise bei einer Fahrzeug-Präsentation in einem Orchester selbst Geige, sitzt jedoch in der hintersten Reihe. Er gilt in Umfragen als führungsstark, erfolgreich, kompetent und sehr sympathisch. Selbst sein eigenwilliges Markenzeichen, der überdimensionierte Schnauzbart, erreicht erstaunlich positive Werte. Und so wurde schon kurz nach Beginn seiner Amtszeit getitelt »Zetsche macht Vertrauensverlust von Schrempp wieder wett.«

Glauben Sie, das alles sei Zufall und Zetsche ist halt so? Natürlich kann man einen Elefanten nicht zur Giraffe machen oder umgekehrt. Zetsche muss die Volksnähe in sich spüren, um sie glaubhaft machen zu können. Doch wie viele Vorstände hätten sie so ausführlich und authentisch gelebt? Gefährlich, dass in Deutschland immer noch einige alte Hasen der Konzerne meinen, auf diese Außenwirkung verzichten zu können. Ein CEO ist kein Pop-Star, doch er »muss immer das wichtigste Sprachrohr des Unternehmens nach innen wie nach außen bleiben«, betont Hartmut Schick, PR-Chef von Daimler. Das schließt ein, dass Zetsche als Ingenieur glaubwürdig auch die fachliche Seite erfüllt – dies wird durch entsprechende Geschichten zu Entscheidungen aus dem technischen Bereich untermauert.

 JUWELEN-GEDANKE

Aus einem Elefanten kann man keine Giraffe machen – und umgekehrt.

ZUSAMMENFASSUNG:

1. Viele Menschen in der Öffentlichkeit inszenieren sich bewusst. Das können Sie auch! Und sich so von Ihrer besten Seite zeigen.

2. Oben wird die Luft dünn. Da zählen Auftreten, Kommunizieren und Wirkung deutlich mehr als Fachwissen. Wie Sie »rüber kommen« wird zur entscheidenden Schlüsselqualifikation.

3. Unternehmen müssen darüber nachdenken, welches Image Ihre Mitarbeiter erzeugen. Jeder Auftritt ist Teil der Corporate Identity. Die Wirkung einer nur durchschnittlichen Führungskraft darf sich kein Unternehmen leisten.

4. Nicht Argumente überzeugen, sondern die Kraft der Persönlichkeit.

5. Führung bedeutet, dafür zu sorgen, dass das Richtige gemacht wird – und zwar durch die richtige Kommunikation.

2. Auch ein Kiesel wird geschliffen – von Anderen

Warum Sie der Versuch, authentisch zu sein, nicht weiterbringt

Die neuen Teammitglieder beginnen sich schon nach weniger als fünfzehn Minuten des Zuhörens zu langweilen. Einer beginnt auf seinem Notizblock zu zeichnen, einem anderen fallen fast die Augen zu. Die Zuhörer versuchen, es sich nicht anmerken zu lassen, doch sie kämpfen damit, Karl Hechter zu folgen. Dabei sollen sie ab sofort dieses bedeutende Projekt unterstützen. Es wäre also wichtig für sie, möglichst schnell einen Überblick zu bekommen. Doch Projektleiter Karl Hechter redet monoton und steht dabei regungslos vor den Neuen, als er ihnen das Projekt vorstellt. Gleichzeitig überschüttet er sie mit einer Fülle neuer Informationen, Fakten und Details.

Karl ist ein fast zwei Meter großer, stattlicher Mann mit einer wunderschönen, tiefen Stimme. Er hat eine gerade Haltung und einen festen Stand. Er zeigt jedoch keinerlei Mimik und seine Gestik ist eher dezent. Er verliert sich gerne in Details, die ihm wichtig erscheinen. Seine Sätze sind lang und verschachtelt. Auf anderthalb Stunden ist die Besprechung angesetzt. Die sind fast vorbei, als Karl endlich in die Diskussion einsteigt und Fragen beantwortet.

Karl sprach gestern noch mit seinem Kollegen darüber, wie wichtig es für ihn sei, authentisch zu sein. Er ist mit sich und seinem Auftreten zufrieden. Die mangelnde Aufmerksamkeit seiner Zuhörer ist ihm nicht entgangen. Er ärgert sich, dass sie sich nicht konzentrieren. Er sucht die Schuld bei diesen, beim Thema und bei den Umständen.

Karl ist authentisch - wenn Sie unter authentisch verstehen, dass er sich so verhält, wie er es gewohnt ist. Authentisch bedeutet dem griechischen Wortstamm »authentikós« nach »echt«. Wollen Sie echt sein, sich nicht verstellen, nicht blenden? Da bin ich sicher. Echt kann eine Übereinstimmung zwischen dem typischen Verhalten und dem Verhalten in der aktuellen Situation sein. Das typische Verhalten ist dabei das gewohnte, das Sie sich über die Jahrzehnte angeeignet haben. Ob Sie dieses gewohnte Verhalten allerdings in jeder Situation weiterbringt, können Sie manchmal selbst nicht richtig einschätzen. Leider. Denn selbst wenn es authentisch wirkt, bleibt die Frage, ob es auch das Verhalten ist, das bei Anderen die gewünschte Wirkung erzielt.

 **JUWELEN-GEDANKE**

Authentisch bedeutet echt sein.

In vielen Situationen ist es hilfreich, ein Verhalten einzusetzen, mit dem Sie die Menschen gewinnen, erfolgreich überzeugen und begeistern können. Wenn es ein besseres Verhalten gibt, ist es dann sinnvoll und möglich, es zu erlernen? Karl Hechter könnte dann sein Team erfolgreich motivieren und langfristig seine Fähigkeit, größere Aufgaben zu bewältigen, unter Beweis stellen.

WANN IST EIN VERHALTEN EIGENTLICH »ECHT«?

Haben Sie sich schon einmal die Frage gestellt, warum Sie gerade das Verhalten haben, das Sie haben? Denn jeder verhält sich anders. Sind es Gene oder andere Faktoren, die unser Verhalten quasi vorbestimmen? Die Wissenschaft ist sich weitgehend einig, dass Ihre Gene Persönlichkeit, Denkmuster und dadurch das Verhalten mitbestimmen. Prägende Faktoren des Umfelds haben jedoch einen noch größeren Einfluss. Kinder lernen durch Beobachten und Imitieren. Eltern und die Gesellschaft geben Verhaltensregeln vor. Wir orientieren uns somit automatisch an unseren Rollenmodellen, an Vorbildern, und passen uns deren Verhaltensweisen an. Tun wir das nicht, wird unser Benehmen gerne als auffällig bezeichnet, wir werden gemaßregelt, wir werden womöglich ausgegrenzt.

In der Pubertät testen Jugendliche, wie weit sie gehen können. Sie rebellieren gegen Konventionen und damit gegen die Repräsentanten dieser Konventionen - ihre Eltern. Auf diese Weise grenzen sie sich ab - auf der Suche nach der eigenen Persönlichkeit. Manchen gelingt dies besser, anderen kaum. Wenn der Sohn des Regierungsdirektors Professor Schulte sich als Punker profiliert, dann wird das kaum seine Berufung für die weiteren Jahrzehnte sein. Doch die antikonformistischen Diskussionen und kleineren Kämpfe mit Eltern und Lehrern werden zumindest sein Selbstbewusstsein stärken.

 JUWELEN-GEDANKE

In der Pubertät suchen wir unsere Persönlichkeit.

Diesen Scharmützeln gehen andere Jugendliche lieber aus dem Weg und ziehen ein harmonisches Miteinander vor. Sie passen sich an und lernen von den Erfahrungen, die andere schon gemacht haben. Dieser konformistische Weg wird in unserer Gesellschaft belohnt - mit guten Noten in der Schule, positiver Aufmerksamkeit der Eltern, Anerkennung für geradlinige Lebensläufe bei der Jobsuche usw. Dasselbe Ducken und Anpassen zeigen Menschen, die zu einer Gruppe stoßen, wie beispielsweise neue Mitarbeiter in einem Unternehmen: Sie beobachten zunächst, wie die Mehrheit sich verhält. Bloß nicht anecken!

Doch Vorsicht! Wenn Sie sich ausschließlich an anderen orientieren, werden Sie eben auch nur noch vom Verhalten anderer bestimmt. Und genau das passiert bei vielen Menschen tatsächlich. »Das tut man nicht!« heißt es dann - und das »man« wird zur universellen Autorität, deren Regeln wir uns zu unterwerfen haben. Der Weg des geringsten Widerstandes ist sicherer und vermeidet Streit und Ausgrenzung. Für die anderen ist es ja auch angenehmer, einen »funktionierenden« Gleichgesinnten um sich zu haben, als jemanden, der dauernd eine Extrawurst verlangt.

So bestimmt leicht die Masse den Maßstab - und erzeugt Mittelmäßigkeit. Wer sich zu sehr nach Anderen richtet, unterscheidet sich nicht mehr, wird Durchschnitt. Die Individualität bleibt auf der Strecke oder zumindest unerkannt.

BRILLANTEN-TIPP

Lassen Sie sich nicht von anderen zum Kieselstein schleifen, nur Nullen sind rund!

Was sind die Motive der Anderen, der Eltern, der Freunde, der Kollegen, die so einen Kieselstein immer klein halten und rund schleifen? Diese Frage ist wichtig, wenn Sie beginnen wollen, sich anders zu verhalten als Ihr Umfeld, wenn Sie Ihre Individualität entfalten wollen.

Eine Gruppe von Menschen reagiert immer mit Ablehnung, Bestrafung oder Ausschluss, wenn sich jemand außergewöhnlich verhält. Das hat jeder erlebt, der sich für eine andere Sport-Mannschaft begeistert, der sich deutlich anders kleidet oder der andere Gewohnheiten hat, als der Rest der Gruppe. Die Anderen versuchen ihn zu überzeugen, machen ihn lächerlich oder strafen ihn mit Missachtung. Ihn so sein lassen wie er ist, das will die Gruppe aber auf keinen Fall!

Nicht zufällig ist bei vielen Gruppen ein bestimmter Kleidungsstil äußeres Erkennungszeichen. Rocker kleiden sich anders als Umweltaktivisten. Sachbearbeiter kleiden sich anders als Vorstände. Es ist gleichzeitig Erkennungszeichen und Norm.

Streben Sie nun nach vorne oder oben, reagieren die anderen in den meisten Fällen mit Neid oder versuchen, Ihnen den Mut zu nehmen. Das Motiv ist Verlustangst. Verändern Sie sich, befürchten die anderen, Sie als Freund, Kollege oder Vertrauter zu verlieren. Die Anderen wollen nicht, dass Sie wachsen, weil sie sich selbst dann kleiner vorkommen. Neid und Missgunst werden als emotionale Bestrafung eingesetzt. Dabei geschieht dies meist subtil und die Bestrafenden sind sich selbst ihrer Motive und Wirkung oftmals wenig bewusst.

Wenn Sie dieses Muster nicht durchschauen, zwingt es Sie ins Flussbett zurück! Kieselstein wird ein Mensch, weil »man« es nunmal so macht. Machen Sie sich klar: Jedes einzelne Juwel, jeder erfolgreiche, individualistische, selbstbestimmte Mensch hat sich dafür entschieden, sich über das Diktat der Konformität hinwegzusetzen, Neid und Missgunst auszuhalten und trotzdem zu wachsen.

JUWELEN-GEDANKE

Neid und Zweifel von Freunden entstehen oft aus Verlustangst.

FÜR WELCHEN WEG ENTSCHEIDEN SIE SICH?

Die meisten Menschen glauben, ihr Verhalten sei »echt«. Doch der Großteil des Verhaltens ist bei genauem Hinsehen durch das Umfeld geprägt oder zumindest stark beeinflusst. Wie ist das bei Ihnen? Meinen Sie, Sie können immer das leben, was Ihnen wirklich entspricht? Oder ordnen Sie sich auch Tag für Tag den Erwartungen anderer unter? Und wenn ja: wollen Sie das - oder wollen Sie weiterkommen, aus der Masse herausragen?

Beides bietet Vorteile. Weniger anstrengend ist es sicherlich, mit dem Strom mitzurollen, wie der Stein, der Jahr für Jahr sich vom Fluss Richtung Mündung bewegen lässt, gleichzeitig gehalten und getrieben von Millionen anderen. Die graue Masse, die ihr Ziel mit viel Geduld eines Tages auch erreicht - wenn auch dann vielleicht nur noch als Sandkorn oder Schlick und nicht einmal mehr als Kiesel.

Gegen den Strom anzukämpfen, den Mühlen der Masse zu entkommen, ist dagegen anstrengend und nicht immer erfolgreich. Doch darin liegen Chancen.

BRILLANTEN-TIPP

Erfolgreiche haben sich irgendwann entschieden, sich nicht grau und rund schleifen zu lassen!

Authentische, »echte« Persönlichkeiten vermitteln ein Bild von sich, das als real, unverbogen und natürlich erlebt wird. Der Betrachter erlebt die Person als glaubwürdig, wahrhaftig, zuverlässig und stimmig. Er macht es daran fest, dass rationale und emotionale, verbale und nonverbale, sichtbare und nicht sichtbare Signale und Informationen übereinstimmen.

 **JUWELEN-GEDANKE**

Authentizität bedeutet aus dem Selbst zu handeln.

Authentische Menschen sind sich vor allem ihrer eigenen Persönlichkeit, ihrer Glaubenssätze und Werte bewusst. Sie können damit flexibel umgehen, sprich: sie sind jederzeit bereit, sie – durch ihnen besser oder stimmiger erscheinende – zu ersetzen. Sie können unabhängig von Status und Kompetenz zu sich selbst Stellung beziehen. Sie akzeptieren widersprüchliche Wahrheiten und können diese wertfrei identifizieren und unterschiedliche Perspektiven erkennen.

Im Amerikanischen dagegen bezeichnet «authenticity» eher den Mut, das eigene Leben zu leben, bezogen auf die Bedürfnisse des Selbst. Ein klares Votum für Individualismus, der nur mit einer Portion Selbstbewusstsein umgesetzt werden kann. Nachvollziehbar, in einem Land das von Menschen gegründet wurde, die den engen Normen Europas entfliehen wollten. Die Übereinstimmung zur soziologischen Definition ist, dass authentisches Verhalten im Gegensatz dazu steht, sich von Einflüssen der Außenwelt steuern zu lassen. Also souveräne Autonomie statt von anderen beeinflusst oder gar beherrscht zu werden.

Das klingt gut. Ich behaupte aber, dass es nicht ohne andere geht. Wir leben nicht im Wilden Westen. Dort konnte jeder seine Bedürfnisse ausleben, notfalls mit dem Revolver durchsetzen. Wenn es Ihr Ziel ist, Karriere zu machen, Ihre Pläne zu verwirklichen, Erfolg zu haben, dann geht das nicht ohne andere, ohne auf die Erwartungshaltung anderer einzugehen. Die Balance zwischen Eingehen auf andere und dem Ausleben Ihrer Individualität ist ein zentrales Thema. Um von Ihren Mitmenschen als jemand Besonderes wahrgenommen zu werden und gleichzeitig auch akzeptiert und gar gefördert zu werden, gilt es für Sie, den richtigen – Ihren – Weg zu finden. Und der liegt irgendwo in der Mitte zwischen radikalem Konformismus und radikalem Individualismus.

Authentizität beinhaltet also zumindest drei wesentliche Aspekte:

1. Den nach innen gerichteten Aspekt des unbeeinflussten Handelns aus dem Selbst heraus.

2. Den des Individualisten der sich innerhalb eines Systems zwar an Erwartungen anderer orientiert, jedoch dabei seinen individuellen Stil bewahrt.

3. Und schließlich die authentische Wirkung auf Andere, das stimmige Verhalten rationaler und emotionaler sowie verbaler und nonverbaler Signale im Auge des Betrachters.

 **JUWELEN-GEDANKE**

Authentizität hat mehrere Bedeutungen.

Je mehr Sie sich den gängigen, oberflächlichen Begriff der Authentizität differenzieren können, desto eher kommen Sie auf die wahre Bedeutung authentischen Verhaltens und können gezielt Ihren Weg gehen.

AUTHENTIZITÄT ENTSCHEIDET ÜBER VERTRAUEN

Frage ich Seminarteilnehmer, Coaching-Klienten oder Vortragsgäste, welchen Eindruck sie erzeugen wollen, so wünschen sich die meisten, als kompetent (28 Prozent), authentisch (20 Prozent) und selbstsicher (neun Prozent) wahrgenommen zu werden. Frage ich dann, wie sie dies erreichen, so hat kaum noch einer eine klare Strategie. Manche haben nicht einmal eine Idee, außer der, möglichst authentisch zu sein. Doch auch dies können sie wieder nur ungenau definieren.

Charaktereigenschaften sind nicht unmittelbar sichtbar oder messbar. Aus diesem Grunde übertragen wir automatisch positive Beobachtungen auf diese nicht zu erkennenden Eigenschaften. Die zu Hilfe gezogenen Kriterien sind keineswegs immer logisch oder stehen in tatsächlichem kausalen Zusammenhang. Ist ein Mensch authentischer, wenn er eine tiefere Stimme hat? Wir gleichen Beobachtungen mit früheren Erfahrungen ähnlicher Personen ab. Dieselbe Person kann so subjektiv als authentisch oder weniger authentisch eingeschätzt werden.

JUWELEN-GEDANKE

Halo-Effekt: Wir verbinden Beobachtungen mit nicht zusammenhängenden Charaktereigenschaften.

Authentische Menschen erkennen wir an Eigenschaften, die wir bewusst erfassen können. Äußere Merkmale wie das Verhalten (z. B. Körpersprache und Stimme) oder die Kommunikation (z. B. Sprechweise, Rhetorik, Interaktion) unterstützen uns darin. Wir registrieren auch, wie sehr sie auf ihr Gegenüber eingehen, es wahrnehmen und achten. So wird jemand, der authentisch und ehrlich wirkt, als insgesamt glaubwürdig, zuverlässig, selbstsicher, kompetent und sympathisch eingeschätzt. Worauf wir dabei den größten Wert legen, ist individuell verschieden und uns oft selbst nur teilweise bewusst.

 JUWELEN-GEDANKE

Stimmen beobachtbare Eigenschaften mit den Inhalten überein, nennen wir das authentisch.

Sagen Körper, Blickkontakt und Sprechweise dasselbe aus, wie die Worte, erzeugt dies Vertrauen. Ein Kind, das bei der Frage nach den Hausarbeiten zwar mit Worten bestätigt, dass es diese gemacht hat, gleichzeitig aber verstohlen auf den Boden blickt, wirkt unglaubwürdig. Die Sprache des Körpers stimmt nicht mit den Worten überein und der Körper lügt nicht. Selbst die ausgebufftesten Lügner können nicht alle Signale des Körpers vermeiden. So sind wir ständig auf der Suche nach Unstimmigkeiten, wenn wir mit Menschen kommunizieren, um uns vor Betrügereien zu schützen. Wir achten stets und unbewusst auf diese Signale. Auffälliges wird uns sofort bewusst oder erzeugt zumindest dieses gewisse Bauchgefühl.

 JUWELEN-GEDANKE

Authentizität verbinden wir mit Kompetenz, Respekt und Charakter.

Übrigens ist es eine gute Idee, diese Beobachtungsgabe zu trainieren und bewusster anzuwenden. Hierzu empfehle ich Ihnen eine Übung aus einem meiner Seminare, die Sie mit einer zweiten Person zusammen machen können.

ÜBUNG HELLSEHEN

Wahrsager arbeiten häufig mit einem Trick: Sie beobachten subtile Reaktionen ihrer Kunden und nutzen dies, um die Wahrheit »hellzusehen«. Das geht mit ein wenig Übung ganz einfach:

Bereiten Sie 15–20 Fragen vor, die einen Vergleich zwischen zwei Personen, Orten oder Ereignissen zulassen. Beispielsweise: »welche Person ist größer?« Bitten Sie dann eine Person, sich bequem auf einen Stuhl vor sich zu setzen und die Augen zu schließen. Bitten Sie nun die Person, sich eine sympathische Person, einen angenehmen Ort oder ein schönes Ereignis aus der Erinnerung vorzustellen. Sie soll dabei bewusst keine Reaktion zeigen. Sie werden jedoch unbewusste Reaktionen erkennen können. Lassen Sie ihr ausreichend Zeit. Achten Sie dann auf Gesicht, Haut, Hände, Haltung, Atmung und so weiter. Beobachten Sie genau, was immer Sie erkennen können.

Anschließend bitten Sie die Person, sich ein entsprechend eher unangenehmes Pendant vorzustellen, einen unsympathischen Menschen, einen hässlichen Ort oder ein unangenehmes Ereignis. Achten Sie nun auf feinste Veränderungen. Möglicherweise ändert sich die Hautfarbe, ein leichtes Vibrieren der (geschlossenen) Augenlider ist zu erkennen, die Dicke der Lippen, die Atmung und vieles mehr könnte sich ändern. Natürlich sind bei jedem Menschen andere Auffälligkeiten zu beobachten, deswegen wird kalibriert. Das heißt, Sie suchen nach den für diese Person typischen Unterschieden. Lassen Sie die Person sich gegebenenfalls mehrmals an das Positive und an das Negative erinnern.

Sie stellen nun Ihre Fragen. Die Person stellt sich Antworten nur vor, ohne sie auszusprechen. Sie versucht dabei sogar gezielt, sich nichts anmerken zu lassen. Trotzdem sind Unterschiede in den unterschiedlichen Facetten zu erkennen. Sie vergleichen nun mit den vorhin erkannten Unterschieden und beginnen nun selbst einzuschätzen, ob die Person an das Positive oder an das Negative denkt. Sie werden sehen, die Trefferquote ist recht hoch und lässt sich mit

> Übung weiter steigern. Diese Übung zeigt hervorragend, wie genau Sie kleinste Veränderungen wahrnehmen können und anhand dessen beispielsweise Ehrlichkeit erkennen können. Meist geschieht dies unbewusst und dabei sehr zuverlässig. In der Übung lernen Sie, dies auch bewusst zu nutzen. So können Sie vielleicht eines Tages hellsehen ...

WARUM IST UNS UNSERE EIGENE AUTHENTIZITÄT SO WICHTIG?

Ein Grundbedürfnis ist: Wir wollen uns wohl und sicher fühlen. Also verhalten wir uns gerne so, wie wir uns immer schon verhalten haben. Das gewohnte Verhalten wirkt natürlich und damit echt.

Sich sicher zu fühlen ist Voraussetzung für Selbstvertrauen und ist ein Aspekt im Kampf gegen Hemmungen, Nervosität oder gar Lampenfieber. Mit gewohntem Verhalten haben Sie Erfahrung. Sie wissen wie Ihr Körper funktioniert, können Gesten, Mimik und Stimme einschätzen und brauchen nicht einmal bewusst darauf zu achten. Sie können sogar abwägen wie Ihre Mitmenschen auf Sie reagieren werden. Sie überraschen niemanden, denn Ihre Kollegen kennen Sie so. Alles gute Gründe, die gegen Veränderung sprechen.

 JUWELEN-GEDANKE

Sich sicher zu fühlen ist Voraussetzung für Selbstvertrauen.

Diese Bedeutung nach innen, dieses Gefühl von Sicherheit ist im Grunde nichts anderes, als sich in der Komfortzone zu bewegen. Die Komfortzone ist der Bereich des Bekannten, Gewohnten und Sicheren – beschränkt nur durch die eigenen Grenzen im Kopf. Wir verlassen sie nur, wenn die Befürchtung von Schmerz oder die Erwartung übergroßer Freude uns dazu motivieren. Bei manchen kommt das sehr selten vor.

Positive Veränderungen und Persönlichkeitswachstum werden jedoch erst durch Verlassen der Komfortzone möglich. Denn damit erweitern Sie Ihre eigenen Grenzen. Sie lernen Neues dazu und erweitern so Ihren Erfahrungsschatz ebenso, wie die Bereiche, in denen Sie sich erfahren fühlen. Ihre Komfortzone ist wieder ein Stück größer geworden und bietet Ihnen neue Möglichkeiten.

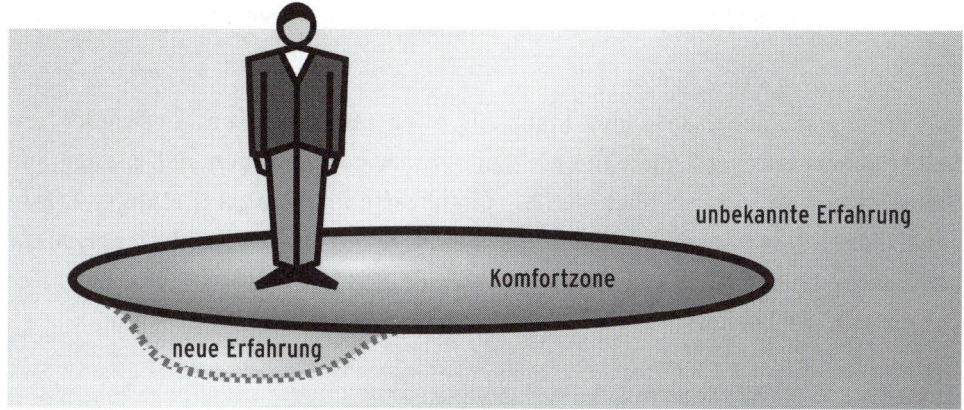

Abbildung 2.1: Die Grenzen der Komfort-Zone setzen wir selbst. Neue Erfahrungen außerhalb lassen uns wachsen und die Komfort-Zone wird größer. Unbekannte Erfahrungen liegen außerhalb der Komfortzone, wir müssen sie erst kennenlernen.

 JUWELEN-GEDANKE

> *Persönlichkeitswachstum entsteht durch Verlassen der Komfortzone.*

Um kontinuierlich Persönlichkeitswachstum zu erzielen, stellen Sie sich immer wieder neuen Herausforderungen. Welche Situationen können das für Sie sein? Ein Vorstand hat einmal zu mir gesagt: »Erfolg? - Ich kreiere mir immer wieder Situationen, aus denen ich nicht entkommen kann - außer durch Wachstum.«

Dazu noch eine Geschichte. Chefsekretärin Heike Gräfe arbeitet seit fast zehn Jahren für Ihren Chef. Sie schätzt ihn als souveränen Geschäftsführer, der mit

Kunden, Lieferanten und Mitarbeitern gleichermaßen wertschätzend umgeht und sich trotzdem hart in der Sache durchsetzt. Doch nun steht eine große Übernahme an, entscheidend für die Zukunft des Unternehmens und möglicherweise für den Erhalt seiner Position. Als sie ihm den vierten Kaffee bringen soll, merkt sie sein Zittern. Der Kaffee ist koffein-frei – es liegt an der bevorstehenden Verhandlung. Sichtlich nervös, gesteht er ihr, dass er sich häufig innerlich alles andere als sicher fühlt. Er hat gelernt, wie er es vermeidet, dass man es ihm anmerkt. Unsicherheit wird bei Verhandlungen gnadenlos ausgenutzt.

Hätten Sie gedacht, dass die Mehrheit aller Menschen immer wieder um Selbstsicherheit ringt? Viele meiner Teilnehmer bescheinigen sich mangelnde Selbstsicherheit – selbst höchste Führungskräfte mit jahrzehntelanger Erfahrung. Zumindest hat jeder seine Bereiche, in denen er sich nicht sicher, nicht selbstsicher fühlt. Alles Bekannte gibt uns dagegen ein Stück Sicherheit. Der Grundwert »Sicherheit« spielt für alle Menschen eine bedeutende Rolle.

 JUWELEN-GEDANKE

Viele Menschen kämpfen mit dem Gefühl mangelnder Selbstsicherheit.

Jegliches neue Verhalten dagegen birgt mögliche Gefahren – zumindest entsteht das Gefühl wie bei allem Unbekannten. Machen Sie etwas Ungewöhnliches! Springen Sie plötzlich auf Ihren Schreibtisch, wenn ein Kollege zur Tür herein kommt! Wie würde er reagieren? Natürlich lässt Sie alleine die Vorstellung daran schmunzeln. Vielleicht gehören Sie zu den Wenigen, die das tatsächlich machen. Dazu gehört Mut – haben Sie den, sind das gute Vorraussetzungen. Je nach Unternehmenskultur kann dies zu einem lustigen Gesprächsthema in der Kantine werden und jeder bewundert Sie. Dann empfehlen Sie bitte dieses Buch. Oder Sie werden dezent auf das Angebot des Betriebsarztes hingewiesen. Dann benutzen Sie notfalls dieses Buch als Ausrede.

Vermutlich werden Sie jedoch kein so ungewöhnliches Verhalten an den Tag legen. Sie würden morgen vermutlich nicht einmal Ihre Körpersprache verändern, z. B. Ihre Begrüßungsgeste dreimal so groß machen wie bisher. Auch wenn Sie dabei nicht zu befürchten haben, gleich zum Betriebsarzt geschickt zu werden - alleine eine Verwunderung auszulösen macht vielen bereits Angst und verhindert Verhaltensänderung. Dabei geht es nicht darum, nur etwas Komisches zu machen. Eine aussagekräftige Gestik unterstreicht eine Aussage jedoch beispielsweise mehr, als regungslos dazustehen. Ist Ihre Gestik zu klein, Ihre Stimme zu monoton, Ihre Art zu formulieren langweilig? Dann steht die Notwendigkeit, dies zu optimieren vor dem sicheren Bewahren alter Muster. Dann brauchen Sie Mut zur Veränderung und sollten an sich arbeiten.

In dem Moment, in dem Sie vor einer Gruppe sprechen, ist es nicht unbedingt der richtige Zeitpunkt, plötzlich ein neues Verhalten auszuprobieren. Sie wären unsicher, weil es womöglich künstlich wirken könnte. Ihre Gedanken wären mehr beim neuen Verhalten als bei dem, was Sie sagen wollen oder beim Publikum. Doch versetzen Sie sich in die Lage des Zuhörers: Dieser erkennt einen Redner, der natürlich wirkt. Überraschendes Verhalten beurteilt er kritisch und achtet darauf, ob es authentisch zu Ihnen passt. Das übliche Verhalten wirkt authentisch. Gleichzeitig beurteilt der Zuhörer jedoch, ob er Sie auch für kompetent, sympathisch, überzeugend, glaubwürdig oder zuverlässig hält. Das kann Ihr authentisches Verhalten zwar erfüllen, Authentizität alleine reicht dazu jedoch selten. Oft erwartet der Zuhörer mehr!

Verhalten Sie sich lieber so, wie Sie es gelernt haben und gewohnt sind? Es ist einfach und Sie fühlen sich sicher dabei, authentisch. Doch garantiert Ihnen dies alleine nicht, die Wirkung von Glaubwürdigkeit auf Andere zu erzeugen.

 BRILLANTEN-TIPP

Veränderung braucht Mut - die tatsächliche Gefahr heißt aber: keine Veränderung!

UND WENN SIE IN UNGEWOHNTE SITUATIONEN KOMMEN?

Irene Kasul arbeitet in einer Marketing-Abteilung. Zu den regelmäßigen Aufgaben des Teams gehört es, Vertretern der Auslandsstandorte die aktuellen Strategien zu präsentieren. Da Irene ungern vor Gruppen spricht - noch dazu auf englisch - meldet sie sich immer als Erste für die Organisation des Abendessens. So kommt sie seit zwei Jahren, so lange ist sie in der Abteilung, nicht in die ungeliebte Verlegenheit, präsentieren zu müssen. Letzten Monat ist die Marketingleiterin, Frau Großmann, in Mutterschaft gegangen. Irenes Kollegin, die aus ihren Präsentationen bereits die meisten Auslandsvertreter kennt, hat nun die Stelle bekommen. Irene kümmert sich weiter ums Essen. Wäre sie doch nur einmal über Ihren Schatten gesprungen und hätte auch präsentiert!

Der Großteil unseres Verhaltens ist erlernt, sei es durch eigene Erfahrung - Versuch und Irrtum - oder durch Beobachten und Nachmachen. Beides ist jedoch nur dann möglich, wenn die Situation, in der wir uns befinden, zumindest in ähnlicher Form bereits erlebt oder beobachtet wurde, wir also eine Referenz haben. Beispielsweise haben wir ein adäquates Verhalten für das Essen im Kreise der Familie. Wer gewohnt ist, mit Lieferanten harte Verhandlungen zu führen, wird kaum grundlegende Probleme dabei haben. Vermutlich wirkt er auch auf seinen Verhandlungspartner stimmig. Für das Steuern eines Flugzeuges, eine Operation am offenen Herzen oder das Sprechen vor zehntausend Zuhörern haben nur wenige eine angemessene Referenz. Kommen Sie nun in eine Situation, die Ihnen bisher nicht ausreichend bekannt oder gar gänzlich unbekannt ist, fehlen Ihnen normalerweise Vorgaben fürs Handeln. Selbst das Beobachten liefert womöglich nicht ausreichend Input. Die Folge ist, dass ein natürliches und sicheres Verhalten, bei dem Sie sich wohl fühlen, nicht möglich ist.

 JUWELEN-GEDANKE

Je besser Ihre Verhaltensreferenz desto sicherer fühlen Sie sich.

Eine neuartige Situation lässt uns daher leicht unsicher werden. Je heikler und entfernter von Bekanntem sie ist, desto deutlicher wird dies ausfallen. Und dies wird automatisch Einfluss auf unser Verhalten und das Ergebnis haben. So schwindet auch die Authentizität und wir verlieren Vertrauen.

Selbst die Erfahrung hunderter Spielstunden Flugsimulation am Computer reichen kaum, einen echten Airbus zu landen. Spricht jemand erstmals vor Publikum, verspürt er womöglich Nervosität und Lampenfieber. Das Beobachten erfahrener Redner erleichtert es kaum, selbst vor einer Gruppe aufzutreten. Viele, die noch nie getaucht sind, haben für die Begegnung mit Haien lediglich Referenzen aus Filmen - und fürchten sich dementsprechend vor dem wilden Raubtier. Viele erfahrene Taucher dagegen freuen sich auf jeden Kontakt mit einem Hai.

Doch bereits kleine, scheinbar unbedeutende Situationen können das eigene Verhalten beeinflussen, wenn sie unbekannt sind: In einem Hotel nach einem ruhigeren Zimmer fragen zu müssen, wenn man die Sprache nicht spricht. Sich beschweren, wenn das Essen nicht recht ist. Einen fremden - womöglich besonders begehrenswerten oder hochgestellten - Menschen ansprechen ... Für Manche kein Problem, für andere sind das Situationen, die sie entweder ganz vermeiden oder die sie sehr viel Überwindung kosten. Voraussichtlich erzielen sie dann auch kein zufrieden stellendes Ergebnis.

Mangelnde Erfahrung führt zu fehlendem Wissen, falschen Vorstellungen, zur Vermeidung und womöglich zu Hemmungen und Ängsten. Wie im Falle von Irene Kasul: je länger sie die Präsentationen vermied, desto größer wurde ihre Angst davor. Neuartige Situationen zu vermeiden ist aber kein erfolgversprechender Ansatz, wenn Sie etwas verändern wollen in Ihrem Leben. Zum Beispiel wenn Sie die eigene Karriere vorantreiben wollen. Mit dem Repertoire von gestern sind Sie nur bis dahin gekommen, wo Sie heute stehen. Das Morgen, die neuen Ziele erfordern neue Wege. Haben Sie sich entschieden, weiterzukommen, werden Sie immer wieder in ungewohnte Situationen kommen - und müssen sie meistern. Sei die Angst auch noch so groß. Sie werden auch für bisher unbekannte Situationen ein authentisch wirkendes Verhalten entwickeln müssen.

ÜBUNG HEIKLE SITUATIONEN

Welche Situationen machen Ihnen ab und zu das Leben schwer? Notieren Sie sich einige kleine und große Situationen und Ihr bisheriges Verhalten dazu. Haben Sie die Situationen eher vermieden, andere vorgeschickt oder sich in der Situation unsicher verhalten? Wie verhalten Sie sich, wenn im Restaurant das Essen nicht warm genug ist? Gehen Sie auch in China an die Rezeption, wenn Sie ein anderes Zimmer möchten? Es geht nicht darum, zum Nörgler zu werden, sondern darum, für jede Situation ein adäquates Verhalten im Repertoire zu haben. Geben Sie gerne einen Fachvortrag vor 2000 Experten, der Ihrer Karriere und Ihrem Ansehen dient? Gehen Sie gerne auf Menschen zu, beispielsweise auf Messen? Vermeiden Sie Kaltakquise-Anrufe oder bereiten Ihnen diese wenig Probleme?

Die Liste sollte mindestens 20 für Sie typische heikle Situationen umfassen.

Können Sie sich vorstellen, sich immer wieder ganz bewusst in Situationen zu begeben, zu denen Sie wenig Referenzen haben? Situationen, die Ihnen unbekannt sind und in denen Sie sich vielleicht normalerweise nicht ganz sicher fühlen? So wie Irene Kasul, die das Präsentieren gleich ganz vermieden hat. Wäre es nicht ideal, Methoden an der Hand zu haben, auch dann souverän und authentisch zu wirken? Im Laufe des Buches werden Sie Schritt für Schritt Methoden kennenlernen, die letztlich zu einer Selbstsicherheit führen, die Sie auch vor heiklen Situationen nicht mehr zurückschrecken lässt.

IST DAS AUTHENTISCHE VERHALTEN DAS RICHTIGE?

Wenn Sie andere beobachtet haben, um Ihr Verhalten daran zu messen, ist damit längst nicht gesagt, dass diese sich ideal verhalten. Auch diese haben ihr Verhalten womöglich wenig reflektiert und verhalten sich so, wie sie es wieder von anderen erlernt haben. Sie könnten selbst Kieselsteine sein, von denen Sie nur das Verhalten eines Kieselsteins lernen können.

BRILLANTEN-TIPP

Von Kieseln können Sie nur Denkmuster und Verhalten von Kieseln lernen!

Unser Projektleiter vom Anfang des Kapitels, Karl Hechter, hat sich authentisch verhalten. Das Ergebnis war trotzdem keineswegs zufrieden stellend. Auch wenn Sie längst ein authentisches, eigenes Verhalten erlangt haben: Ist dies tatsächlich das optimale Auftreten oder nur das »Beste im Moment zur Verfügung stehende«, bei dem Sie sich wohl fühlen?

In meinen Präsentationsseminaren erlebe ich oft Teilnehmer, bei denen eine bestimmte Eigenschaft auffällt. Das kann ein unruhiges Wippen sein, eine legere Kleidung oder das Fehlen von Gestik. Geht es ans Optimieren, rechtfertigen sich manche damit, dass sie »halt so sind« und jegliches andere Verhalten künstlich wirken würde. Müssten sie ein neues Verhalten annehmen, würde ihnen das nicht gut tun und sie würden nicht mehr authentisch wirken. Jemand der beispielsweise stets seinen Blick zu Boden senkt und das Publikum kaum eines Blickes würdigt, wird sich wohl fühlen, wenn er das stets so tut. Wird er jedoch sein Publikum erreichen und überzeugen?

Das ist der falsche Ansatz, authentisch zu sein: Alles, was sich nicht gut anfühlt vermeiden, also weiter auf den Boden zu starren. Der bessere Ansatz authentisch zu sein ist, zu lernen wie man das Publikum anschauen und sich trotzdem damit wohlfühlen kann.

Um andere zu überzeugen, ist nicht eine Authentizität wichtig, deren Zweck es ist, dass Sie sich wohl fühlen. Viel wichtiger ist ein glaubwürdiges, wirkungsvolles und auf andere authentisch wirkendes Auftreten. Dazu müssen Sie zwar die Komfortzone verlassen, aber nur zu dem Zweck, das neue Gebiet zur Komfortzone hinzuzufügen und damit Ihr natürliches Repertoire zu erweitern. Machen Sie sich klar: Als Lance Armstrong als Kind Fahrradfahren lernte, hat er es ziemlich schlecht gekonnt und ist mit Sicherheit öfter hingefallen. Das hat ihn nicht davon abgehalten, später siebenmal die Tour de France zu gewinnen. Als Barack Obama sprechen gelernt hat, konnte er zu Beginn nur ein Wort sprechen, so schlecht konnte er reden. Das hat ihn nicht davon abgehalten, später mit der Kraft seiner Worte US-Präsident und Friedensnobelpreis-träger zu werden. Wenn Sie also heute etwas nicht so gut beherrschen, sich etwas ungewohnt anfühlt, Sie sich linkisch vorkommen, oder in irgendetwas noch Anfänger sind, dann denken Sie daran, dass eine authentische Wirkung immer nur Übung und Gewohnheit entspringt. Üben Sie! Gewöhnen Sie sich an, was Sie anstreben!

 BRILLANTEN-TIPP

Das, was Sie bis hierher gebracht hat, bringt Sie nicht automatisch weiter!

 JUWELEN-GEDANKE

Authentizität ist ein Mythos!

Verstecken Sie sich nicht hinter Authentizität. Lassen Sie Authentizität nicht als Ausrede gelten, Verbesserungen zu vermeiden. Authentizität ist ein My-thos!

KANN AUTHENTIZITÄT INSZENIERT WERDEN?

Der britische Sänger Robbie Williams war in den Jahren 1997 bis 2005 einer der erfolgreichsten Künstler und wurde von seinen Fans auf der Bühne gefei-ert und geliebt. Mit seinem neuen Album will er 2010 an die Erfolge anknüp-fen. Nicht nur seine Fans hoffen darauf. Doch ist er authentisch? Nicht, wenn wir den Maßstab »so bin ich halt« ansetzen. Denn auf der Bühne ist er ganz anders als privat. Im wahren Leben machte er Schlagzeilen und zeigte sich in Interviews als versoffener Drogen-Junkie, tablettenabhängig, einsam und de-pressiv. Auf der Bühne dagegen wirkt er selbstsicher, erotisch, schlagfertig und spielt mit seiner souveränen Wirkung mit dem Publikum. Er wirkt dabei vollkommen authentisch – eine inszenierte Authentizität.

ÜBUNG FACETTEN

Beobachten Sie erfolgreiche Menschen in Ihrem Umfeld: Welche Facetten deren Verhaltens erkennen Sie und wie setzen diese sie gezielt ein? Wie verhält sich Ihr Chef in einem Meeting oder in der Öffentlichkeit? Haben Sie ihn schon einmal beim Sport oder in der Familie erlebt? Gibt es Unterschiede in den einzelnen Rollen? Noch besser ist es, wenn Sie jemanden kennen, dessen private Seiten Sie als Freund oder Angehöriger erleben und dessen geschäftliche Facetten Sie ebenfalls gut beobachten können. Vielleicht erleben Sie ja sogar bei sich selbst unterschiedliche Facetten, die Sie unbewusst oder bewusst einsetzen?

Für Profis geht es darum, dass sie ein Auftreten entwickeln, das für die jeweilige Situation das am besten geeignete ist. Können Sie sich jetzt schon vorstellen, dass Sie Ihr inszeniertes und wirkungsvolles Auftreten so zur Perfektion entwickeln, dass Sie darin absolut authentisch wirken? Dass Sie gezielt ein Image kreieren und dieses authentisch leben?

 BRILLANTEN-TIPP

Entscheidend für Ihre authentische Wirkung auf andere in der Zukunft sind Ihre Gewohnheiten von morgen, nicht die von gestern.

Früher oder später stellt sich die Frage, was Sie durch Ihr Auftreten erreichen wollen:

1. Geht es Ihnen darum, aus Ihrem Inneren zu handeln, ohne sich an anderen zu orientieren, diese womöglich gar nicht zu erreichen?

2. Geht es Ihnen darum, sich wohl zu fühlen und so zu verhalten, wie Sie es bisher getan haben und es Ihrer Komfortzone entspricht?

3. Oder geht es Ihnen darum, durch Ihr Denken, Fühlen und Handeln andere für sich und Ihre Ziele zu gewinnen?

Der Ansatz wird jedes Mal ein anderer sein.

Um ein am Inneren orientiertes Handeln zu erreichen, müssen Sie sich damit beschäftigen, was Ihre wahre Persönlichkeit wirklich ausmacht. Um sich in Ihrem Verhalten wohl und sicher zu fühlen, brauchen Sie Routine. Dabei greifen Sie entweder auf Bekanntes zurück oder eignen sich künftig diese Routine gezielt an. Um eine glaubwürdige und zielorientierte Wirkung zu erreichen, bedarf es einer geschickten Selbstinszenierung. Ihre Wahrheit liegt vermutlich irgendwo zwischen den drei Spitzen eines Dreiecks wie in Abbildung 2.1.

Abbildung 2.2: Dreieck Inszenierung – Inneres – Komfortzone

DAS ROLLENMODELL AUTHENTISCHEN POTENZIALS

Sie entscheiden sich also, wie weit Sie neues Verhalten erlernen wollen. Bei meinen Vorträgen erlebe ich immer wieder, dass einige Angst davor haben, etwas schauspielern zu müssen, was sie nicht sind. Diese Angst kann ich Ihnen nehmen, versprochen! Denn ich rate Ihnen ganz klar ab, etwas darzustellen, was Sie nicht sind. Ich mag Blender nicht und halte Schauspielerei im Business zudem für äußerst gefährlich.

Wie geht das zusammen mit der Aussage, neues Verhalten entwickeln und authentisch anzutrainieren? Die Antwort liegt in Ihrer Persönlichkeit.

Stellen Sie sich vor, Sie sitzen mit Ihrem Lebenspartner beim Frühstück. Sie werden sich auf eine bestimmte Art und Weise verhalten und miteinander kommunizieren. Sie und Ihr Partner sind dies so gewohnt.

Nun gehen Sie ins Büro und sitzen in einer Besprechung mit Kunden oder Kollegen. Auch hier werden Sie sich auf eine bestimmte Art und Weise verhalten und miteinander kommunizieren. Doch dies wird anders sein, als beim Frühstück. Ihre Körpersprache, Stimme, Wortwahl, vielleicht Ihr Dialekt und Blickkontakt wird der anderen Situation angepasst sein. Auch dies entspricht Ihrem gewohnten Verhalten in derartigen Situationen. Die Veränderung des Verhaltens geschieht dabei vollkommen automatisch, ohne dass Sie darüber nachdenken müssen. Es ist eine andere Rolle.

Abends spielen Sie mit Kindern und werden sich wieder in fast allen Facetten anders verhalten. Weder in der einen noch in der anderen Situation müssen Sie sich jedoch verstellen. All dies sind Rollen, die Ihnen geläufig sind und in denen Sie sich wohl fühlen. Das entscheidende dabei ist: Sie *spielen* diese Rollen nicht, Sie *leben* diese unterschiedlichen Rollen. Denn all diese Rollen sind Bestandteil Ihrer Persönlichkeit und in diesen wirken Sie authentisch. Von diesen Rollen haben Sie noch viele weitere parat, die Sie situativ einsetzen.

 BRILLANTEN-TIPP

Ihre unterschiedlichen Rollen sind alle Bestandteil Ihrer authentischen Persönlichkeit.

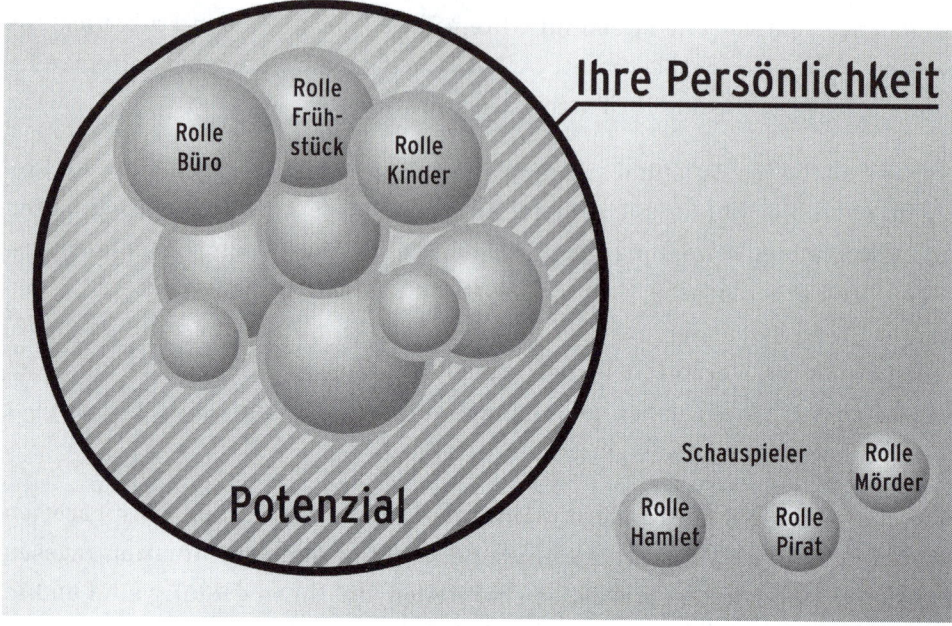

Abbildung 2.3: Rollenmodell authentische Persönlichkeit: Alle Rollen innerhalb Ihrer Persönlichkeit wirken authentisch, das sind Sie. Doch da ist noch jede Menge Potenzial für Entwicklung neuer, besserer Rollen.

In der Abbildung 2.3 sind die Rollen symbolisiert durch Kreise. Jeder Kreis steht für eine Rolle Ihres Lebens. Sie besitzen bereits unzählige. Der große Kreis steht für Ihre Persönlichkeit. Alle Rollen, die sich innerhalb der Persönlichkeit befinden, entsprechen Ihrem natürlichem Auftreten. In diesen Rollen wirken Sie authentisch.

Kommen Sie in eine neuartige Situation haben Sie jetzt zwei Möglichkeiten: Entweder Sie nutzen eine Ihrer vorhandenen Rollen, auch wenn diese nicht hundertprozentig passt. Eine nur ähnliche Situation dient als Referenz. Die Folge wird sein, dass Sie kaum noch authentisch wirken. Dies erleben viele, die erstmals eine Rede halten, eine Führungsposition einnehmen oder eine schwierige Verhandlung leiten. Die andere Möglichkeit ist, dass Sie eine neue Rolle entwickeln. Auch hier besteht die Gefahr, dass Sie zunächst wenig authentisch wirken. Doch nur so lange, bis Sie die neue Rolle gut ausfüllen. Entscheidend dabei ist, dass die neue Rolle sich im Rahmen Ihrer Persönlichkeit befindet, also im großen Kreis.

 BRILLANTEN-TIPP

Sie spielen Ihre unterschiedlichen Rollen nicht, Sie leben sie.

Schauspieler dagegen schlüpfen in Rollen, die außerhalb Ihrer Persönlichkeit liegen, in der Zeichnung symbolisiert durch die Kreise außerhalb der Persönlichkeit. Die große Kunst der Mimen ist es, in diesen fremden Rollen auf der Bühne oder vor der Kamera authentisch zu wirken. Für uns normale Bürger wäre dies jedoch erstens nicht möglich und zweitens würde es im richtigen Leben nicht als Kunst sondern als Blenden wahrgenommen werden. Der entscheidende Unterschied zwischen dem, etwas Falsches vorzuspielen und eine neue Facette Ihrer Persönlichkeit zu entwickeln, liegt also darin, ob die Rolle innerhalb oder außerhalb Ihres Persönlichkeitspotenzials liegt.

Ihre Persönlichkeit ist dabei eine Größe, die auf Basis Ihrer genetisch und frühkindlich geprägten Voraussetzungen kaum veränderbar ist. Doch nutzen wir alle die vorhandenen Möglichkeiten viel zu wenig. Grundlegende Veränderung der Persönlichkeit ist nicht möglich und auch nicht sinnvoll. Sie würden es als ein Verbiegen empfinden. Persönlichkeitswachstum und -entwicklung bedeutet vielmehr die vorhandenen Potenziale besser zu nutzen und die Prioritäten richtig zu setzen. Wachstum durch Ausnutzen der vorhandenen Potenziale, die Ihrer Persönlichkeit entsprechen.

Beachten Sie in der Abbildung die schraffierte Fläche zwischen den bereits vorhandenen Rollen und der Persönlichkeit: Dieser Bereich bietet jede Menge Platz für neue Rollen, in die Sie wachsen können. Nutzen Sie dieses Potenzial! Entwickeln Sie ganz gezielt neue Rollen, die Sie weiter bringen. Überprüfen Sie auch bisherige Rollen, ob Sie Verbesserungspotenzial entdecken. Auf die symbolische Darstellung übertragen heißt dies: Sehen Sie, ob Sie Ihre Rollen besser positionieren oder in der Größe verändern können, um eine bessere Wirkung zu erzeugen.

Die neuen, bewusst entwickelten Rollen werden Sie dabei schnell ausfüllen und so zu einem Bestandteil Ihrer »professionellen Authentizität« machen. Darunter verstehe ich eine gezielt inszenierte authentische Wirkung, die Sie Ihren Zielen näher bringt.

ZUSAMMENFASSUNG

1. Anpassung ans Mittelmaß führt zu geschliffenen Kieseln. Lassen Sie sich nicht von anderen Ihr Profil nehmen – nur Nullen sind rund!

2. Gewohntes Verhalten bringt Ihnen Sicherheit, bringt Sie aber nicht weiter! Verlassen Sie Ihre Komfortzone und lassen Sie sich auf das Abenteuer persönlichen Wachstums ein.

3. Authentizität erzeugt Vertrauen. Deshalb suchen wir ständig danach, schärfen auch Sie Ihre Beobachtungsgabe.

4. In ungewohnten Situationen gefährden fehlende Referenzen Ihre Authentizität. Sie brauchen Methoden, um auch bei Neuem souverän zu handeln.

5. Authentizität ist ein Mythos, der oft als Ausrede vorgeschoben wird. Professionell inszenierte Rollen erzeugen zielbringende Wirkung.

6. Ihre Persönlichkeit ist mehr als die Summe der Rollen, die Sie leben. Auch Sie haben noch viel Potenzial für Entwicklung und Optimierung.

7. Es geht um glaubhafte und authentische Wirkung auf andere: entwickeln Sie professionelle Authentizität.

3. Erst ein geschliffener Edelstein ist von Wert

Wie Sie herausfinden, welche verborgenen Potenziale in Ihnen stecken

Barcelona - was für eine Stadt! Paul Hiebel hat die Chance, Geschäftsführer des Standortes Südeuropa zu werden. Ein Traum würde in Erfüllung gehen! Doch andererseits ... es sind sehr große Fußstapfen, in die Paul da treten müsste. Würde er die Rolle ausfüllen können? Geschäftsführer ... Traut er sich das wirklich zu?

Ein Kollege macht sich ebenfalls Hoffnung auf die Position. Paul hält ihn zwar für fachlich weit weniger geeignet, doch der verkauft sich gut. Der versteht es, stets eloquent aufzutreten und sich gekonnt in Szene zu setzen. Wenn Paul seine eigene Persönlichkeit mit der seines Wettbewerbers vergleicht, fühlt er sich irgendwie unterlegen. Er hat den Eindruck, dem anderen gelingt alles so leicht. Tritt immer selbstsicher auf. Wirkt meist sympathisch. Okay, manchmal ein wenig arrogant. Kein Kuscheltyp jedenfalls, der Kollege. Der tritt sogar ab und zu anderen ordentlich auf die Füße. Nicht jeder, der mit ihm zu tun hat, mag ihn. Hm ... Aber irgendwie scheint der Typ am Ende immer der Gewinner zu sein ...

Paul wird unsicher. Hat er überhaupt eine Chance gegen seinen Konkurrenten? Zählt sein höheres Fachwissen oder zählt es, wie gut er sich verkauft? Letztlich geht es vermutlich nur darum, wie geeignet die beiden vom Chef eingeschätzt werden. Paul ist ohne Zweifel erfolgreich als Verkaufsleiter. Das ist Fakt. Aber kann er mit seiner Art, mit seinem Verhalten und seinem Auftreten auch als Geschäftsführer in Spanien überzeugen? Kann er überhaupt erst einmal seinen Chef überzeugen?

Fachkompetenz ist nur die eine Seite der Medaille. Wenn Sie eine höhere Position angeboten bekommen, bedeutet dies nicht nur neue, andere, möglicherweise größere inhaltliche Anforderungen, denen Sie sich stellen müssen. Sie müssen außerdem auch das persönliche Format für den neuen Job haben oder schnellstens entwickeln. Darauf ist kaum jemand vorbereitet. Projektleiter werden zu Führungskräften - ohne fachliche oder persönliche Vorbereitung. Abteilungs- oder Bereichsleiter steigen in die Geschäftsleitung auf - ohne am Tag Eins das Mehr an Aufgaben zu kennen oder die Klaviatur des Unternehmertums schon spielen zu können.

Die einen bestehen diese Prüfung ohne großen Aufwand, wachsen unmittelbar mit ihren größeren Aufgaben. Andere werden von Zweifeln und Selbstzweifeln geplagt. Manch einer scheitert. Viele behalten zwar ihre neue Position, doch der Erfolg stellt sich nicht ein.

Wovon hängt es ab, ob Menschen in solchen herausfordernden Situationen ihr Potenzial abrufen und sich weiterentwickeln? Jede Position und jede Situation verlangt ein anderes Verhalten. Je weiter Sie nach oben kommen, desto entscheidender wird dies; desto mehr kommt es auf Ihr Verhalten an. Und immer weniger auf die Fachkompetenz aus Ihrem eigentlichen Beruf. Der entscheidende Punkt ist: Sind Sie bei beruflichen oder auch privaten Veränderungen wirklich bereit Ihr Verhalten zu ändern, den Erfordernissen anzupassen, neues Verhalten zu integrieren? Haben Sie in einer solchen Situation den Willen, intensiv und hart an sich zu arbeiten oder wollen Sie das Neue lediglich mit Ihrem alten Repertoire bewältigen?

In Momenten beruflichen Aufstiegs ist vieles unsicher, aber eines ist sicher: Was Sie bislang erfolgreich gemacht hat, wird nicht genügen, um Sie künftig erfolgreich zu machen. Ihr Verhalten und Ihre Persönlichkeit in der Vergangenheit haben Sie bis zu diesem Punkt in der Gegenwart gebracht. Aber von hier aus wird es Sie nicht weiterbringen. Jetzt braucht es Schliff.

 JUWELEN-GEDANKE

Je weiter Sie nach oben kommen, desto bedeutender wird Ihr Verhalten.

Wie sehr Sie sich verändern können, wenn Sie wollen, sehen Sie mit einem Blick in Ihre Vergangenheit. Wie waren Sie vor zehn, zwanzig Jahren? Wie haben Sie sich seit Beginn Ihres Berufslebens verändert? Natürlich stehen Sie heute nicht mehr da, wo Sie sich noch vor Jahren befunden haben. Das hoffe ich zumindest. Haben Sie zufällig Videos von sich aus früherer Zeit? Darauf sieht man die eigene Entwicklung besonders gut (manchmal ist das ja ziemlich lustig). Durch die kontinuierliche aber langsame Entwicklung fällt uns die Veränderung im Alltag weniger auf. Aber im Rückblick sind wir dann oft überrascht, wie wandlungsfähig wir sind - und trotzdem bleiben wir im persönlichen Kern wir selbst.

 JUWELEN-GEDANKE

Jeder entwickelt sich - ob gezielt oder zufällig.

Wie Sie sich entwickeln, hängt von mehreren Faktoren ab:

1. Umfeld: Sie entwickeln sich entsprechend Ihrem Umfeld weiter, meist unbewusst. Unsere persönlichen Kontakte, die Menschen, die uns regelmäßig umgeben, spielen eine große Rolle für unsere Entwicklung. Wir gleichen uns dem durchschnittlichen Niveau, das die Menschen um uns herum bilden, unwillkürlich an. Wer sich mit erfolgreichen Menschen umgibt, wird selbst stärker nach Erfolg streben - und sei es nur, um mithalten zu können. Jemand der selbst schon der erfolgreichste seiner Gruppe ist, muss sich dagegen nicht anstrengen und bleibt womöglich stehen. Und wer einer Gruppe angehört, in der beruflicher Erfolg nicht wichtig ist, wird ihm auch keine Priorität geben. Sie haben die Wahl! Wer ein Gewinner sein will, sich aber mit Losern umgibt, kommt nicht voran! Umgeben Sie sich ganz bewusst mit Menschen, die im Leben schon dort stehen, wo Sie erst noch hinwollen!

2. Anforderungen: Wenn Sie sich nicht aktiv auf die künftigen Erfordernisse vorbereiten, sondern lediglich auf Ihre momentanen Aufgaben oder Ihr aktuelles Umfeld reagieren, werden Sie häufig nur hier und da zufällig erkannte Defizite nachbessern. Das ist das notwendige Minimum. Mit einer

solchen passiven Einstellung lassen Sie sich nur treiben und machen sich keine Gedanken und Mühe, sich auf weitere Chancen hin zu entwickeln. Sie werden nicht bereit sein, wenn sich Chancen ergeben. Sehen Sie stattdessen die künftigen Anforderungen voraus und bereiten Sie sich aktiv schon heute darauf vor.

3. Persönliche Reife: Ihre allgemeine Lebenserfahrung nimmt zwangsläufig zu - im Alter werden wir alle weiser, verzichten zunehmend auf Dummheiten oder leichtsinniges Verhalten. Die Erfahrung lehrt Sie, was sinnvoll ist und was Sie besser vermeiden sollten. Zwar werden die meisten Menschen mit zunehmendem Alter nicht flexibler oder schneller, aber das Repertoire, aus dem Sie schöpfen können, um sich neuen Situationen zu stellen, wird immer größer. Nutzen Sie Ihre Erfahrung, indem Sie sich bewusst daran erinnern, wie Sie ähnliche Herausforderungen in der Vergangenheit gemeistert haben.

4. Wissen: Das eine oder andere Seminar oder Buch lässt Sie über Ihr Verhalten reflektieren und gibt Ihnen Anregungen und Tipps zu Rhetorik, Körpersprache, Verhandlungstechniken, Konfliktverhalten, Führung oder anderen »Soft Skills«. Nehmen Sie diese Seminare und Bücher zum Anlass, von anderen gezielt zu lernen, das Gelernte aktiv zu üben und umzusetzen, sonst ist die Wirkung leider oft nur von kurzer Dauer.

5. Ziele und Werte. Je nachdem, was für Sie im Leben wichtig ist, fühlen Sie sich mehr oder weniger motiviert, an sich zu arbeiten. Jemand, der nach Erfolg strebt und die Notwendigkeit der eigenen Entwicklung als Basis des Erfolgs erkennt, wird sich konkrete Ziele setzen und sich dadurch stärker entwickeln, als jemand, der nur seinen Lebensunterhalt am Ende des Monats auf dem Konto sehen will, um ein Maximum an Freizeit zu genießen. Machen Sie sich klar, was Sie eigentlich wollen, was Sie sich für sich selbst im Leben wünschen, was Sie anstreben.

Selbst Menschen, denen höhere Anforderungen bewusst sind, streben häufig nur fachliche Verbesserung an. Das alleine genügt nicht! Da Sie dieses Buch lesen, kann ich davon ausgehen, dass Sie zu der Minderheit gehören, die gezielt persönliche Veränderung und Entwicklung anstrebt. Dazu gratuliere ich Ihnen!

Ist Ihnen schon aufgefallen, dass heute viele bereits mit Ende Dreißig oder Mitte Vierzig in der großen Politik oder in Vorständen großer Unternehmen erfolgreich sind? Karl-Theodor zu Guttenberg ist ein prägnantes aktuelles Beispiel – und nicht mal der Jüngste im Kabinett. Noch vor ein, zwei Jahrzehnten waren an den Spitzenpositionen in unserer Gesellschaft eher graue Eminenzen zu finden, mit einem Durchschnittsalter deutlich über 60. Hat es mit dem ganz natürlichen Generationenwechsel zu tun? Ich glaube nicht, denn dann gäbe es genug Mittfünfziger, die schon lange warten und jetzt das Vorrecht hätten. Was könnte dann der Grund sein? Ich beobachte, diese Jüngeren wissen, wie entscheidend es ist, sich auf neue Rollen, neue Positionen, neue Ämter gezielt vorzubereiten. Früher reichte es vielleicht, mit den Aufgaben zu wachsen. Heute ist der Wettbewerb zu groß, um sich darauf verlassen zu können. Die jüngere Generation der Führungskräfte arbeitet schon im Vorfeld hart und bewusst an sich und macht sich bereit, Verantwortung zu übernehmen, wenn sich Gelegenheiten bieten. Ein Karl-Theodor zu Guttenberg kann auftreten wie ein Minister – vom ersten Tag seines Amtes an, denn er hat sich nicht nur das notwendige Wissen, sondern vor allem das passende Verhalten schon vorher angeeignet: eine eloquente Rhetorik, eine souveräne Körpersprache, Empathie, Status- und Machtverhalten und vieles mehr. Und das alles wirkt bei ihm keineswegs aufgesetzt, sondern stimmig, mit authentischer Wirkung!

 BRILLANTEN-TIPP

Nur wer seine Entwicklung frühzeitig gezielt und konsequent vorantreibt, kann mit den Besten mithalten!

Um es klar und deutlich zu sagen: Wer nicht aktiv diese Fähigkeiten entwickelt und an sich arbeitet, wer die ohnehin stattfindende Veränderung nicht gezielt steuert und aktiv voran treibt, wird sich im Wettbewerb nicht schnell genug entwickeln. Der wird sich kaum, nur zufällig, wenig erfolgreich oder erst sehr, sehr spät so weit entwickelt haben, dass er für neue Rollen persönlich geeignet ist. Und wer nicht bereit ist, bezahlt einen hohen Preis: Scheitern, Ablehnung durch andere, fehlende Akzeptanz und Rückhalt, persönliche Probleme, die sich in physischer oder psychischer Form bemerkbar machen ... Menschen, die auf der persönlichen Ebene nicht zu Wachstum bereit sind, kann man eine Beförderung eigentlich gar nicht guten Gewissens wünschen.

IHRE POTENZIALE ENTSCHEIDEN ÜBER DEN SCHLIFF

Sollten Sie sich jetzt als Kieselstein fühlen, der in der Masse der Kiesel langsam den Strom hinab geschoben wird, gleichzeitig gehalten und im schlimmsten Fall ans Ufer – und damit aufs Abstellgleis – geschoben wird? Nein, Sie haben zumindest eine ideale Vorraussetzung: Sie haben verstanden, dass Sie selbst aktiv werden müssen. Wobei Ihnen jederzeit die Entscheidung freisteht, für den Rest Ihres Lebens ein Kiesel zu bleiben. Dass auch das Vorteile hat, bestreite ich gar nicht. Im nächsten Kapitel nenne ich ein Beispiel.

Doch bedenken Sie: Auch in Ihnen steckt ein Juwel, das erst durch den richtigen Schliff ans Licht kommen kann. Dieser Schliff passiert nicht einfach so. Zuvor treffen Sie eine Entscheidung: Was wollen Sie erreichen und was passt zu Ihrer Persönlichkeit? Danach brauchen Sie Techniken, um diesen Schliff zu erreichen. Ein Diamant wird nicht im Flussbett geschliffen. Es wird ein hartes Stück Arbeit, bis Sie eines Tages als Juwel zu funkeln beginnen.

Jeder Mensch hat eine andere Persönlichkeit. Ungefähr die Hälfte der Eigenschaften ist genetisch bedingt (ein wenig streiten sich die Fachrichtungen und einzelne Studien, wie viel denn nun tatsächlich), der Rest entsteht in unserer sozialen Prägung, das Meiste davon frühkindlich. Diese Persönlichkeit kann nicht grundlegend verändert werden. Um im Rollenmodell authentischer Persönlichkeit aus Kapitel 2 zu bleiben: Ihre Rollen müssen Bestandteil dieser Persönlichkeit sein, sonst werden Sie nicht authentisch wirken.

In gewissem Rahmen kann sich eine Persönlichkeit verändern. Beispielsweise durch eine starke Prägung. Im negativen, traumatischen Falle können dies das

(Mit-)Erleben eines Unfalls, einer Vergewaltigung, eines Überfalls, eine Natur-katastrophe oder der Tod einer nahe stehenden Person sein. Im positiven Falle etwa die Geburt eines eigenen Kindes, das Treffen des Partners fürs Leben oder ein außergewöhnlicher Erfolg.

 JUWELEN-GEDANKE

Persönlichkeit kann nicht grundsätzlich verändert werden.

Die Persönlichkeit kann auch durch zahlreiche Bestrebungen und Erfahrungen und hartnäckige Arbeit an sich selbst wachsen. Doch all diese Veränderungen bedeuten keine Persönlichkeitsveränderung, sondern eine Verschiebung der Rollen innerhalb der Persönlichkeit. Andere oder mehr der bereits vorhandenen Potentziale werden genutzt.

Dass Ihre Persönlichkeit die Rollen vorgibt, bedeutet vor allem auch, dass Ihre Persönlichkeit der Maßstab für die zu entwickelnden Rollen darstellt. Im Umkehrschluss wiederum darf also nicht die Aufgabe oder die Position der alleinige Maßstab sein. Eine Rolle, die nicht zu Ihrer Persönlichkeit passt, sollten Sie ablehnen. Sie werden darin weder authentisch wirken können noch glücklich werden.

 BRILLANTEN-TIPP

Lehnen Sie Rollen ab, die nicht zu Ihrer Persönlichkeit passen!

MACHEN SIE BESTANDSAUFNAHME

Ihre Persönlichkeit birgt 1. Stärken, 2. Beschränkungen und 3. Schwächen. Diese zu kennen, bringt Sie Ihren möglichen Rollen ein Stück näher. Sie bestimmen letztlich selbst, wie aufwändig Ihr Weg dahin sein wird. Was ist schon da, was kann entwickelt werden und wo würde der bloße Versuch scheitern, in etwas Energie zu stecken, das nicht Ihrer Persönlichkeit entspricht?

Das fragt sich auch Paul, der potenzielle Geschäftsführer für die Niederlassung in Barcelona. Er beschließt, eine Bestandsaufnahme zu machen. Er notiert alles, was ihm wichtig erscheint. Paul ist seit fast zehn Jahren in der Maschinenbaufirma und seit über vier Jahren der Sales Director. Maschinen verkaufen kann er. Er kennt sich mit der gesamten technischen Seite hervorragend aus, schließlich ist er selbst Ingenieur. Fachlich und auch bei Preisverhandlungen macht ihm so schnell keiner was vor. Viele Kunden betreut er schon seit Jahren und die Umsätze wachsen jedes Jahr zur Zufriedenheit seines Chefs. Ihm ist jedoch auch klar: Die Geschäftsführung einer ausländischen Niederlassung ist nochmal etwas ganz anderes.

Paul beginnt langsam zu begreifen, dass er bisher ein Kiesel war. Und dass aus ihm ein Juwel werden muss, um gegen seinen Wettbewerber eine Chance zu haben und um die Position dauerhaft erfolgreich führen zu können. Das beinhaltet nämlich auch vieles, was bisher nicht zu seinen Aufgaben gehörte: Führen der unterschiedlichsten Mitarbeiter (nicht mehr nur den Vertrieb, sondern vom Gabelstaplerfahrer bis zum Bereichsleiter), harte Verhandlungen, Verhandlungen mit der Stadtverwaltung, mit Gewerkschaften, öffentliche Auftritte, Presse, Repräsentieren und das alles in einer anderen Sprache und Kultur.

Er denkt nach, was von einem Geschäftsführer alles erwartet werden würde. Sicher spielt Führungskompetenz, Akzeptanz bei den Mitarbeitern oder auch seine Wirkung nach außen eine entscheidende Rolle. Paul überlegt, was wohl für seinen Chef noch wichtig sein könnte. Und was er davon leicht und was bisher noch eher wenig bis gar nicht erfüllen kann.

Paul geht es richtig an. Seine Bestandsaufnahme ist eine gute Basis. Er will sich Gedanken darüber machen, wie er sich ins rechte Licht stellen kann. Dabei merkt er schnell, dass es nicht nur darum gehen kann, das was vorhanden ist, in die Verhandlung einzubringen. Wenn er sich erfolgreich gegen seinen Wettbewerber behaupten will, muss er selbst ein klares Bild davon haben, welche neue Rolle er entwickeln will und wie er diese Rolle dann authentisch ausfüllt. Wie soll denn auch seinem Chef überhaupt klar werden, ob Paul Hiebel der Richtige ist, wenn er selbst keine klare Vorstellung von der neuen Rolle hat?

JUWELEN-GEDANKE

Wie soll anderen klar sein, wer Sie sind, wenn Sie selbst kein klares Bild von sich haben?

Je tiefer Paul einsteigt, desto augenfälliger wird ihm, dass er bisher schon einiges besser hätte machen können, dass er sein Potenzial nicht wirklich nutzt und dass er einiges an sich verbessern kann. Zudem beginnt er zu zweifeln, ob er diese Aufgabe überhaupt ausfüllen kann und will. Denn ihm fällt auch auf, dass er vor der ein oder anderen Situation durchaus Respekt hat. Paul erstellt eine Liste mit allen Details, die ihm einfallen: wie beliebt ist er, wie ist seine Körpersprache, seine Stimme, sein Auftreten, sein Know-how und sein Netzwerk? Er merkt dabei schnell, dass er alles nur aus seiner eigenen Sicht beurteilen kann. Ist er wirklich so beliebt, wie er selbst glaubt? Kann er spannend präsentieren oder langweilt er Zuhörer stärker, als ihm das bewusst ist? Schließlich ist es die Eloquenz, also die Redegewandtheit, seines Wettbewerbers, die ihn erst zum Nachdenken angeregt hat.

 JUWELEN-GEDANKE

Machen Sie eine Bestandsaufnahme!

Die Frage, die uns stets beschäftigt, wenn wir über unsere Wirkung auf andere nachdenken, ist die, wie objektiv wir das selbst beurteilen können. Denn wir selbst sehen uns ebenso wenig neutral, wie andere das tun. Und andere nehmen andere Seiten an uns wahr, die wir selbst nicht einmal kennen. So ergibt sich ein Modell, das in der Übereinstimmung der drei Felder Sein, Selbstbild und Fremdbild von Authentizität spricht.

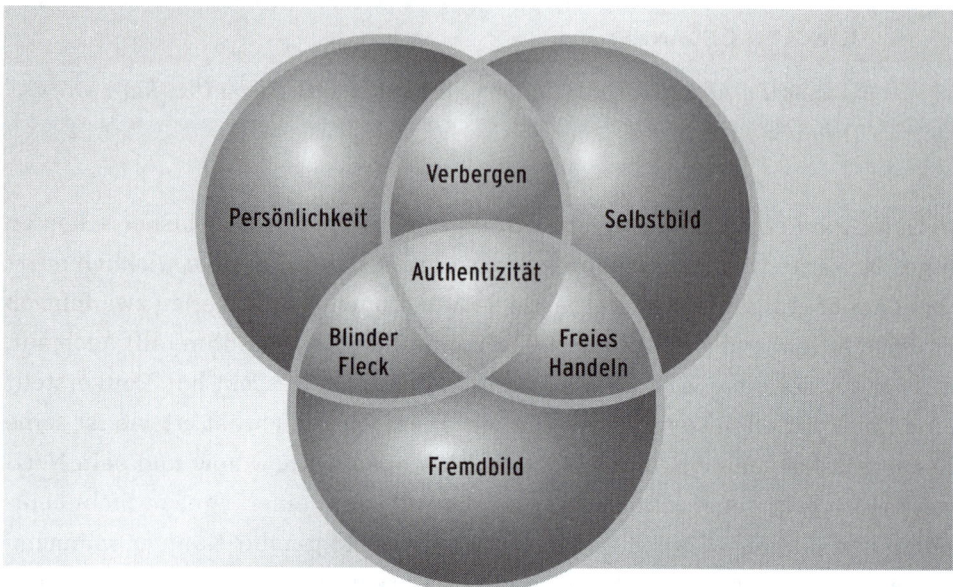

Abbildung 3.1: Selbstwahrnehmung: So bin ich – so sehe ich mich – so sehen mich andere.

Viele Aspekte Ihrer Persönlichkeit sind Ihnen und anderen nicht bekannt. Was Sie sehen bzw. was Sie glauben zu sein, ist Ihr Selbstbild. Wie andere Sie wahrnehmen ist Ihr Fremdbild. Der Teil Ihrer Persönlichkeit, den Sie zwar selbst kennen, den andere an Ihnen aber nicht wahrnehmen (sollen), ist der Teil, den Sie bewusst verbergen. Der Teil Ihrer Persönlichkeit, der Ihnen selbst zwar nicht bewusst ist, den aber die anderen sehr wohl an Ihnen kennen, ist Ihr Blinder Fleck. Und dann gibt es da noch ein Feld, das Sie selbst ganz bewusst inszenieren, das auch von anderen wahrgenommen wird, das aber nicht als authentisch, nicht stimmig, nicht als echter Teil Ihrer Persönlichkeit empfunden wird. Die drei Felder des Verborgenen, des Blinden Flecks und des freien (nicht authentischen) Handelns sind die unangenehmen Seiten an Ihnen, für sich selbst und für andere. Je weiter Selbstbild, Fremdbild und wahre Persönlichkeit auseinanderliegen, desto größer sind diese drei Felder und desto geringer ist die von Ihnen und anderen wahrgenommene Authentizität.

Die große Chance beim persönlichen Wachstum ist nun: Je besser Sie Selbstbild, Fremdbild und wahre Persönlichkeit passgenau übereinander bekommen, je weniger Sie also sich selbst und Ihr Umfeld über Ihre wahre Persönlichkeit täuschen, desto authentischer wirken Sie. Und desto geringer werden die Probleme durch Ihren Blinden Fleck, durch Ihr freies, nicht authentisches So-tun-als-ob und durch Ihr Verborgenes, also Ihre Leichen im Keller. Wenn das Feld der Authentizität wächst, tut das unglaublich gut!

ÜBUNG SELBSTBILD/FREMDBILD

Die nachfolgende Liste dient Ihnen als Kopiervorlage. Bitte erstellen Sie mehrere Kopien, um zunächst eine selbst auszufüllen und dann ca. fünf Bekannte ein Feedback geben zu lassen. Seien Sie dabei ehrlich zu sich selbst und kreuzen Sie Ihr tatsächliches Selbstbild an, nicht das, das Sie gerne hätten. Bitten Sie Bekannte aus unterschiedlichen Bereichen die Liste ehrlich auszufüllen, z. B. Lebenspartner, Freunde, Kollegen. Bitten Sie nicht nur Ihnen allzu wohlwollende Menschen. Gerade das Feedback von Menschen, die an sich selbst hohe Ansprüche haben, ist besonders wertvoll. Kommentieren Sie die ausgefüllten Listen nicht, Sie würden die Arbeit des Feedback-Gebers schmälern. Lesen Sie hierzu auch den folgenden Abschnitt »Feedback einholen«.

Das Ziel ist, dass Sie einen Vergleich Ihrer eigenen Wahrnehmung (Selbstbild) und Ihrer Wirkung auf Andere (Fremdbild) bekommen.

1 = trifft voll zu; 6 = trifft überhaupt nicht zu	1	2	3	4	5	6
Körpersprache						
Ausreichend Gestik?						
Ruhige, große Gestik?						
Ruhiger Stand und Schritte?						
Stand/Haltung Körper inkl. Schultern gerade?						
Haltung Kopf gerade?						
Dynamik im Gehen?						
Sitzhaltung aufrecht?						
Mimik (Augenbrauen, Augen, Mund ...)?						
Lächeln?						
Ausreichend langer Blickkontakt?						
Stimme und Sprechweise						
Lautstärke ausreichend?						
Klang/Tonhöhe angenehm?						
Sprechgeschwindigkeit verständlich?						
Ausreichend Sprechpausen vorhanden?						
Abwechslungsreiche Betonung?						
Rhetorik						
Wortwahl angemessen? Z. B. Verzicht auf Fremdwörter etc.						
Sätze kurz genug?						
Spannende Sprechweise?						
Inhalte anschaulich und nachvollziehbar gesprochen?						
Strukturierte Darstellung?						
Zu viel Inhalt/Details/Nebensächlichkeiten?						
Zu wenig Inhalt?						
Kann komplexe Zusammenhänge einfach erklären?						
Emotionale Sprechweise?						
Eloquent im Small-talk?						
Kann überzeugend vor Gruppen sprechen?						
Kann gut verhandeln?						
Kann gut Konflikte lösen?						
Polarisiert gerne?						
Kompetenz						
Know-how vorhanden?						
Vermittelt Kompetenz glaubhaft?						
Kann verständlich und hilfreich beraten?						
Hat interkulturelle Kompetenz?						

1 = trifft voll zu; 6 = trifft überhaupt nicht zu	1	2	3	4	5	6
Umgang mit anderen						
Wirkt sympathisch?						
Hat Empathie/kann gut mitfühlen?						
Ist um Höflichkeit bemüht?						
Kennt sich mit der Etikette aus?						
Verhält sich fair?						
Bezieht andere mit ein/ist ein Team-Player?						
Kann Geheimnisse wahren?						
Ist ein guter Netzwerker?						
Ist bescheiden?						
Wirkt selbstsicher?						
Wirkt authentisch?						
Wirkt dominant und autoritär?						
Wirkt als Führungskraft kompetent und geeignet?						
Jammert und lästert gerne?						
Eigenschaften						
Ungeduldig						
Ehrlich						
Bodenständig						
Freundlich						
Mutig						
Temperamentvoll						
Kommunikativ						
Unabhängig						
Aufgeschlossen						
Zuverlässig						
Dynamisch						
Ehrgeizig						
Charmant						
Phantasievoll						
Gebildet						

© 2010, Ein Juwel glänzt – Kieselsteine sind grau, Michael Moesslang, Gabler Verlag

FEEDBACK EINHOLEN IST NICHT EINFACH

In der Regel bekommen Sie von Ihrem Umfeld relativ »höfliches Feedback«. Damit meine ich eher nett gemeintes Lob, auch wenn unsere Leistung mal nicht so gut war. Das gebietet die Höflichkeit und es will Ihnen schließlich auch niemand weh tun! Und so werden positive Aspekte hervorgehoben, kritische oder verbesserungswürdige werden einfach nicht angesprochen. Das ist zwar angenehm, hilft Ihnen aber nicht weiter! Nur ehrliches Feedback ist gutes Feedback, zumindest wenn Sie daran interessiert sind, sich zu verbessern.

 JUWELEN-GEDANKE

In der Regel erhalten wir nur höfliches Feedback, kein ehrliches.

Wie bekommen Sie ehrliches Feedback? Beispielsweise in Seminaren, in denen Ihr Auftreten nicht nur vom Trainer, sondern auch von den anderen Teilnehmern beurteilt wird. Voraussetzung ist natürlich, dass der Trainer eine vertrauensvolle Atmosphäre schafft, die diese Offenheit erzeugt.

Eine weitere Möglichkeit ist ein vertrauensvolles Gespräch mit Menschen, die Sie gut kennen. Darin bitten Sie diese, Ihnen offen und ehrlich damit zu helfen, dass sie Sie fair und ehrlich beurteilen. Legen Sie ihnen nach diesem Gespräch die Liste aus der oben stehenden Übung vor. So können Sie später Ihre Selbsteinschätzung mit der von mindestens fünf anderen vergleichen. Sprechen Sie mit jedem darüber, warum er Sie so beurteilt hat und welche Empfehlungen er im Detail für Sie hat. Doch bedenken Sie stets: werden Sie um diese Hilfe gebeten, würde es Ihnen vermutlich auch nicht leicht fallen, Ihrem Gegenüber offen zu sagen, was eben nicht so perfekt ist. Gegenseitiges Vertrauen und die richtige Gesprächsatmosphäre sind hier also Grundvoraussetzung für Offenheit.

Es gibt auch Trainer oder Berater, die ein derartiges Feedback für Sie einholen: Beim 360°-Feedback wird Ihr gesamtes Umfeld anonym befragt. Kollegen, Führungskraft, Mitarbeiter, Lieferanten und Kunden geben so aus der geschützten Atmosphäre der Anonymität eine offene Einschätzung. Sie äußern sich meist offener gegenüber einem neutralen Dritten, als Ihnen selbst gegenüber.

BRILLANTEN-TIPP

Hören Sie Feedback an, kommentieren Sie es nie!

Feedback von außen ist so wichtig und wertvoll. Dabei wird es sich stets um Einzelmeinungen handeln. Jeder nimmt Sie anders wahr. Das merken Sie manchmal an Widersprüchen zwischen den Aussagen verschiedener Feedback-Geber. Übrigens: erliegen Sie nicht der Versuchung, Ihr reflektiertes Verhalten zu rechtfertigen oder zu erklären. Erst recht dürfen Sie keinesfalls dem Feedback-Geber widersprechen. Hören Sie es sich einfach nur an. Er oder sie meint es ehrlich und will Ihnen helfen. Wenn Ihnen das Feedback nicht gefällt, es Ihnen peinlich ist oder Sie sich selbst anders sehen, ist es trotzdem immer noch das, was Ihr Feedback-Geber aus seiner Sicht wahrgenommen hat. Gegenrede oder Erklärungsversuche lassen den Feedback-Geber an Ihrem ehrlichen Interesse zweifeln.

WAS MACHT IHRE STÄRKEN AUS?

Paul hat nun zunächst seine eigene Liste erstellt und sich in der Tabelle Noten gegeben. Außerdem hat er sich überlegt, was sein Chef wohl erwartet. Er ist nicht unzufrieden, doch merkt er schnell, dass er selbst für die Position eines Geschäftsführers jemand anderes suchen würde. Eine harte, aber ehrliche Erkenntnis. Also aufgeben? Nein - auch wenn Paul später noch darüber reflektieren möchte, ob er wirklich den Posten will, oder ob es ihm nur um den Traum von Barcelona geht - er verfolgt sein Ziel weiter: Geschäftsführer des Standortes Südeuropa in Barcelona!

Paul kennt den scheidenden Geschäftsführer von einigen Veranstaltungen und überlegt nun, was diesen auszeichnete. Dieser hat sich mit zahlreichen Veranstaltungen und Presseveröffentlichungen einen hervorragenden Ruf in der Branche geschaffen. Da war neulich das Fest eines Kunden mit mehreren Hundert Gästen. Dort hat der scheidende Geschäftsführer eine hervorragende Rede gehalten, die alle informativ und zudem amüsant fanden. So konnte er sich erneut einem breiten Publikum bekannt machen und einen positiven Eindruck hinterlassen. Auch bei der Geschäftsführung war er akzeptiert, ihm wurde vertraut und er genoss deshalb viele Freiheiten.

Sein Wettbewerber ist dem Vorgänger da durchaus ähnlich. Paul dagegen fühlt sich dann recht wohl, wenn er klare Vorgaben erhält, wenn er weiß, was von ihm erwartet wird. Reden zu geben oder sich aktiv in Netzwerken oder Verbänden zu engagieren gehört nicht gerade zu seinen Lieblingsbeschäftigungen. Davor konnte er sich meistens drücken. Presseartikel hat er bereits zwei veröffentlicht. Das waren allerdings sehr spezifische Fachartikel, in denen sein Name lediglich als Autor erwähnt wurde. Das ist auch schon bestimmt acht oder zehn Jahre her, für so etwas hat er schon lange keine Zeit mehr.

Paul macht sich ebenfalls darüber Gedanken, was seine Stärken sind und was er besser kann als sein Vorgänger oder sein Wettbewerber. Seine Strategie: Seine vorhandenen Stärken nutzen, ausbauen und darstellen. Die Bereiche, in denen er noch Defizite empfindet, möchte er im Rahmen seiner Möglichkeiten ausbauen – oder zumindest ins Gespräch einbringen, wie er sich hier entwickeln wird.

Was sind Ihre Stärken? Sind Sie eher der Spontane und der Macher, der in jeder Situation sofort die Dinge in die Hand nimmt und pragmatisch Ergebnisse erreicht. Oder sind Sie eher derjenige, der analytisch, informiert und strategisch an die Dinge herangeht, dem deshalb selten Fehler unterlaufen? Oder steht für Sie stets das Menschliche im Vordergrund, Hilfe und Engagement und was Ihre Mitmenschen angeht, können Sie sich stets auf Ihr Bauchgefühl verlassen? Vielleicht erkennen Sie sich in einem dieser drei Grundtypen besonders gut. Jeder dieser drei Typen hat Stärken, die in der Persönlichkeit verwurzelt sind. Sich dessen bewusst zu sein, hilft sich und sein Verhalten zu verstehen. Deshalb zeige ich Ihnen in Kapitel 6, »Auch ein Facetten-Schliff muss Schmeicheln«, ausführlicher, woran Sie Ihren Persönlichkeitstyp erkennen.

 JUWELEN-GEDANKE

Jeder Mensch hat andere Stärken, Beschränkungen und Schwächen.

Wenn Sie Ihre Stärken akzeptieren - und ich rede hier nicht von Worthülsen aus Bewerbungsgesprächen, in denen 90 Prozent behaupten Sie seien belastbar und teamfähig - können Sie auf diese aufbauen. Fehlen Ihnen Eigenschaften oder sind diese entsprechend schwächer ausgeprägt, so spricht man von Beschränkungen. Natürlich haben Sie die, jeder hat Beschränkungen. Es gibt niemanden, der nur aus Stärken besteht.

Viele Stärken widersprechen sich. Das kann zu einer ständigen inneren Zerrissenheit führen, wenn Sie beispielsweise sehr genau arbeiten und gleichzeitig sehr schnell vorantreiben wollen. Akzeptieren Sie deshalb Ihre Beschränkungen bitte ebenso wie Ihre Stärken.

Nur der gezielte Ausbau von Stärken ist sinnvoll. Eine Beschränkung zu einer Stärke machen zu wollen, funktioniert nicht. Es würde mehr Energie kosten, als Sie aufbringen können. Trotzdem müssen wir manchmal unsere Beschränkungen kompensieren, weil wir diese Eigenschaften für bestimmte Aufgaben benötigen. Dies ist bis zu einem gewissen Grad auch machbar. Es ist wie das Erlernen einer neuen Sprache. Es ist mühsam und Sie werden nie akzentfrei sprechen, doch mit entsprechender Übung können Sie sich gut verständigen.

 BRILLANTEN-TIPP

Versuchen Sie nicht aus einer Beschränkung eine Stärke zu machen!

Eine Schwäche definiert sich übrigens als übertriebene Stärke: sind Sie kommunikativ, ist das eine Stärke, übertreiben Sie es, gelten Sie als geschwätzig oder aufdringlich. Sind Sie sparsam, ist dies eine Stärke, die Übertreibung ist Geiz. Schwächen können Sie reduzieren indem Sie die zugehörigen Stärken auf das richtige Maß zurückschrauben. Das geht, indem Sie an Ihren Glaubenssätzen arbeiten - dazu kommen wir später in diesem Kapitel.

 JUWELEN-GEDANKE

Eine Schwäche ist eine übertriebene Stärke.

WAS MACHT SIE EINZIGARTIG?

Haben Sie Ihre Stärken herausgearbeitet? Dann überlegen Sie, was Sie einzigartig macht. Jede Persönlichkeit hat aufgrund ihrer Stärken (auch Beschränkungen und Schwächen) etwas Besonderes. Was ist Ihre Einzigartigkeit? Im Marketing nennt man solch eine Einzigartigkeit USP, Unique Selling Proposition, den einzigartigen Verkaufsvorteil oder das Alleinstellungsmerkmal.

Wenn Sie es verstehen, Ihre Einzigartigkeit gezielt herauszustellen, ganz bewusst zu zeigen, was Sie besonders macht, werden sich Ihre Mitmenschen leichter an Sie erinnern. Sie werden mit Ihrem USP in Verbindung gebracht. Menschen aus dem Show-Geschäft machen das. Dort geht es gar nicht anders. Wer keinen USP hat, geht als Imitat oder als Mensch ohne Profil unter. Im Berufsleben ist nicht gleich der Untergang vorprogrammiert. Doch diejenigen, die es schaffen, sich gut zu positionieren und die ihren USP nachvollziehbar vermitteln, werden besser erinnert. Sie werden vor allem stets mit ihrer positiven Einzigartigkeit in Verbindung gebracht.

 JUWELEN-GEDANKE

Sie werden besser erinnert, wenn Sie es verstehen, Ihre Einzigartigkeit zu verankern.

 BRILLANTEN-TIPP

Wer einzigartig ist, hat keine Konkurrenz!

Ihre Einzigartigkeit zu finden ist ein aufwändiger Prozess, der sicher über einen längeren Zeitraum läuft. Sie brauchen dazu auch Rückmeldung von außen, um Ihre Fremdwirkung mit einzubeziehen. Überlegen Sie in Ihrem Unternehmen oder bei Ihnen bekannten Menschen: wer von diesen hat solch einen USP? Manche haben den auch unbewusst, besonders erfolgreiche Menschen haben diesen gezielt entwickelt. Wie würden Sie die folgenden Menschen mit einer Aussage beschreiben: Dieter Bohlen, Günther Jauch, Kai Pflaume, Thomas Gottschalk, Stefan Raab, Verena Pooth, Johannes B. Kerner, Hape Kerke-ling, Mario Barth oder Harald Schmidt? Ich meine damit nicht, ob Sie diese Menschen als lustig, sympathisch oder langweilig einstufen. Sondern was ist es, das diese Menschen von all den anderen unterschiedet, sie einzigartig macht? Dieter Bohlen ist sicherlich so etwas wie das ehrliche Großmaul, das jedem offen seine Meinung sagt. Günther Jauch der ewige Schwiegersohn. Kai Pflaume der Nette, der mit viel Emotion Menschen zusammenbringt. Diese Menschen haben ihren USP. Wie ist Ihrer? Haben Sie schon einen oder werden Sie noch einen entwickeln?

 JUWELEN-GEDANKE

Der USP sagt, was Sie einzigartig macht.

AUTHENTIZITÄT BEGINNT BEI IHRER INNEREN EINSTELLUNG

Wo müssen Sie ansetzen? Für welche Situationen müssen Sie sich weiterent-wickeln? In welchen Momenten wollen Sie sich besser verkaufen? Sind es Auf-tritte gegenüber Ihren Kunden? Sind es interne Situationen, bei denen Sie überzeugend wirken müssen? Präsentationen, Meetings, Zielgespräche?

Bedenken Sie: Es funktioniert nicht, wenn Sie sich zu bestimmten Situationen gezielt ideal verhalten und im Alltag wieder Ihr bisheriges Verhalten zeigen. Das wäre So-tun-als-ob, also ein Vorspielen für andere und für Sie selbst, ohne dieses inszenierte Verhalten zu einem Teil Ihrer wahren Persönlichkeit zu machen. Nach dem Motto: »Heute sind keine Kunden im Haus, da brauche ich auch keinen Anzug zu tragen.«

Ich rede hier von einer nachhaltigen und konsequenten Veränderung, vom Wachstum Ihrer Persönlichkeit und der Erweiterung Ihrer Fähigkeiten. Also: Welche Situationen sind es? Worauf kommt es da an? Sie können dies nicht einstudieren, um gleich einem Schauspieler ein Stück aufzuführen. Sie brauchen diese Situation als Referenz: Entwicklung und Veränderung muss übergreifend stattfinden. Nur so wird Sie authentisch wirken.

 JUWELEN-GEDANKE

Nachhaltige und authentische Wirkung zeigt sich jederzeit, nicht situativ.

Jede nachhaltige und authentische Veränderung beginnt im Inneren. Ich halte nichts davon, sich bestimmte Verhaltensweisen einfach so anzueignen[3]. Wenn Sie also nicht gerne präsentieren, fragen Sie sich warum. Was hindert Sie daran, was bereitet Ihnen ein unangenehmes Gefühl? Welche Einschätzung haben Sie von sich und der Situation? Gibt es negative Erfahrungen? Schlechte Ergebnisse? Sind diese negativen Erfahrungen endgültig oder können Sie besser werden? Welche Überzeugungen hindern Sie, besser zu werden?

 JUWELEN-GEDANKE

Glaubenssätze bestimmen unser Denken und Handeln.

Unser Verhalten wird bestimmt von einer Reihe von Überzeugungen, den so genannten Glaubenssätzen. Diese sind uns häufig nicht bewusst. Und mehr noch: wir wissen meistens gar nicht, wie sie entstanden sind. Und trotzdem erachten wir sie als unumstößliche Regeln des Lebens. Ich nenne Ihnen Beispiele:

---

3 Es gibt eine Ausnahme: Den »Als-ob-Rahmen«, eine Technik, bei der Sie zunächst ganz bewusst so tun »als ob« sie etwas beherrschen und sich darin sicher fühlen, um in dieses neue Verhalten dauerhaft hineinzuwachsen. Mit der Zeit werden Sie es dann tatsächlich können und sich auch sicher fühlen. Mit der Zeit wird dieses »freie Verhalten« zu einem Teil Ihrer authentischen Persönlichkeit.

1. »Die Erde ist eine Kugel.« Haben Sie es selbst geprüft? Sie kennen Bilder und Lehrstoff aus der Physik, ja, doch vergessen Sie nicht, dass Jahrhunderte lang die Menschen an eine Scheibe geglaubt haben und bereit waren dafür Galileo als Ketzer zu verurteilen.

2. »Als Frau (Nichtakademiker/Farbiger/Quereinsteiger ...) habe ich keine Chance auf die leitende Position in unserem Haus.« Solche Glaubenssätze haben viele. Und plötzlich sitzt eine andere Frau (...) auf dem Posten.

3. »Ich kann nicht gut Englisch (präsentieren, verhandeln ...).« Mag sogar sein, dass das stimmt. Doch wozu führt dies? Dass Sie sich nicht trauen Englisch zu sprechen. »Mein Englisch ist noch nicht ausgereift und ich nutze jede Gelegenheit um zu üben.« ist sicherlich hilfreicher – was meinen Sie?

4. »Ich stamme nicht aus der richtigen Familie.« Wer bitte stammt aus der richtigen Familie? Michael Jackson? Albert von Monaco? Paris Hilton? Möchten Sie tauschen? Möchten Sie deren Reichtum, Namen, aber auch deren Isolation und Öffentlichkeit? Wir wissen, dass die Familie, das Umfeld, die Umstände eine Rolle spielen. Doch als Ausrede? Arnold Schwarzenegger wurde aus einfachen Verhältnissen kommend als Body-Builder, Schauspieler und schließlich Politiker stets erfolgreich, Richard Branson wurde ohne Schulabschluss zum erfolgreichen Gründer von zahllosen Unternehmen der Virgin-Gruppe mit 20 Milliarden Dollar Jahresumsatz, John Paul DeJoria gelang der Aufstieg vom Obdachlosen zum Milliardär als Inhaber der Haarpflegefirma Paul Mitchell, Dietrich Mateschitz stieg als ehemaliger Marketingangestellter mit Red Bull unter die 200 reichsten Menschen der Welt auf, und viele mehr haben es geschafft. Von ganz unten nach ganz oben.

5. »Wenn ich das nicht bis morgen fertig habe, werde ich gekündigt.« Ernsthaft werden Sie das vielleicht gar nicht glauben. Doch das Wesen der Glaubenssätze ist häufig, dass sie gar nicht so realistisch sind. So sorgt dieser Glaubenssatz trotzdem für einen enormen Druck und gleichzeitig dafür, dass Sie womöglich bis spät nachts im Büro fleißig sind.

6. »Man muss bescheiden sein!« Wer ist »man«? Wer sagt das? Und für wen gilt das? Viele ähnliche Sätze kennen wir aus unserer Erziehung.

7. »Ich bin zu dick und deshalb mag mich keiner.« Haben Sie schon einmal stark Übergewichtige gesehen, die der Mittelpunkt jeder Party sind? Diese haben vermutlich diese Überzeugung nicht – und leben besser damit.

Es gibt Glaubenssätze über sich selbst, über andere, über die Welt und die Dinge. Einige davon sind relativ, lauten also in etwa »wenn ..., dann« oder »wenn nicht, ... dann«. Glaubenssätze bestimmen unser Denken und Verhalten und damit unser Leben. Sie geben uns Halt und helfen uns zu entscheiden. Einige sind jedoch nicht sinnvoll und blockieren uns. Sie sorgen für Hemmungen oder dafür, dass wir uns nicht gut fühlen. Wozu haben wir dann diese Glaubenssätze? Meistens weil sie uns vor irgendetwas schützen. So kann der Glaubenssatz »Ich bin zu dick und deshalb mag mich keiner.« dafür sorgen, dass derjenige sich nicht blamiert, sich nicht in Situationen begibt, wo diese Gefahr (scheinbar) besteht. Oder er hat eine Ausrede gefunden, für die er scheinbar wenig kann (wirklich?) und nicht sein Charakter schuld ist, dass ihn viele nicht mögen. Es sind ja die anderen schuld, da sie Dicken gegenüber so intolerant sind! Gut herausgeredet, doch Gegenbeispiele zeigen, dass auch dicke (dürre, hässliche, kleine, große, ...) akzeptiert werden. Die Grenze ist im Kopf, die Grenze sind die eigenen Glaubenssätze.

 JUWELEN-GEDANKE

Glaubenssätze gibt es über sich selbst, andere, die Dinge und die Welt.

Welche neuen Gewohnheiten oder Denkweisen hätten Sie gerne? Welche veränderten Überzeugungen würden Sie dazu benötigen, welche hindern Sie? Glaubenssätze sind uns oft nicht einmal bewusst, wir müssen sie erst einmal herausfinden. Enttarnen Sie Ihre hindernden Glaubenssätze! Warum glauben Sie, nicht sicher sein zu können, nicht präsentieren zu können, nicht gut genug zu sein für ...? In vielen Fällen hilft es bereits, die Glaubenssätze zu erkennen, zu hinterfragen und dann durch geeigneter formulierte zu ersetzen. Achten Sie dabei darauf, dass der neue Glaubenssatz Schutzfunktionen des alten auch erfüllen muss, wenn diese weiterhin wichtig sind.

Es gibt viele Möglichkeiten, Glaubenssätze zu verändern. Welche die richtige ist, hängt von Ihnen ab. Manche Methoden sind eher mentaler Art, andere sehr logisch-rational, andere wieder eher albern. Für alle drei Wege habe ich Ihnen jeweils eine Übung zusammengestellt.

ÜBUNG GLAUBENSSATZVERÄNDERUNG MENTAL

Machen Sie sich zunächst bewusst, welchen Glaubenssatz Sie verändern wollen und was der neue, hilfreichere Glaubenssatz ist. Dann suchen Sie einen ruhigen Platz, an dem Sie sich entspannen können. Lesen Sie vorher diese Anleitung und verinnerlichen die Schritte, um danach ungestört in einem Stück die Übung ausführen zu können. Sie werden dafür einige Zeit der Ruhe brauchen. Sie setzen sich dazu in eine für Sie geeignete Position, für manche ist das eine Sitzposition aus der Meditation oder dem Yoga, für andere ein bequemer Sessel.

1. Schließen Sie die Augen und atmen Sie einige Minuten ruhig und tief, um Entspannung zu fühlen.

2. Nun machen Sie sich den alten Glaubenssatz bewusst. Welche Rolle hat er in Ihrem Leben gespielt? Denken Sie zunächst an all die Situationen, in denen er geholfen hat, Sie vor etwas zu bewahren oder Sie zu schützen, also an all die positiven Seiten des Glaubenssatzes. Lassen Sie sich Zeit. Manche Erinnerungen kommen erst nach mehreren Minuten der Ruhe zurück.

3. Danach denken Sie an Situationen, in denen er Sie behindert hat. Vielleicht hat er Sie daran gehindert etwas zu tun, was Ihrer Karriere förderlich gewesen wäre. Auch hier lassen Sie sich bitte Zeit und denken an alle Situationen, die Ihnen einfallen, auch wenn diese womöglich eine Weile zurückliegen. Denken Sie daran, was Ihnen durch diesen Glaubenssatz alles verwehrt geblieben ist, anders gesagt: welchen Schaden er angerichtet hat.

4. Nun denken Sie an Ihren neuen Satz. Wie hätten Sie mit diesem neuen Glaubenssatz in diesen Situationen gehandelt? Wären Sie dadurch erfolgreicher geworden? Malen Sie sich auch diesmal die Situation aus und wie Sie gehandelt hätten. Visualisieren Sie sich die Erfolge, die sich eingestellt hätten. Je realistischer Sie sich dies vorstellen, desto wirkungsvoller.

5. Jetzt folgt die Kontrolle: hätte Sie auch der neue Satz beschützt? Oder wäre mit dem neuen Satz überhaupt kein Schutz vor diesen Situationen mehr nötig?

6. Als Letztes überlegen Sie nun, ob Sie bereit sind, diesen Satz zu Ihrem Glaubenssatz zu machen. Halten Sie ihn für realistisch? Gibt es andere, die mit einem derartigen Glaubenssatz erfolgreich sind? Was können Sie tun, um sich diesen neuen Glaubenssatz zu beweisen und ihn dadurch glaubwürdiger zu machen? Welche Referenzen sprechen bereits jetzt für den neuen Glaubenssatz? Was werden Sie in naher Zeit tun, um sich diesen neuen Glaubenssatz zu beweisen?

ÜBUNG GLAUBENSSATZVERÄNDERUNG RATIONAL

Eine Möglichkeit einen Glaubenssatz zu verändern ist, ihn aufzuschreiben und zu hinterfragen. Schreiben Sie ihn in die Mitte eines großen Blattes. Fragen Sie nun nach Folgendem und ordnen die Antworten kreisförmig um Ihren Satz an:

▶ Welche Beweise habe ich für die Gültigkeit dieses Satzes?

▶ Welche Werte erfülle ich mir durch diesen Glaubenssatz?

▶ Wovor beschützt mich dieser Glaubenssatz?

▶ Woran hindert er mich?

▶ Welcher Satz erfüllt die letzten drei Fragen ebenfalls, ist jedoch weniger einschränkend?

▶ Welche Beweise habe ich bereits für den neuen Satz?

▶ Welche Beweise brauche ich noch für den neuen Satz?

Streichen Sie nun den alten Glaubenssatz ganz wild und deutlich durch. Lesen Sie den neuen mehrmals und mit Überzeugung laut vor. Schreiben Sie ihn schön auf ein leeres Blatt Papier und ergänzen die passenden, positiven Aussagen des ersten Blattes kreisförmig. Verwenden Sie dazu Farben.

ÜBUNG GLAUBENSSATZVERÄNDERUNG ALBERN

Diese Methode hat Anthony Robbins entwickelt, einer der erfolgreichsten Trainer der Welt.

1. Sprechen Sie dazu Ihren alten Glaubenssatz laut aus und betonen Sie ihn dabei so, als wollen Sie sich über ihn lustig machen.

2. Wiederholen Sie den Satz mehrmals und heben Sie dazu ein Bein an.

3. Nun wiederholen Sie ihn einige Male und stecken dabei außerdem einen Finger in die Nase.

4. Und um ihn richtig lächerlich zu machen sprechen Sie ihn mit gehobenen Bein, Finger in der Nase und zusätzlich mit der Stimme von Donald Duck. Machen Sie das so lange, bis Sie sich fragen, wie Sie jemals an diesen unsinnigen Satz glauben konnten.

5. Sobald der Satz auf diese Weise zerstört ist, ist eine Lücke in Ihrem Glaubenssystem entstanden, die nun bereit ist einen neuen Satz aufzunehmen. Sprechen Sie nun den neuen Satz mindestens ein Dutzendmal im Ton der Überzeugung. Denken Sie dabei an die Erfolge, die Ihnen der neue Satz ermöglicht.

BESCHEIDENHEIT IST EINE ZIER?

Ein bestimmter Glaubenssatz spielt bei vielen Menschen in unserer Gesellschaft ein große Rolle. Er wird den meisten von uns anerzogen: Es wird uns eingetrichtert, bescheiden zu sein. Als Kinder hören wir Sätze wie »Spiel dich nicht immer in den Mittelpunkt!«, »Mach dich nicht so wichtig!«, »Gib nicht immer so an!«, »Angeber!«, oder »Sei bescheiden!«. Diese Sätze sorgen dafür, dass Kinder sich in der Gruppe etwas zurücknehmen. Sie sorgen auch dafür, dass wir stets darauf achten, nicht zum Angeber zu werden. Angeber sind sehr unbeliebt. Im Privatleben mag es auch sinnvoll sein, sich bescheiden zurückzuhalten. Spätestens im Berufsleben ist es jedoch in bestimmten Situationen sehr wichtig, sich, seine Leistung und sein Können gut zu verkaufen.

Dazu müssen wir unterscheiden zwischen Angabe und einer positiven Darstellung im beruflichen Kontext. Genau an dieser Unterscheidung scheitern leider die Meisten. Sie wollen auch hier bescheiden sein und sind wütend, wenn andere dann völlig unbescheiden sich besser verkaufen und den Zuschlag bekommen. Überprüfen Sie also, ob Sie auch eher zu denen gehören, die sich stets bescheiden zurückhalten. Wie verhalten Sie sich im Meeting? Zeigen Sie, was Sie drauf haben oder schweigen Sie lieber zu diesem Schauspiel, das andere da an den Tag legen? Wie gut können Sie sich selbst vorstellen, wenn Sie die Frage »Und, was machen Sie?« zu hören bekommen? Zählen Sie nur Ihre Aufgaben und Berufe auf (wie die meisten) oder stellen Sie Ihre Persönlichkeit, Ihre Leistungen und Ihr Können in den Vordergrund?

 JUWELEN-GEDANKE

Bescheidenheit ist eine Zier, nur weiter kommst du ohne ihr!

»Bescheidenheit ist eine Zier, nur weiter kommst du ohne ihr!« ist nicht nur ein amüsanter Satz aus dem Volksmund, er beinhaltet eine Menge Wahrheit. Die Kunst ist es, das Gespür zu entwickeln, wann es »sich verkaufen« und ab wann es Angabe und Prahlerei ist. Sabine Asgodom, erfolgreiche Management-Coach und ehemalige Präsidentin der German Speakers Association, nennt eines Ihrer erfolgreichsten Bücher »Eigenlob stimmt!« und trifft damit den Kern.

UNSERE TIEFGREIFENDSTE ANGST

Unsere tiefgreifendste Angst ist nicht, dass wir ungenügend sind. Unsere tiefgreifendste Angst ist, über das Messbare hinaus kraftvoll zu sein. Es ist unser Licht, nicht unsere Dunkelheit, die uns am meisten Angst macht.

> Wir fragen uns, wer bin ich, mich brillant, großartig, talentiert, phantastisch zu nennen? Aber wer bist du, dich nicht so zu nennen? Du bist ein Kind Gottes. Dich selbst klein zu halten, dient nicht der Welt.

> Marianne Williamson[4]

SYMPATHIE VERKAUFT BESSER

Entscheidungsprozesse können nicht rational ablaufen. Sie glauben, dass Argumente, Leistung oder gar der Preis den Ausschlag geben, ob Sie ein Produkt kaufen oder nicht? Das ist ein Irrglauben. Es lässt sich mit den Methoden der modernen Hirnforschung nachmessen, dass Ihre positive oder negative Emotion zum Produkt zuerst entsteht, die rationale Argumentation erst danach von Ihrem Gehirn dazu passend entwickelt wird, um die bereits getroffene Entscheidung nachträglich zu erklären.

 JUWELEN-GEDANKE

Der Mensch entscheidet zu hundert Prozent emotional.

Bei der Entscheidung für oder gegen einen Menschen ist es genauso. Jemandem, den wir unsympathisch finden, werden wir ungern etwas abkaufen noch ihn gerne einstellen. Stimmt die Körpersprache nicht mit den Worten überein, lassen wir die Finger von dieser Person. Wirkt er selbstsicherer und dominanter als wir selbst, haben wir womöglich Angst, er könne uns übertrumpfen - es sei denn, wir suchen gerade eine starke Führungshand. Stottert jemand, wird er es schwer haben, als Vertriebschef zu überzeugen - auch wenn er nichts dafür kann. So ist es auch kein Wunder, wenn wir bestimmte Gruppen von

---

4 Dieses Zitat wird oft Nelson Mandela zugeschrieben. Der ANC bestätigt, dass dies falsch ist. Mandela hat es nicht verwendet.

vornherein ausschließen oder bevorzugen, dem Allgemeinen Gleichstellungs-
gesetz zum Schutz vor Diskriminierung (AGG) zum Trotz. Nicht, dass wir dies
immer absichtlich tun. Unbewusst orientieren wir uns an Äußerlichkeiten.

Wer würde einen Zahnarzt akzeptieren, der braune Zähne mit einem fehlenden
Eckzahn hat? Wer steigt gerne in ein Taxi, aus dem die Alkoholfahne bereits
vor der Tür zu riechen ist? Wie sieht es mit einer Verkäuferin von sexy Dessous
aus, die selbst hochgeschlossen wie eine konservative Gouvernante gekleidet
ist? Oder einem Berater bei einem eleganten Herrenausstatter, der in Jeans,
Schlabber-Shirt und Dreitagebart einen Zegna-Anzug verkaufen will? Äußerlichkeiten? Ja, doch sie machen sichtbar, wie der Träger seine Persönlichkeit
zum Ausdruck bringt.

Und diese Äußerlichkeiten lassen einen Menschen im jeweiligen Umfeld kompetent oder untragbar wirken. So wie sein Verhalten und seine Körpersprache,
angefangen von der Haltung bis hin zum Lächeln, ihn sympathisch oder un-
ausstehlich machen.

  JUWELEN-GEDANKE

Niemand kauft von einem, Langweiler, Loser oder Unsympathen.

Sympathie entsteht dabei keinesfalls nur über Äußerlichkeiten. Die ganze
Bandbreite der Wirkfaktoren spielt eine große Rolle. Überlegen Sie, wen Sie
auf Anhieb sympathisch finden. Gehen Sie in ein Café und beurteilen Sie jeden
einzelnen der Gäste und des Personals bewusst nach sympathisch oder unsympathisch. Und fragen Sie sich dazu, woran Sie Ihr Urteil festmachen. Es ist
nicht unfair so zu handeln, denn wir tun es (und müssen es) ständig. Normalerweise geschieht dies jedoch unbewusst. Beim einen wird es die Haltung
sein, die Ihr Urteil beeinflusst, beim anderen ein Lächeln, ein arroganter Blick,
eine höfliche Geste zu einem anderen Gast, die zu hohe Stimme oder der gesamte Habitus. Und manchmal ist es einfach die Nase.

BRILLANTEN-TIPP

Wer sympathisch wirkt, hat es leichter!

Jemand, der sympathisch auf andere wirkt, kommt leichter durchs Leben. Jemand, der sich sympathisch verhält, wird eher eingestellt, verkauft leichter und steigt leichter auf. Sympathisch zu wirken haben Sie selbst in der Hand. Doch ist sympathisches Verhalten nicht dasselbe wie Unterwürfigkeit!

IM SERVICE SEIN

Manchmal müssen wir Status und Macht in den Vordergrund stellen. Wie ist es bei Ihnen? Sind Sie in einer Position, in der Sie um Ihre Anerkennung kämpfen müssen? Haben Sie Kollegen, die mehr Raum einnehmen als ihnen zusteht und Ihnen dadurch den Raum nehmen? Dann wird es Zeit, dass Sie sich Ihre Position erkämpfen. Das kann durchaus mal Sympathiepunkte kosten. »Everybody's Darling is Everybody's Depp« pflegte Franz Josef Strauß dazu zu sagen. Sind Sie dagegen bereits in einer Situation, in der Sie längst anerkannt die höhere Position erzielt haben? Dann bringt es Ihnen deutliche Sympathiepunkte, wenn Sie für andere in eine Service-Haltung gehen.

 JUWELEN-GEDANKE

Everybody's Darling is Everybody's Depp.

Was meine ich damit? Ein Beispiel: Die Abteilungsleiterin hat drei ihrer männlichen Mitarbeiter zu einem Meeting eingeladen, dazu den Leiter einer anderen Abteilung und seinen Stellvertreter. Nach kurzer Zeit geht die Tür auf und eine Praktikantin bringt Getränke. Damit es schneller geht, geht ihr die Abteilungsleiterin selbst zur Hand. Da sie ohnehin öfters Autoritätsprobleme hat, passiert nun folgendes: Die anwesenden Männer erleben sie als Service-Kraft und werden sie bei nächster Gelegenheit ganz selbstverständlich um einfache

Dinge bitten. Dabei meint es keiner böse. Die Abteilungsleiterin sieht es als ihre Aufgabe, als Gastgeberin sich auch mal um die Getränke zu kümmern. Die Männer haben gesehen, dass sie dafür zuständig ist. Ihr Status hat darunter deutlich gelitten.

Szenenwechsel: Die Geschäftsführerin eines mittelständischen Betriebes, führt diesen souverän und wird von ihren Mitarbeitern bedingungslos akzeptiert. Nicht jeder mag sie, doch ihr Wort zählt. Im Haus findet ein Seminar für Mitarbeiter statt. Da die Chefin einige Punkte ansprechen will, bittet sie den Trainer um fünf Minuten. Als sie am Ende um Fragen bittet, beschwert sich ein Mitarbeiter, dass seine Kantinenkarte in diesem Gebäude-Bereich nicht vom Kaffee-Automaten akzeptiert wird. Die Chefin verspricht eine Lösung. Eine Stunde später bringt sie persönlich auf einem Servierwagen Thermoskannen mit Kaffee und Geschirr dazu. Die Seminarteilnehmer rechnen ihr das hoch an. Ihrem Status hat dies nicht geschadet, an Sympathie hat sie gewonnen.

Je sicherer Ihre Position anerkannt wird, desto größer ist meist die Distanz zu anderen. Dies können Sie, ohne Ihren Status zu gefährden, dadurch kompensieren, dass Sie für andere auch mal im Service sind. Auch diese Gedanken spielen mit, wenn es darum geht Ihre Rolle zu entwickeln.

ZUSAMMENFASSUNG

1. Führungskräfte haben viel mehr Aufgaben, als die fachlichen. An verschieden nonverbalen Signalen machen Entscheider fest, wem sie diese Aufgaben zutrauen, bevor sich dieser beweisen kann.

2. Jeder entwickelt sich – leider die meisten nur zufällig. Nur wer seine Entwicklung gezielt und konsequent vorantreibt, kann mit den Besten mithalten.

3 Ungefähr die Hälfte unserer Persönlichkeit ist genetisch bedingt, der Rest entsteht in unserer frühkindlichen sozialen Prägung.

4. Jede nachhaltige und authentische Veränderung beginnt im Inneren. Welche Überzeugungen hindern Sie bisher, besser zu werden?

5. Bescheidenheit ist eine Zier, nur weiter kommst du ohne ihr! Im Beruf kommt es darauf an, sich, seine Leistungen und sein Können optimal zu verkaufen.

6. Sympathie verkauft besser: Jeder Entscheidungsprozess läuft emotional ab, nicht rational.

7. Manche Situationen erfordern es, Status und Macht in den Vordergrund zu stellen, andere im Service für andere zu sein.

4. Princess-Cut oder Ceylon-Schliff?

Wie Sie sich gezielt verändern und sich gleichzeitig treu bleiben

Paul Hiebel, der Anwärter auf die Geschäftsführer-Position aus dem vorherigen Kapitel, fragt sich, ob er die Position annehmen will oder nicht. Durch seine Bestandsaufnahme ist ihm klar geworden, dass es für ihn bedeuten würde, in eine vollkommen neue Rolle wachsen zu müssen. Das will gut überlegt sein. Die Fragen, die sich ihm dabei stellen, sind:

1. Welche Veränderung seiner Rolle entspricht seiner Persönlichkeit?

2. Will er diese Veränderung und entspricht sie seinen Werten?

3. Kann er diese Veränderungen im Zeitrahmen seiner Bewerbungsphase so umsetzen, dass sie authentisch wirken?

4. Passt die neue Rolle zu seinen Zielen oder erfordert diese sie sogar?

5. Wie würde sein berufliches und privates Umfeld auf die Veränderungen reagieren?

 JUWELEN-GEDANKE

Veränderung kann Angst machen.

Viele Menschen haben Angst vor Veränderung. Das merke ich in Seminaren und im Coaching immer wieder. Dabei findet Veränderung ohnehin ständig statt - das Schleifen der Kiesel im Flussbett. Doch sobald die Veränderung bewusst und in einer höheren Geschwindigkeit abläuft - der Feinschliff des Juwels -, wirft dies Fragen auf. Diese Fragen müssen geklärt sein, um nicht später die Notbremse ziehen zu müssen, wenn das Gefühl entsteht sich in die falsche Richtung entwickelt zu haben. Stellen deshalb auch Sie sich diese Fragen bei jeder Veränderung.

SCHAUEN WIR UNS DAS IM EINZELNEN AN:

Entspricht die Veränderung einer Rolle Ihrer Persönlichkeit? Wo sind die Grenzen? Sie wissen zwar, was die neue Rolle erfordert, doch ob Sie den Aufgaben gewachsen sind und diese in den Kreis Ihrer Persönlichkeit passt, können Sie nur vermuten. Leider tendieren wir immer wieder zu Selbstüber- oder -unterschätzung. Haben Sie jedoch Ihre Stärken-Liste ausführlich mit anderen abgestimmt, ist die Wahrscheinlichkeit groß, dass Sie sich nun recht realistisch einschätzen können.

Wollen Sie diese Veränderungen und entsprechen sie Ihren Werten? Das setzt voraus, dass Sie Ihre Werte kennen. Darüber mehr in Kapitel 11, »Ein Stein mit Charakter«. Ihr Bauchgefühl sagt Ihnen zumindest ganz schnell, wann Sie gegen Ihre Werte handeln. Werte sind unsere persönlichen Motivatoren, die nur teilweise den »moralischen« Werten in einer Gesellschaft entsprechen. Was ist Ihnen am wichtigsten: Erfolg, Anerkennung, Sicherheit, Abenteuer, Risiko, Kontinuität, Gemeinsamkeit, Team, Unabhängigkeit, Freiheit, ...?

Können Sie die Veränderungen im gegebenen Zeitrahmen so umsetzen, dass sie authentisch wirken? Veränderung braucht Zeit. Wägen Sie ab: Wie weit kommen Sie bis zum Bewerbungstermin oder zum ersten Tag der neuen Aufgabe oder was auch immer der kritische Zeitpunkt sein mag. Können Sie bis dahin die neuen Rollen zum Bestandteil Ihres Selbst machen? Oder zumindest so weit, dass eine authentische Veränderung unmittelbar danach möglich ist? Die bewusste Entscheidung zur Veränderung und das Wissen, wie es geht, sind nicht ausreichend. Jedes neue Verhalten muss erst in Fleisch und Blut übergehen, bevor es authentisch wirkt. Ob es Veränderungen in der Kommunikation, Verhalten nach der Etikette, gekonntes freies Reden, eine lebendige Körpersprache oder andere Aspekte sind: Sie müssen üben. Manches können - und sollten - Sie zuhause üben, anderes können Sie nur in der »realen Welt« üben, also im Alltag. Das setzt voraus, dass sich die entsprechenden Gelegenheiten ergeben. Also: In welchem Zeitrahmen ist Ihre Veränderung realistisch?

Passt die neue Rolle zu Ihren Zielen oder ist die Rolle sogar notwendig, um die Ziele zu erreichen? Können Sie die Ziele auch ohne diese neue Rolle ebenso leicht erreichen? Dann brauchen Sie die Veränderung gar nicht. Was sind Ihre wichtigsten Ziele und wie können Sie diese erreichen? Ist die Rolle dazu womöglich hilfreich oder gar absolut nötig? Können Sie Ihr Ziel nur durch Veränderung erreichen? Diese Fragen sind entscheidend für Ihre Motivation. Nur wer sein Ziel kennt, hat einen Grund, sich zu bewegen (»movare« = bewegen). Nur, wenn Ihre Ziele aus Ihnen selbst heraus kommen und stark genug sind, werden Sie versuchen, sie zu erreichen.

Wie reagiert Ihr Umfeld auf die Veränderungen? Welchen Einfluss haben die Ziele Ihrer Familie oder Ihres Partners auf Sie? Denn ein Ziel und eine damit verbundene Veränderung beeinflusst natürlich auch Ihre Beziehung zu den Menschen, mit denen Sie leben. Ich habe schon viele Beziehungen daran scheitern sehen, dass sich ein Partner stärker entwickelt hat, als der andere. Die stärksten Beziehungen sind jedoch die, in der sich die Partner in der Entwicklung unterstützen. Sprechen Sie also bitte auch mit den Menschen, mit denen Sie leben, über Ihre Pläne und deren Unterstützung. Denken Sie auch an Ihre Freunde und Ihre Kollegen. Vielleicht ergeben sich durch die neue Aufgabe ohnehin Wechsel durch einen Umzug und es ist nicht Ihre neue Rolle, die mögliche Verluste im Umfeld erzeugt. Doch kann Ihre neue Rolle auf alte Freunde und Kollegen durchaus befremdlich wirken. Vielleicht ist jedoch eine umfassende Veränderung erst möglich, wenn Sie sich ein anderes Umfeld suchen. Andere Menschen, die Sie besser unterstützen und die Sie in die neue Rolle einführen. Aber bitte haben Sie jetzt nicht gleich Angst, all Ihre Freunde zu verlieren.

SIE SOLLEN SICH NICHT VERBIEGEN

Hans Wegener ist Abteilungsleiter in der Produktion eines Automobilzulieferers. Er ist Meister und erst vor einiger Zeit zur Führungskraft aufgestiegen. Hans ist im Nebenberuf Forstwirt mit einigen Hektar Wald. Er ist sehr bodenständig, drückt dies gerne durch seine Kleidung aus und pflegt seinen Dialekt.

Er kann sehr gut mit seinen Kollegen, sie sehen ihn als einen der ihren. Doch mit Bereichsleiter Mader eckt er immer wieder an.

Mader, Diplom-Ingenieur im zweiten Bildungsweg, hat sich selbst hochgearbeitet und dabei gelernt, wie wichtig es ist, sich gut zu verkaufen. Bei Hans hat er Bedenken, dass dieser seine Aufgabe nicht ernst genug nimmt. In seinen Augen verhält Hans sich nicht wie eine Führungskraft. Als es Umstrukturierungen gibt, sorgt Mader dafür, dass Hans' Team kleiner wird und ein neues Projekt ohne dessen Beteiligung umgesetzt wird.

Hans ist sauer. Er fühlt sich übergangen. Bei einem Feierabend-Bier unterhält er sich mit seinen Freunden darüber und macht sich danach noch lange Gedanken. Nach einer Weile wird ihm bewusst, dass es ihm nicht wichtig ist. Seine Werte liegen woanders. Er sieht in seinem Beruf eine Quelle von Anerkennung, die er in ausreichendem Maß von seinen Mitarbeitern und Kollegen bekommt. Schließlich ist er recht beliebt, und das ist ihm wichtiger, als eine gute Beziehung zum Bereichsleiter. Zudem ist ihm an seinem Beruf auch sein Gehalt wichtig, das ihm ausreicht. Wichtiger sind ihm die Familie und die entsprechende Freizeit, auch um seinen Wald in Schuss halten zu können. Hans beschließt die Situation so zu genießen und freut sich eher über die geringere Verantwortung bei gleichbleibender Bezahlung.

So zu denken wie Hans hat zwei Vorteile: Ihm ist bewusst, dass es so, wie es ist, gut ist. Nach anfänglichem Verletztsein, grämt er sich nicht mehr darüber, dass ihm Leute genommen wurden. Zum anderen braucht jedes Unternehmen auch Mitarbeiter, die so denken. Stellen Sie sich vor, alle würden nach der großen Karriere streben. Was für ein Kampf!

Zunächst steht also die Entscheidung an, in welche Richtung Sie sich entwickeln wollen. Wird ein Juwel geschliffen, wird zunächst festgelegt, welcher Schliff: Princess-Cut, Ceylon-Schliff, Brillant-Schliff oder ein ganz anderer. Dies wird bestimmt durch die Form des Roh-Juwels – das entspricht Ihrem Persönlichkeitsprofil. Und es wird bestimmt durch den Wunsch des Besitzers – das ist Ihr Karriere- bzw. Persönlichkeitsziel.

Anfang 2009 wurde der berühmte »Blaue Wittelsbacher«, ein riesiger, blaufarbiger Diamant, der früher die bayerische Krone als Leitstein zierte (bis er durch einen Glasstein ersetzt wurde), vom Londoner Juwelenhändler Lawrence Graff umgeschliffen - was weltweit Aufsehen und Widerspruch erregte. Der Stein, der in einer Auktion knapp 19 Millionen Euro erzielt hatte, verlor dadurch ein Gewicht von ungefähr vier Karat, fast zwölf Prozent gegenüber dem ursprünglichen Schliff.

Persönlichkeiten unterscheiden sich in diesem Punkt von Juwelen: Sie können sich jederzeit verlustfrei umentscheiden. Es steht Ihnen frei, nächstes Jahr zu sagen »nun will ich doch in eine andere Richtung«. Sie haben zwar dann ein Jahr in die »falsche« Richtung investiert, doch werden die gemachten Erfahrungen und Fortschritte nicht umsonst sein. Ein Ziel festzulegen ist nicht endgültig. Insofern kann ich Skeptikern die Angst nehmen!

Ein natürlicher Teil Ihrer Selbst

Neue Rollen innerhalb Ihrer Persönlichkeit zu entwickeln, bedeutet Wachstum. Sie sprengen die Grenzen Ihrer bisherigen Rollen, die ja nur einen Teil Ihrer Persönlichkeit ausgemacht haben. Jede neue Rolle - oder auch die Verschiebung/Erweiterung vorhandener Rollen bedeutet Wachstum. Auch wenn sich Neues zunächst komisch anfühlt, Sie können es sich zur Gewohnheit machen. Und dann fühlt es sich richtig gut an und authentisch.

In einem Seminar hat Ruth Junker gelernt, dass eine große, lang stehende Geste von Sicherheit zeugt und kompetent wirkt. Sie probiert es aus. Bei ihrer nächsten Rede - als Vorsitzende eines Verbandes steht sie häufig und gerne vor Publikum - setzt sie eine derartige Geste mehrfach ein. Sie kommt sich komisch dabei vor. Sie traut sich bei nächster Gelegenheit schon nicht mehr, weil ihr inneres Gefühl sagt, das sähe unnatürlich aus. Als sie anschließend mit einigen Teilnehmern noch zusammensitzt, kommen sie auf das Thema zu sprechen. Ihre Stellvertreterin merkt an: »Ich weiß auch nicht woran das liegen könnte, aber beim letzten Mal hast du überzeugender gewirkt.« Als Ruth nachfragt, ob es an der Körpersprache liegen könnte, kann keiner der Anwesenden dies klar bestätigen. Doch Ruth beschließt, es beim nächsten Mal trotzdem nochmals zu versuchen. Sie übt es sogar vorher ein. Dieses Mal wirkt die Geste authentisch. Das Ergebnis ist, dass sie sich erstens nicht mehr komisch fühlt und zweitens ihr Publikum begeistert ist und ihr positives Feedback zu ihrer Überzeugungskraft gibt.

Nicht jede Gestik passt zu jedem. Und nicht jede Körpersprache kommt an. Das Beispiel von Ruth zeigt uns aber, wie falsch es wäre, gleich am Anfang aufzugeben. Ob etwas zu Ihnen und Ihrer Persönlichkeit passt, können Sie nur herausfinden, wenn Sie zu unterscheiden lernen zwischen Anfangsschwierigkeiten und echtem Überschreiten der Grenzen.

OHNE VERÄNDERUNG BLEIBEN SIE DA, WO SIE SIND

Paul, der Anwärter auf die Geschäftsleitung der spanischen Niederlassung, hat sich entschieden, dass er den Weg gehen wird. Er hat erkannt, dass das für ihn deutliche Veränderungen mit sich bringen wird. Er hat erkannt, dass diese Veränderungen zu seinen Zielen passen. Und er hat erkannt, dass auch die Veränderungen mit den Wünschen seiner Familie übereinstimmen. Dass er Freunde verlieren wird, ist für Paul nicht so relevant. Paul hat einige wenige gute Freunde. Sein bester Freund wird ihn bestimmt regelmäßig besuchen, zwei weitere Freunde leben ohnehin in anderen Städten. Paul ist sich also aller Folgen bewusst.

Paul nimmt die Mühen auf sich. Er würde sich den Rest seines Lebens ärgern, wenn er es nicht versucht hätte. Wenn er Ausreden für Stillstand gefunden hätte. Und selbst wenn er den Posten nicht bekommen würde, hätte sich der Aufwand gelohnt. Persönlichkeitswachstum betrifft schließlich sein ganzes Leben.

 BRILLANTEN-TIPP

Etwas nicht versucht zu haben, ärgert uns im Nachhinein mehr als zu scheitern!

Jeder, der sich bewusst verändert, durchläuft dabei einen Lernprozess mit unterschiedlichen Phasen. Der amerikanische Autor und Trainer Robert Dilts unterscheidet nach vier Stufen des Lernens, die bei jedem Lernvorgang durchschritten werden.

Lernphasen

1. Unbewusste Inkompetenz
2. Bewusste Inkompetenz
3. Bewusste Kompetenz
4. Unbewusste Kompetenz

Abbildung 4.1: Lernstufen Teil I

 JUWELEN-GEDANKE

Jeder Lernprozess ist in vier Stufen aufgeteilt.

Diese vier Stufen werde ich Ihnen an einem einfachen Beispiel aufzeigen. Dabei gehe ich davon aus, dass Sie Autofahren gelernt haben und dies auch praktizieren. Jeder andere Lernvorgang läuft nach dem gleichen System ab: Fremdsprache, Prozentrechnung, Kochen, Geräte-Tauchen, Tango-Tanzen oder das Bedienen einer Maschine.

1. *Unbewusste Inkompetenz*
   Als kleines Kind wussten Sie zwar sehr wohl, was ein Auto ist und dass Erwachsene ganz selbstverständlich damit fahren. Dass Sie selbst es erst noch lernen mussten, war Ihnen nicht bewusst.

2. *Bewusste Inkompetenz*

Später haben Sie mitbekommen, dass es nicht ausreicht, erwachsen zu werden, um Auto fahren zu können. Sie würden Autofahren erlernen und sogar eine Führerscheinprüfung bestehen müssen. Ihnen wurde bewusst: Ich kann nicht Auto fahren.

3. *Bewusste Kompetenz*

In der Fahrschule lernten Sie beispielsweise, wie Sie einen Gang einlegen und das Fahrzeug langsam anfahren können. Als Sie das dann umsetzen wollten, mussten Sie das sehr bewusst tun: Mit dem linken Fuß Kupplung drücken, der erste Gang befindet sich links vorne, einlegen, die Kupplung langsam kommen lassen, gleichzeitig mit dem rechten Fuß etwas Gas geben und mit der Hand die Handbremse lösen. Sie hatten nun die Kompetenz ein Auto zu bewegen, mussten dies jedoch sehr bewusst tun und es funktionierte anfangs nicht immer.

4. *Unbewusste Kompetenz*

Wenn Sie heute Auto fahren, laufen alle notwendigen Bewegungsabläufe weitgehend unbewusst ab. Vielleicht kennen Sie es, dass Sie hunderte Kilometer Autobahn gefahren sind und sich an nichts erinnern können. Sie können heute Auto fahren, während Ihr Bewusstsein sich mit ganz anderen Dingen beschäftigt.

Lernphasen

1.	Unbewusste Inkompetenz	Ich weiß nicht, dass ich nichts weiß
2.	Bewusste Inkompetenz	Ich weiß, dass ich nichts weiß
3.	Bewusste Kompetenz	Ich weiß, wie es geht
4.	Unbewusste Kompetenz	Ich mache es automatisch

Abbildung 4.2: Lernstufen Teil II

Das Ziel jeden Lernens ist es, in die vierte Phase zu kommen. Sich ständig in der dritten Phase aufzuhalten erfordert höchste Konzentration und wäre zu anstrengend - und ist zudem fehleranfällig. Wenn Sie eine Fremdsprache einigermaßen oft eingesetzt haben, denken Sie nicht mehr über Grammatik nach, Sie haben dafür ein Gespür entwickelt.

Das trifft auch auf Lernprozesse zu, die Ihre Wirkung betreffen. Ob Sie sich eine neue Art der Kommunikation angewöhnen wollen, eine lebendigere Gestik, eine tiefere Stimme oder eine geradere Haltung: all das ist nur dann zu bewerkstelligen, wenn Sie es irgendwann unbewusst tun. Unsere Aufmerksamkeitsspanne würde gar nicht ausreichen, ständig bewusst an unsere Haltung zu denken. Ziel ist immer die unbewusst richtige Handlung. Verhalten, das in dieser vierten Phase unbewusst abläuft, wirkt authentisch, es ist Bestandteil unserer Persönlichkeit geworden.

 JUWELEN-GEDANKE

Verhalten, das bereits unbewusst abläuft, wirkt authentisch.

Das Modell sagt aber auch aus, dass es ohne die anderen Stufen nicht geht. Sie werden nie die Stufe vier erreichen, ohne die Stufe drei zu durchschreiten. Es gibt teilweise Techniken und Möglichkeiten, die Stufe drei zu beschleunigen, doch ausfallen lassen geht nicht. In dieser Phase werden Sie unter zwei Dingen leiden: Sie werden sich nicht immer wohl fühlen, denn Ihr Verhalten ist ungewohnt und neu. Und Sie werden weniger authentisch wirken. Andere können es tatsächlich merken, Ihre Körpersprache drückt es aus. An dieser Stelle umzukehren, wäre jedoch absolut töricht. Lassen Sie bitte nie Authentizität als Ausrede für Stillstand gelten! In der Natur gibt es ein Gesetz: was nicht weiter wächst, stirbt ab.

 BRILLANTEN-TIPP

Lassen Sie nie Authentizität als Ausrede für Stillstand gelten!

WIE VIEL ENTWICKLUNG VERKRAFTEN SIE?

Jedes Lernen braucht seine Zeit. Wenn Sie im Sport auf ein Turnier hin trainieren, brauchen Sie Zeit, wenn Sie auf eine Prüfung lernen, brauchen Sie Zeit und wenn Sie eine Arbeit abgeben müssen, brauchen Sie Zeit, sie zu erledigen. So ist es auch, wenn Sie Ihre neue Rolle entwickeln.

 JUWELEN-GEDANKE

Planen Sie Ihre Entwicklung.

Sie beginnen mit der bewussten Planung, im Idealfall parallel zu diesem Ratgeber. Das Lesen und das Durcharbeiten der Übungen braucht Zeit. Daneben brauchen Sie Zeit um nachzudenken und zu reflektieren. Später wollen Sie im Rahmen Ihrer Verbesserung auch an Körpersprache, Stimme, Auftreten, Kommunikation und anderen Dingen arbeiten. Selbst wenn Sie sich nur in einigen davon verbessern wollen, Zeit zum Üben werden Sie nur haben, wenn Sie diese mit sich selbst vereinbaren. Planen Sie die Zeiten für Übung also ähnlich, wie andere Termine mit Hilfe Ihres Terminkalenders. Ich habe bisher niemanden kennengelernt, der die nötige Disziplin und Konsequenz anders aufgebracht hat.

Überfordern Sie sich dabei nicht, Ich will nicht, dass Sie die Lust verlieren. Um das Gelernte und Geübte immer wieder freudvoll in den Alltag integrieren, brauchen Sie Geduld.

Planen Sie auch eine sinnvolle Reihenfolge. Sie überfordern sich, wenn Sie glauben, alles auf einmal umsetzen zu können. Bitte üben Sie immer nur eines nach dem anderen ein. Das bedeutet auch innerhalb der einzelnen Felder, wie Körpersprache oder Kommunikation, eines nach dem anderen. Es ist uns leider kaum möglich, gleichzeitig die Konzentration auf mehrere Dinge zu richten.

Betrachten wir das Beispiel von Ruth, der Vereinsvorsitzenden: Sie hat sich zunächst nur darauf konzentriert, große Gesten zu machen und diese für eine Weile zu halten. Währenddessen muss sie ja noch sprechen, sich den nächsten

Satz überlegen, auf ihr Publikum achten und einiges mehr. Würde sie gleichzeitig versuchen, eine andere Haltung, ihre Stimme, oder bestimmte Satzformen zu optimieren, sie würde scheitern – und enttäuscht sein.

ÜBUNG VERÄNDERUNG

Suchen Sie sich eine Kleinigkeit, die Sie schon immer verbessern wollten. Das kann beispielsweise sein, dass Sie langsamer sprechen, rhetorische Fragen einsetzen oder länger Blickkontakt halten. Es geht um eine einfache Sache, die aus einem beliebigen Bereich der Wirkung sein soll. Bitte nehmen Sie etwas, das Sie sich *an*gewöhnen wollen, nicht etwas, das Sie sich *ab*gewöhnen wollen. Sich etwas abzugewöhnen, beispielsweise ein »Äh«, ist schwieriger.

Nun nehmen Sie sich eine Situation als Beispiel, in der Sie dieses Verhalten benötigen. Können Sie dies zunächst alleine üben? Würde die Situation beispielsweise eine Rede vor Publikum sein, so können Sie sich in Ihr Wohnzimmer stellen, vor sich Publikum visualisieren und so sprechen, als säßen tatsächlich Zuhörer vor Ihnen. Nun können Sie wunderbar experimentieren und Szenen immer wieder durchspielen. So können Sie unterschiedliche Wirkungen ausprobieren, aber auch das Gelernte durch Wiederholung festigen. Je besser Sie alleine üben können, desto kürzer der sichtbare Teil der Phase 3. Danach, oder wenn eine Trockenübung gar nicht erst möglich ist, geht es in den Alltag. Sie werden schnell merken, je mehr Dinge es gibt, auf die Sie sich konzentrieren müssen, desto weniger lange werden Sie sich auf die zu übende Sache konzentrieren. Setzen Sie deswegen Hilfsmittel ein. Das kann eine kleine Notiz sein, ein Symbol oder auch ein Partner, der Ihnen kleine Zeichen gibt. Die Notiz muss übrigens von anderen nicht lesbar sein, es reicht, wenn Sie selbst wissen, was sie bedeutet. Nur muss sie so angebracht sein, dass Sie sie nicht übersehen.

Nach einer Weile, in der Sie sehr bewusst (Phase 3) auf Ihr neues Verhalten achten mussten, werden Sie das neue Verhalten automatisch übernehmen und in die Phase 4 kommen. Sie müssen nun nicht mehr nachdenken, es geschieht automatisch. Auf diese Weise können Sie sich fast jedes Verhalten antrainieren, ohne großen Aufwand, aber mit etwas Geduld und Konsequenz. In der Phase 4 wird es auch ganz authentisch wirken, versprochen!

Übung Etwas Abgewöhnen

Diese Übung dient dazu, sich etwas abzugewöhnen, das einem meist gar nicht bewusst ist, das Sie aber nicht durch ein anderes Verhalten ersetzen könne oder wollen. Ein typisches Beispiel ist ein »Äh«. Dazu werden Sie drei Phasen benötigen. Allerdings ist es nicht einfach, dies konzentriert am Stück zu machen.

1. Bitten Sie einen Partner Ihres Vertrauens, Sie jedes Mal darauf aufmerksam zu machen. Dies ist leider nötig, wenn auch vermutlich dem Partner lästig. Dies soll nur geschehen, wenn Sie beide alleine sind, nicht vor anderen. Ein vereinbartes Handzeichen genügt dafür. Dies dient dazu, dass Sie selbst überhaupt darauf aufmerksam werden, wann Sie das »Äh« sagen.

2. Nach einer Weile wird Ihnen das »Äh« bewusst, jedoch erst nachdem Sie es gesagt haben. Machen Sie es sich auch jedes Mal bewusst. Sagen Sie jedoch innerlich nicht »Mist, schon wieder!« sondern besser wertneutral »Da war's wieder!«.

3. Wieder etwas später wird es Ihnen kurz vorher bewusst, allerdings so, dass Sie ins Stocken geraten. Wenn Sie nun konsequent Ihre Aufmerksamkeit behalten, dauert es nicht lange und Sie sprechen weitgehend ohne »Äh«.

Wem wollen Sie es recht machen?

Einsparungen - schon wieder soll Heinrich Herborn Kosten reduzieren! Die Marktlage mache es notwendig. »Die Kosten um 27 Prozent reduzieren«, lautet seine Anweisung. Die Geschäftsleitung lässt ihm freie Hand - und ihn damit auch alleine im Regen stehen. Ohne Entlassungen wird es nicht möglich sein. Auch Einschränkungen, die den Komfort und die tägliche Arbeit der anderen Mitarbeiter betreffen, werden dazu gehören. Herborn entscheidet sich für zwei Mitarbeiter, denen er die Kündigung einzeln mitteilt. Er beruft anschließend eine Besprechung ein, in der er das ganze Team über die Entlassungen und die Einsparungen informieren wird. Er ist sich nicht sicher, wie er auftreten soll:

zeigt er Verständnis, stellt sich auf die Seite der Mitarbeiter und stimmt in das Geschimpfe über die Entscheidungen von oben mit ein? Oder steht er fest zu den Entscheidungen und vertritt gemäß seiner Position die Unternehmensseite? Kann er den Mitarbeitern dabei in die Augen sehen?

Authentizität wird durch drei Aspekte definiert, wie wir das im ersten Kapitel erörtert haben:

1. Das Handeln aus dem Selbst heraus

2. Der eigene Stil unter Berücksichtigung der Erwartungen anderer

3. Die authentische Wirkung auf andere

Zumindest die Punkte zwei und drei erfordern Kenntnis darüber, wie die Erwartungen des Umfeldes sind. Nur wenn ich sie kenne, kann ich mich an ihnen orientieren. Und auch um wirken zu können, muss ich wissen, was mein Umfeld als gute, passende oder als schlechte, ungeeignete Wirkung empfindet. Das Problem dabei: es gibt unterschiedliche Erwartungen in jeder Gruppe. Eine Führungskraft sieht sich womöglich der Geschäftsleitung gegenüber in der Pflicht, Gewinne zu maximieren, Kosten einzusparen und Ziele zu erreichen. Das mag das ein oder andere Mal nur durch unpopuläre Entscheidungen aus Sicht der Mitarbeiter funktionieren. Die Erwartung der Geschäftsführung geht demnach in die Richtung kompetentes, sicheres Auftreten, Sie sollten klare Anweisung geben können, auch wenn diese nicht gut ankommt, und diese auch konsequent durchziehen. Dabei darf Ihre Beziehung zu den Mitarbeiter nicht übermäßig strapaziert werden, denn auch die Führungsspitze weiß, dass Sie auf Ihre Mitarbeiter angewiesen sind. Dazu gehört dann wohl ein Auftreten, das eine gewisse Härte und Bestimmtheit enthält und trotzdem noch verständnisvoll und sympathisch im Rahmen des Möglichen die Mitarbeiter beruhigt.

Aus der Sicht der Mitarbeiter sind die inhaltlichen Erwartungen je nach Umfeld und Branche sicher andere. So kann es sein, dass erwartet wird, dass Sie Grenzen aufzeigen, freundlich sind, loben und danken, sich für die Mitarbeiter gegenüber der Führung einsetzen und dabei noch Vorbild sind. Vertrauen wird dabei ebenso erwartet wie Glaubwürdigkeit und Fairness. Sogar an Verhalten und Auftreten werden im Detail von jeder Gruppe andere Erwartungen gestellt.

 JUWELEN-GEDANKE

Jedem kann man es nicht recht machen.

Jedem können Sie es nicht recht machen, die Erwartungen widersprechen sich zu sehr. Stehen Sie noch dazu in einer Position, in der auch weitere Seiten ein Interesse haben, kommen Erwartungen, etwa von Kunden, Lieferanten oder der Öffentlichkeit hinzu. Wer immer noch versucht, es allen Recht zu machen, muss scheitern. Everybody's Darling ist eben doch Everybody's Depp. Eine Studie über Top-Führungskräfte hat sogar gezeigt, dass ein gewisser »Arschloch-Faktor« durchaus erfolgreich ist. Doch halt, das will ich Ihnen wirklich nicht ans Herz legen! Da gibt es noch eine Zwischenlösung.

Herborn spricht zu seinen Mitarbeitern direkt, offen und deutlich. Er spricht dabei an, dass ihm selbst nicht wohl ist: »Mir ist es persönlich sehr unangenehm, wenn ich Mitarbeiter abbauen muss, Mitarbeiter, die sich nichts zu Schulden kommen ließen, die ihre Arbeit gemacht haben und die Teil unseres Teams waren.« Er spricht dabei stehend und mit gerader Haltung, mit festem Blick und ernster Miene. »Ich kann gleichzeitig nachvollziehen, dass es meine notwendige Pflicht ist, Einsparungen vorzunehmen. Ohne diese haben wir alle bald noch viel größere Probleme. Ich will unter keinen Umständen in einigen Wochen hier stehen und weitere Entlassungen verantworten. Das bedeutet im konkreten Fall: ich habe mich entschieden, zwei - und nur zwei - Mitarbeiter einzusparen. Das heißt für Sie: mehr Arbeit! Und es kommt noch dicker: wir müssen an den Reisen sparen, also weniger reisen, Economy auch auf Langstrecken und das Hotel-Budget wird ebenfalls nochmals gesenkt. Auch hier im Betrieb müssen wir sparen. Ich bitte Sie alle in den folgenden drei Tagen auszuarbeiten, wo Sie persönlich an Ihrem Arbeitsplatz Sparpotenzial erkennen. Am Freitag setzen wir uns wieder zusammen und sammeln all diese Punkte. Kollegen, wir werden es gemeinsam schaffen!« Die Botschaft ist klar, Herborn steht zu seiner Verantwortung und redet nicht um den heißen Brei. Gleichzeitig zeigt er, dass es ihn nicht kalt lässt und er sich als Einheit mit seiner Mannschaft sieht.

Mit dieser kurzen und offenen Ansprache hat Herborn offen Stellung bezogen. Die Mitarbeiter haben sich über die Inhalte natürlich nicht gefreut – die Art und Weise jedoch konnten sie akzeptieren.

 BRILLANTEN-TIPP

Stehen Sie zu Ihren Gefühlen, aber jammern Sie nicht!

Wann hören Ihnen die Menschen zu? Wenn sie Ihnen vertrauen. Wann vertrauen sie Ihnen? Wenn sie das Gefühl haben, dass Sie wissen was Sie wollen und dass Sie fair mit ihnen umgehen. Es ist ja nicht so, dass Mitarbeiter kein Verständnis für unpopuläre Maßnahmen haben. Das ist wie mit der Panne bei der Bahn. Für die Panne haben die meisten Verständnis – auch wenn sie sich darüber ärgern, dass es ausgerechnet sie trifft. Wofür sie kein Verständnis haben, ist, dass sie nicht gut informiert werden und ihnen keine Alternativen geboten werden. Bei einer Führungskraft heißt das beispielsweise: offene Kommunikation, ins Boot holen, Verständnis zeigen (und dabei konsequent in der Sache bleiben), klar sagen, wo es hingeht und nachvollziehbar handeln. So schenken Ihnen die Menschen nicht nur Vertrauen, sie schenken Ihnen Achtung und Aufmerksamkeit.

 JUWELEN-GEDANKE

Konsequent in der Sache, Verständnis für die Menschen.

 BRILLANTEN-TIPP

Durch offene Kommunikation werden schlechte Nachrichten eher akzeptiert!

Dabei stehen Sie nicht immer zwischen Mitarbeiter und Geschäftsleitung. Es kann ebenfalls sein, dass Sie zwischen Ihrer Familie und der Firma stehen.

Wer bekommt Ihre Zeit am Wochenende? Und wie schaffen Sie es, das Ihrer Frau/Ihrem Mann und Ihren Kindern plausibel zu machen? Siehe oben! Oder sie stehen zwischen öffentlicher Meinung und Unternehmensinteressen in Bezug auf eine Baumaßnahme. Wie überzeugen Sie die Öffentlichkeit, dass Ihr Unternehmen eine neue Lackiererei braucht? Siehe oben!

Das ist leicht gesagt, ich weiß. Doch die Grundregeln funktionieren tatsächlich so - und nur so. Jede andere Taktik kann nur kurzfristig gut gehen oder führt unmittelbar in die Konfrontation.

SIE HABEN SCHLIESSLICH NICHT NUR EINE ROLLE

Und wenn Sie zwischen zwei Rollen stehen? Ulrike Abel erlebt genau diese Situation jede Woche im sogenannten Montagmorgen-Meeting. Ihre beiden Praktikantinnen und Ihre Assistentin sind regelmäßig dabei, wenn der Chef die Projekte durchspricht und Ziele vorgibt. Manchmal braust er cholerisch auf und liebt es dabei, Einzelne bloß zu stellen - sogar vor deren Mannschaft. Definitiv kein faires Verhalten. Ulrike ist ratlos, wie sie darauf reagieren soll, wenn es wieder einmal sie trifft.

Unterschätzen Sie diese Situationen nicht und passen Sie auf, wenn Sie einfach nur die Ihnen wichtigere Rolle leben. So ist es ja am häufigsten zu beobachten. Was passiert, wenn Sie vor Ihren Mitarbeitern die Rolle des Untergebenen gegenüber Ihrer eignen Führungskraft einnehmen? Klar, Ihre Mitarbeiter haben dafür Verständnis. Gleichzeitig verlieren Sie jedoch an Status, wenn Sie die Rolle wirklich so zeigen.

Die erste Möglichkeit, die Ulrike hat, ist es, sachlich die Dinge klar zu stellen - vor ihrem Team und vor dem Chef. Bei einem Choleriker sollte sie dies allerdings erst tun, wenn dessen Laune sich wieder gelegt hat. Die meisten Choleriker sind dann einsichtig und schämen sich eher, so ausgeflippt zu sein. Die zweite Möglichkeit ist es, den Chef außerhalb des Meetings anzusprechen und ihm ein Ultimatum zu stellen, also fest aufzutreten und eine klare Ansage machen: »Entweder Sie unterlassen dies künftig oder ich bringe meine Mitarbeiterinnen nicht mehr mit. Sie wissen, dass ich danach wertvolle Zeit brauche, den Dreien den Inhalt des Meetings zu erzählen, damit sie auch Bescheid wissen. Sie bezahlen schließlich für diese Zeit.« So sicher aufzutreten bei einem cholerischen Chef kann auch schief gehen – in der Regel festigt es jedoch ihren Status. Denn viele Choleriker wollen andere einschüchtern und haben höchsten Respekt davor, wenn doch einmal jemand ihnen gegenüber den Kopf oben hält.

 JUWELEN-GEDANKE

Zwei oder mehr Rollen gleichzeitig bedeutet höchste Konzentration und klare Trennung.

KÖNNEN SIE SICH IHRE ZUKUNFT SCHON VORSTELLEN?

Hier am Ende des ersten Teils bitte ich Sie eine Visualisierungsübung durchzuführen. Visualisierungen eines Ziels dienen dazu, das Ziel klarer zu machen, zu festigen und als erstrebenswert zu verankern. Ein erstrebenswertes Bild erzeugt Motivation – Sie werden vielleicht auch einmal Motivation brauchen, wenn es Ihnen zu langsam geht, Sie Rückschläge oder Zweifel bekommen. Da wir Bilder stärker speichern, als beispielsweise Worte, hilft eine Zielvisualisierung am stärksten. Zudem können Sie all das bisher Gelesene und durch Übungen Erarbeitete integrieren und nochmals prüfen, ob es wirklich dem entspricht, was Sie sich wünschen.

 JUWELEN-GEDANKE

Zielvisualisierung erzeugt Motivation.

Sehen Sie sich also bitte vorher nochmals die gemachten Übungen und Notizen an. Sie haben sich sicher bereits Gedanken darüber gemacht, wie weit Sie in Ihrer Persönlichkeitsentwicklung gehen wollen, über Ihre Komfortzone nachgedacht und wo Sie sie verlassen möchten, wie Ihre Wirkung von anderen gesehen wird und was Sie daran ändern wollen. Sie haben Überlegungen angestellt, was in Ihrer jetzigen und in einer zukünftigen Position von Ihnen erwartet wird. Sie kennen Ihre Glaubenssätze und wissen, welche Sie ändern wollen (oder bereits geändert haben). Vielleicht haben Sie sogar schon eine gewisse Ahnung davon, was Ihre Einzigartigkeit, Ihren USP, ausmacht. Ihre Ziele haben Sie bereits unter Aspekten wie Ihren Stärken, Beschränkungen und Schwächen, Ihren Werten und Ihr Umfeld beleuchtet. Denken Sie an all das und machen Sie dann bitte die folgende Übung.

VISUALISIERUNGSÜBUNG

Suchen Sie sich einen ruhigen Platz und eine angenehme Sitzposition. Schließen Sie die Augen und entspannen Sie bei ruhiger, gleichmäßiger Atmung. Genießen Sie für einige Minuten die Ruhe und achten Sie auf nichts als Ihren Atem und Ihren Körper. Dann versetzen Sie sich in einen Zeitpunkt, an dem Sie einen bestimmten Meilenstein des Ziels erreicht haben. Sie werden sicher immer weiter an sich arbeiten, doch ist es hilfreich, einen Meilenstein festzulegen, an dem Sie bestimmte Ergebnisse erreicht haben. Das ist vielleicht in ein bis drei Jahren.

Nun bestimmen Sie einen Tag, einen Moment, eine konkrete Situation, in der es ganz besonders auf Ihre Wirkung ankommt. Stellen Sie sich die Szene ganz genau vor. Durchlaufen Sie einige Minuten in Echtzeit. Achten Sie darauf, wo Sie sich befinden: was ist das für ein Ort, wie sieht er aus, was hören Sie, welches Gefühl haben Sie in diesem Moment? Welche Menschen umgeben Sie und was tun diese? Spricht jemand mit Ihnen? Spricht jemand über Sie? Hören Sie vor Ihrem inneren Ohr wörtlich, was diese Personen sagen? Was sprechen Sie selbst? Lassen Sie einen inneren Film ablaufen, verwenden Sie dabei so viele Details wie möglich. Je klarer Sie sich die Situation vorstellen, desto stärker funktioniert die Verankerung. Gibt es Musik, Gerüche, etwas zu Essen oder Trinken, Geschenke, Preise oder Ehrungen? Sind wichtige Menschen Ihres Lebens beteiligt, also beispielsweise Familienmitglieder? Wenn sie nicht anwesend sind, was denken diese? Stehen Sie per Telefon in Kontakt? Ihre Vorstellung sollte über mehrere Minuten gehen und so konkret wie möglich sein. Sie können diese Übung auch mehrmals wiederholen und dabei jedes Mal Details hinzufügen.

Kehren Sie nach einiger Zeit wieder ins Hier und Jetzt zurück. Bleiben Sie noch einen Moment sitzen und reflektieren Sie. Atmen Sie weiterhin ruhig und betrachten das aus der Sicht von heute: ist es das, was Sie wollen? Sind Sie bereit, den Weg dorthin zu gehen?

Nehmen Sie dann Ihr Notizbuch und schreiben Sie Ihre Beobachtungen so konkret wie möglich auf. Seien Sie erst zufrieden, wenn Sie einige Seiten geschrieben haben. Tippen Sie die Ergebnisse nicht in Ihren Computer, Handgeschriebenes unterstützt die Verankerung stärker.

ZUSAMMENFASSUNG

1. Viele Menschen haben Angst vor Veränderung. Das Schleifen der Kiesel. Ohne Veränderung bekommen Sie nur das, was Sie schon immer bekommen haben.

2. Menschen tendieren dazu, sich zu über- oder unterschätzen, vor allem Letzteres. Deshalb ist es nicht einfach die richtige Rolle zu finden.

3. Jedes Juwel bekommt seinen speziellen Schliff. Ihr Persönlichkeitsprofil und Ihre Vorstellungen bestimmen Ihr Karriere- bzw. Persönlichkeitsziel.

4. Unser gewohntes Verhalten fühlt sich immer »normal« an, Veränderungen immer zunächst »komisch«. Mit der Zeit fühlt sich das Neue auch »normal« an.

5. Authentizität darf keine Ausrede für Stillstand sein. Das Ziel jeden Lernens ist es, die Dinge automatisch richtig zu machen. Doch davor steht der Lernprozess, der höchste Konzentration erfordert.

6. Everybody's Darling is Everybody's Depp. Sie haben schließlich nicht nur eine Rolle. Jedem können Sie es nicht recht machen.

Teil II
Der Schliff

5. Das Feuer im Innern

Wie Sie Ihre innere Sicherheit steigern und souveräner werden

Wenn sich die Damen und Herren vom Verband des Mittelstandes in der Kleinstadt treffen, sind viele interessante Menschen anwesend. Doch sobald Manfred Janssen den Raum betritt, verändert sich die Atmosphäre. Er ist einer der Menschen, denen scheinbar ohne eigenes Zutun die ganze Aufmerksamkeit zufliegt. Er macht dabei scheinbar nichts Besonderes. Er kommt, begrüßt einige Menschen, alte Bekannte. Letztes Jahr haben Sie ihn zum Präsidenten gewählt. Er hat sich nicht aufgedrängt, man hat ihn immer wieder gefragt. Manfred hat alle Stimmen erhalten. Die Mitglieder sind nicht immer der gleichen Meinung wie Manfred. Doch alle mögen ihn, schenken seinen Worten Gewicht. Manfred hat Charisma.

Charisma, das Feuer im Inneren eines Brillanten, ist die höchste Stufe des Schliffs. Menschen, denen es leicht gelingt, andere zu überzeugen und die scheinbar immer den einfachen Weg vor sich haben, sind charismatisch. Es sind Menschen mit Ausstrahlung und Präsenz. Charisma wird gerne mit »Gnadengabe« übersetzt, mit »Geschenk Gottes«. Das ist zumindest die Bedeutung des Wortes »*chárisma*«, das aus dem Griechischen kommt.

 JUWELEN-GEDANKE

> *Charisma ist die gewinnende Ausstrahlung eines Menschen.*

Ist es dann so, dass es manche haben und andere nicht? Oder kann jeder Charisma einfach so erlernen, wie es manche Trainer und Autoren versprechen? Weder noch, lautet meine Antwort.

Kindern wird Charisma zugeschrieben und es heißt, dass sie es mit zunehmendem Bewusstsein verlieren, auch deshalb weil sie dann Ängste und andere Störfaktoren für Charisma entwickeln. Insofern geht es darum, Charisma wieder zurückzuerlangen. Lernen ist da sicher nicht der richtige Ausdruck, lernen kann allenfalls zusätzlich den Prozess unterstützen. Tatsächlich ist vieles an dem, was über Charisma philosophiert wird, wahr. Doch um das genauer zu verstehen, sollte erst Einigung über die Definition bestehen. Denn Charisma ist auf den zweiten Blick mindestens so wenig greifbar wie Authentizität.

 BRILLANTEN-TIPP

Charisma können wir nicht lernen, sondern wieder erlangen!

EIN MENSCH FUNKELT, WENN ER CHARISMA HAT

Charisma ist etwas, das wir beobachten und vor allem spüren können. Sammelt man Beschreibungen von charismatischen Menschen, sind es immer wieder ähnliche Aussagen: Sie drängen sich nicht auf und sind doch stets präsent. Sie machen sich nicht interessant und sind dafür stets an anderen interessiert. Sie wirken souverän und authentisch und haben einen starken Ausdruck in Mimik, Gestik, Sprechweise und ihrer meist tiefen Stimme. Sie wirken ruhig und gelassen, jammern nicht, sondern sehen die Dinge positiv. Sie stehen zu sich selbst und hadern nicht mit Problemen oder Umständen. Sie urteilen und lästern nicht über andere, nehmen jeden so, wie er ist. Sie zeigen Emotionen und stehen zu ihrer Meinung, ohne ihren Zuhörern das Gefühl zu geben, sie damit zu bedrängen oder ihnen etwas aufzwingen zu wollen. Sie hören zu und akzeptieren andere Meinungen und Ansichten. Sie wissen, wozu sie auf der Welt sind und wohin sie wollen. Ihnen ist ihre Begeisterung anzumerken und emotionales, soziales und geistiges Wachstum ist spürbar. Die Menschen folgen ihnen und ihrer natürlichen Autorität.

JUWELEN-GEDANKE

Charisma bedeutet natürliche Autorität – Menschen folgen Charismatikern.

Charismatische Menschen besitzen:

1. Selbstsicherheit und innere Harmonie

2. Klarheit über Sinn, Werte, Mission und Vision

3. Wissen, wer man ist, und die Fähigkeit zu Selbstakzeptanz

4. Vertrauen und Ehrlichkeit

5. Freiheit von Angst, Wut und Trauer

6. Präsenz im Hier und Jetzt

7. Freiheit von Vorurteilen und Urteilen

8. Offenheit und Fairness

9. Emotionen, Leidenschaft, Empathie und Interesse

10. Starke und eindeutige Außenwirkung

Vieles davon klingt sehr nach Authentizität, oder? Tatsächlich werden charismatische Menschen als authentisch wahrgenommen. Wir neigen dazu, in diese Menschen etwas zu projizieren, was unserem Ideal eines Menschen entspricht. Wir schreiben ihnen zusätzliche positive Eigenschaften zu, die sie womöglich gar nicht haben.

 JUWELEN-GEDANKE

Charismatikern werden mehr positive Eigenschaften zugeschrieben als sie haben.

Viele der aufgezählten Eigenschaften können Sie wie jeder andere auch erlangen. Einzelne Aspekte davon sind auch sicher zu erlernen, doch erst die Folge daraus, das Entwickeln von beispielsweise absoluter Sicherheit, benötigt neben dem Lernen auch positive Erfahrungen über längere Zeiträume. Also lernen alleine reicht nicht.

INNERE SELBSTSICHERHEIT UND HARMONIE

Je mehr positive Erfahrungen wir in unserem Leben gemacht haben, desto leichter mag es uns fallen, uns wirklich sicher zu fühlen. Doch hat fast jeder von uns mit einem Mangel an Selbstsicherheit zu kämpfen. Es ist nicht einfach, den eigenen Fähigkeiten uneingeschränkt zu vertrauen.

 **JUWELEN-GEDANKE**

Innere Stimmen beeinflussen uns ständig.

Jeder von uns hat ein so genanntes inneres Team (so nennt es der Kommunikationsprofessor Friedemann Schulz von Thun) oder inneres Orchester, das sind Teile des Selbst. Manchmal nehmen wir die Teile als innere Stimmen wahr. Mal nur als eine, mal als eine Vielzahl von Stimmen. Diese Stimmen wiederum nimmt der eine als Teile seiner Selbst (»inneres Team«), der zweite als die eigene Stimme (»Selbstgespräche«) und der dritte als Stimmen anderer (z. B. der Eltern – dabei spielt es keine Rolle, ob dieser Mensch noch lebt) wahr. Sie geben uns Ratschläge und kommentieren unser Tun.

Da wollen wir bewusst etwas Neues wagen und schon meldet sich eine Stimme: »Das kannst du nicht!«, »Sei vorsichtig!« oder »Wenn du das tust, blamierst du dich!« Diese Stimmen nehmen wir als Kritiker, Selbstzweifler, Freiheitsliebender, Selbstbeschuldiger, Ruhigblut, Stratege, Gesundheitsbesorgter, die Nr. 1, der Nette, Familienmensch, Revoluzzer usw. wahr. Unsere Persönlichkeit besteht so gesehen aus mehreren Teilen, die im Grunde alle nur Gutes für uns wollen. Leider will oft jeder Teil etwas anderes. Oder eine Stimme kritisiert, was wir bewusst wollen. Durch die unterschiedlichen Absichten der Teile entstehen Gefühle von (Selbst)Zweifel, Hemmungen, innerer Zerrissenheit oder sie melden sich als der berühmte »innere Schweinehund«.

 JUWELEN-GEDANKE

Der Schweinehund ist auch ein Teil von uns.

Nur wenn Sie es schaffen, die Stimmen zu beruhigen bzw. abzustellen, die sich ständig mit Bedenken melden, werden Sie die innere Sicherheit auf Dauer erlangen. Das ist es auch, was mit Harmonie gemeint ist: die Harmonie der Persönlichkeitsteile untereinander. Nur so entsteht echte Gelassenheit.

Das bedeutet übrigens nicht, dass Ihnen auch all das egal ist, bei dem Sie tatsächlich vorsichtig sein müssen, von dem echte Gefahr ausgeht. Zudem haben auch charismatische Menschen Bereiche, in denen sie sich nicht sicher und wohl fühlen. Charismatiker sind keine Wundermenschen! Doch in den Situationen, in denen es entscheidend ist, z. B. im Unternehmen oder bei öffentlichen Auftritten, fühlen sie sich uneingeschränkt sicher.

ÜBUNG TEILEARBEIT

Aus verschiedenen Fachrichtungen wissen wir, dass der Mensch dazu tendiert, die eigene Persönlichkeit als eine Sammlung verschiedener Komponenten wahrzunehmen. Es handelt sich um Persönlichkeitsteile. Diese werden uns durch innere Stimmen gewahr. In der Teilearbeit des NLP[5] können Sie selbst die Teile miteinander verhandeln lassen. Sie selbst (also Ihr bewusstes »Ich«) fungieren dabei als eine Art Moderator oder Mediator. Das heißt, Sie sprechen innerlich mit den einzelnen - unbewussten - Teilen wie mit Mitgliedern eines Teams.

Setzen Sie sich dazu bequem und frei von äußeren Störungen auf einen Stuhl und schließen die Augen. Konzentrieren Sie sich auf Ihr Inneres. Nun sprechen Sie mit Ihren einzelnen Teilen. In der Regel werden sich all diejenigen zu Wort

---

5 Neurolinguistisches Programmieren ist eine Sammlung von Erkenntnissen und Methoden, wie der Mensch seine Wahrnehmungen, Denkmuster und Kommunikation strukturiert und verwaltet. Es dient dem Verstehen, Nachahmen und Verbessern menschlichen Verhaltens mit der Zielsetzung der Therapie, des Lernens oder der persönlichen Entwicklung.

melden, die etwas zu sagen haben. Sie fragen einfach in Ihr Inneres, wer etwas sagen möchte und lauschen Ihren Stimmen/Teilen. Sie fragen also z. B. nach innen gekehrt »Gibt es einen Teil von mir, der mich unterstützen will, meine innere Sicherheit zu erhöhen?« Warten Sie einen Moment und es wird sich ein unbewusster Teil zu Wort melden, der Ihnen dadurch bewusst wird. Vielleicht sogar gleich mehrere. Geben Sie jedem Teil einen passenden Namen – bzw. fragen Sie den Teil nach seinem Namen. Das können Namen sein wie der Beschützer, der Sicherheitsdenker, der Erfolgssucher, der Besserwisser usw. Sprechen Sie dann mit diesen Teilen darüber, dass Sie absolute innere Sicherheit erlangen möchten und fragen, was die einzelnen Teile dazu sagen. Fragen Sie auch konkret nach Kritikern: »Gibt es einen (weiteren) Teil von mir, der nicht will, dass ich meine Sicherheit lebe?«

Sprechen Sie mit Ihren Teilen so, als seien es Ihre Mitarbeiter. Und vergessen Sie nie: alle Teile sind Sie und jeder Teil meint es gut mit Ihnen. Wenn also ein Teil etwas nicht zulassen will, dann fragen Sie ihn, was erfüllt werden müsse, damit auch er Sie unterstützt. Drängen Sie keinen der Teile zu etwas. Wenn die »Stimmen« von anderen Personen stammen, so z. B. vom Vater oder der Mutter, dann meinen auch diese es gut mit Ihnen, sehen Sie und Ihr Leben aber natürlich aus deren Perspektive. Verhandeln Sie mit diesen genauso, als seien es Ihre Teile. Sollten Sie im richtigen Leben einen härteren Ton mit Ihren Eltern pflegen (das soll ja vorkommen), sprechen Sie hier in jedem Fall wertschätzend. Wenn einmal der Prozess ins Stocken gerät, vertagen Sie die Verhandlung und setzen sie ein anderes Mal fort.

Sollten Sie das alleine nicht hinbekommen, wenden Sie sich an einen Coach der mit dem Inneren Team oder mit Teilearbeit vertraut ist.

Innere Zerrissenheit kann auch dadurch entstehen, dass widersprüchliche Ausprägungen dazu führen, dass wir in zwei entgegengesetzte Richtungen handeln wollen. Das bedeutet, wir müssen uns entscheiden. Charismatiker wissen stets, sich richtig zu entscheiden. Die entsprechenden Informationen und eine Übung dazu finden Sie in Kapitel 6, »Auch ein Facettenschliff muss schmeicheln«.

BRILLANTEN-TIPP

Charismatiker entscheiden sich zügig und unbeeinflusst und stehen zu ihren Entscheidungen!

KLARHEIT ÜBER SINN, WERTE, MISSION UND VISION

Zu wissen, warum sie auf dieser Welt sind, ist eine Frage, die die Menschen seit jeher beschäftigt. Entscheidend ist nicht, dass Sie »die« Antwort finden, sondern für sich selbst entdecken, wozu Sie auf dieser Welt sind und was Ihre Aufgabe ist.

Der Mensch ist auf der Suche nach dem Sinn in seinem Leben. Und Viktor Frankl, im KZ internierter Psychologe und Entwickler der Logo-Therapie, hat in der Entdeckung des Sinns sogar die Möglichkeit erlebt, unter inhumansten Bedingungen zu überleben. Das gibt eine Vorstellung davon, wie stark der Lebenssinn sein kann. »Sinn kann nicht gegeben, sondern muss gefunden werden,« ist seine zentrale Aussage. In seinem Fall war es die Vorstellung als Psychologe später Vorlesungen zu geben über die Auswirkungen des Lagers auf die Psyche.

Die Mission ist Ihre Aufgabe, die Sie im Leben haben. Was geben Sie der Welt oder den Menschen durch Ihr Dasein?

 JUWELEN-GEDANKE

Eine Vision ist eine bildhafte Vorstellung der Zukunft

Eine Vision ist ein inneres Bild, das aufzeigt, wie Sie sich die Zukunft vorstellen. Die Vision ist ein Bild einer besseren Welt. Viele sagen, sie haben dann ein erfolgreiches Leben gelebt, wenn sie die Welt ein Stück besser hinterlassen, als sie sie vorgefunden haben. Was ist Ihre Vision, die Sie erreichen können oder auch nur einen Teil dazu beitragen?

ÜBUNG SINN, WERTE, MISSION UND VISION

Beginnen Sie möglichst bald mit dem Prozess, Ihre Daseinsberechtigung herauszufinden (wenn Sie diese noch nicht gefunden haben). Es wird eine Weile dauern und Sie werden immer wieder neue Impulse spüren. Beantworten Sie dazu zunächst die folgenden vier Fragen. Dabei hinterfragen Sie jede Antwort mit der Frage »und was ist an ... so wichtig?« Das führt dazu, dass Sie immer tiefer gelangen, bis Sie den Kern getroffen haben. Das ist die eigentliche Antwort.

Was ist der Grund, warum Sie auf dieser Welt sind? Wie deuten Sie für sich persönlich das Verhältnis zwischen sich und Ihrer Welt? Was ist für Sie das Wichtigste am Leben?

Was ist Ihnen im Denken und Handeln wichtig und was treibt Sie an, etwas zu tun oder zu vermeiden? Werte sind Motivatoren und entscheiden über unser Denken und Handeln. Welche Werte versuchen Sie sich zu erfüllen, wenn Sie auf eine bestimmte Art mit Menschen umgehen, Ihren Beruf oder bestimmte Hobbys ausleben, sich für Projekte engagieren, eine bestimmte Partei wählen ...

Was ist Ihre Mission? Welche Aufgabe haben Sie an der Menschheit oder der Welt zu erfüllen? Womit helfen Sie anderen, ein besseres Leben zu führen? Was geben Sie anderen?

Was wollen Sie in Ihrem Leben erreichen und verändern? Was ist Ihre Vision von einer besseren Welt und Ihr aktiver Anteil daran?

WISSEN, WER SIE SIND, UND SELBSTAKZEPTANZ

Lassen Sie einmal all das weg, was Ihre Aufgaben sind, also Ihren Beruf, Ihre Rolle in der Familie (Mutter, Ehemann ...), Ihre weiteren Engagements in Sport, Kultur oder Vereinen und ähnlichem. Was bleibt? Das, was dann noch übrig bleibt, sind Sie, Sie selbst. Es ist Ihr Charakter, Ihre Persönlichkeit, Ihr Wesen. Das zu beschreiben ist eine Aufgabe. Es zu spüren, die Vorraussetzung.

 JUWELEN-GEDANKE

Liebe Deinen Nächsten wie Dich selbst.

Das Schwierige an der Sache: sich dann auch bedingungslos so zu akzeptieren, wie Sie sind und wer Sie sind. Sich zu lieben, ohne selbstverliebt oder selbstherrlich zu sein. Nicht sich über andere stellen, sondern sich als gelungenes Werk anzunehmen. »Liebe Deinen Nächsten wie Dich selbst.« sagt genau den entscheidenden Punkt aus: »wie Dich selbst«: wie wollen Sie andere akzeptieren und lieben können, wenn Sie mit sich selbst nicht im Reinen sind?

 BRILLANTEN-TIPP

Nur wer sich selbst liebt kann andere wirklich lieben!

Übung Selbst

Zu wissen, wer Sie sind, ist ein Prozess, der nicht alleine durch ein paar Fragen geklärt ist. Die folgenden drei Fragen lenken Ihr Denken in die richtige Richtung. Hören Sie in sich hinein. Im Lauf der Zeit entsteht eine immer klarere Vorstellung davon, wer Sie wirklich sind.

Wer sind Sie? Beschreiben Sie sich ohne Ihre Aufgaben. Was ist Ihr Charakter, was sind Ihre Leistungen, Stärken und Träume. Was macht Sie als Mensch aus?

Warum sind Sie einzigartig und etwas Besonderes?

Warum sind Sie liebenswert?

VERTRAUEN UND EHRLICHKEIT

Das sind zwei Begriffe, die so leicht dahin gesagt sind. Selbstvertrauen und das Vertrauen, dass »die Dinge« ohnehin immer so laufen werden, wie sie laufen sollen. Und, dass so wie sie laufen, es immer richtig ist. Das bedeutet Mut und Vertrauen in Sie selbst, in andere und das Leben. Dieses Urvertrauen haben wir verloren, seit wir Kinder waren. Es wieder zu erlangen macht einen großen Teil von Charisma aus.

JUWELEN-GEDANKE

Selbstvertrauen ist das Vertrauen, dass die Dinge immer richtig laufen.

Ehrlichkeit zu sich selbst ist jedoch Grundvoraussetzung. Wer sich pseudo-esoterisch einredet, dass alles richtig kommen wird und gleichzeitig im Inneren zweifelt, ist nicht ehrlich zu sich selbst. Anderen erzählen, dass alles gut wird und dabei selbst zweifeln, hilft nicht weiter.

Um dieses ehrliche Urvertrauen zu erzielen, kann Ihnen Glaube helfen oder Meditation. Oder Sie entscheiden sich einfach dafür, ab sofort zu vertrauen. Was ist Ihr Weg? Finden Sie ihn heraus, es gibt keine allgemein gültige Lösung.

 BRILLANTEN-TIPP

Ohne ehrliches Urvertrauen kein Charisma!

FREIHEIT VON ANGST, WUT UND TRAUER

Kleine Kinder machen sich keine Sorgen um die Zukunft. Sie trauern nichts hinterher. Und sie empfinden keine dauerhafte Wut, wenn sie einmal Dinge nicht erreichen oder ihnen etwas angetan wird.

Natürlich sollten Sie trauern, wenn Sie jemanden verloren haben. Doch nach einer Weile sollte diese Trauer wieder aus Ihrem Leben verschwinden. Viele Menschen tragen eine Grund-Angst, -Wut und -Trauer mit sich herum, die es verhindert, mit sich und der Welt im Reinen zu sein. Gemeint ist natürlich nicht, dass Sie jeden Morgen aufwachen, um sich den ganzen Tag zu grämen und heulend durchs Leben zu rennen. Es sind eher unbestimmte, weitgehend unbewusst spürbare Gefühle, die Ihr Fühlen, Denken und Handeln beeinflussen.

Die Charisma-Formel ist ganz einfach: je weniger wir uns durch diese Faktoren beeinflusst fühlen, desto ausgeglichener, souveräner und charismatischer können wir wirken. Und es geht ähnlich der inneren Sicherheit um Teile in uns, die ständig Kleinigkeiten hinterhertragen, skeptisch sind und zweifeln. Dementsprechend lautet auch hier die Aufgabe, mit Ihren Teilen zu verhandeln. Ziel ist es, mit all den Dingen Ihres Lebens, die Angst, Wut oder Trauer erzeugen, in Frieden abzuschließen.

Angst hat viele Formen. Angst vor Enge, Angst vor dem Tod, Angst vor der Angst … Letztlich geht es bei Angst um die Vorstellung, etwas zu verlieren oder zu leiden. Dabei muss keine akute Bedrohung vorliegen, denn dann spräche man von Furcht. Furcht bezieht sich immer auf eine reale Bedrohung. Angst ist oft recht unspezifisch und wir erleben sie eher als ein assoziiertes Gefühl, dessen Grund uns nicht logisch oder überhaupt ergründbar scheinen muss. Angst steuert insofern unser Verhalten ständig, denn schon die Angst davor, sich durch falsches Verhalten zu blamieren oder die Erwartung anderer in unser Verhalten nicht zu erfüllen, lassen uns unsicher werden.

Ist die Angst die Vorstellung eines Verlustes in der Zukunft, so ist die Trauer das Erinnern eines Verlustes in der Vergangenheit. Verlust macht uns die eigene Machtlosigkeit deutlich. Es zeigt uns die Endlichkeit und die Grenzen auf. Insofern ermahnt uns die womöglich vollkommen unbewusste Trauer, dass wir »die Dinge nicht im Griff haben«. Aus dieser Hilflosigkeit resultiert Unsicherheit, die unser Verhalten beeinflusst.

Wut ist eine heftige Emotion, die zum Beispiel auf ein Gefühl von Ohnmacht über Verlust, Angst oder nicht erfüllte Erwartungen folgen kann. Wir beziehen das Geschehen, das die Wut auslöst, auf uns oder einen Angriff auf unsere Persönlichkeit. Gleichzeitig unterdrücken wir meist die Wut, um uns und andere nicht zu gefährden. Dies führt wiederum häufig zu Stress oder Depression. Wut lähmt.

ÜBUNG ABSCHLUSS-RITUAL

Nehmen Sie sich drei Bögen schönes Papier in der Größe DIN A4 bis DIN A3. Nun schreiben Sie auf die Blätter jeweils eines der Themen Angst, Wut und Trauer in die Mitte. Um dieses Wort schreiben Sie alles, was Sie jeweils zu dieser Emotion betrifft. Was lässt Sie Angst empfinden? Was lässt Sie wütend werden? Worüber empfinden Sie stete Trauer? Verwenden Sie gerne Farben und gestalten Sie das Blatt so, wie es Ihnen gefällt. Sie können kleine Zeichnungen anfertigen oder die Worte verzieren und schmücken.

Bauen Sie nun aus jedem der Blätter ein Papierschiffchen. Wenn Sie nicht mehr wissen, wie das geht, finden Sie im Internet die Bastelanleitung. Nun gehen Sie ans Ufer eines Flusses. Setzen Sie in einem Ritual Ihre drei Schiffchen ins Wasser und blicken Ihnen nach, wie sie davon schwimmen. Verabschieden Sie sich dabei innerlich von all den Dingen auf den Blättern.

Natürlich können Sie alternativ die Blätter einäschern oder vergraben, eben das, was Ihnen hilft, sich von Angst, Wut und Trauer zu verabschieden.

PRÄSENZ IM HIER UND JETZT

Präsent sein bedeutet, weder an Vergangenes zu denken noch in die Zukunft zu hoffen. Es bedeutet einfach zu sein und den Augenblick so zu nehmen, wie er ist. Vergangenheit ist nichts weiter als eine Erinnerung, Zukunft nichts weiter als eine Erwartung - beides ist Illusion. Bereits die nächste Minute ist ein anderer Moment als jetzt - so wie es die letzte war.

Manche Menschen glauben, dass früher alles besser war. Manche Menschen leben von der Hoffnung, dass es eines Tages besser wird. Beides blockiert. Natürlich werden Sie sich Momente Zeit nehmen, Ihre Urlaubsbilder (Vergangenheit) zu sortieren oder Ihre Altersvorsorge (Zukunft) zu planen. Doch das Leben findet jetzt statt. Sie können die Vergangenheit nicht ändern und die Zukunft weder vorhersagen noch bestimmen. Genießen Sie das Leben so, wie es jetzt ist und Sie werden - frei von Trauer, Illusionen und Hoffnungen - atmen können.

Vielleicht entscheiden Sie sich einfach, ab sofort im Hier und Jetzt zu leben, wenn Sie dies nicht schon tun. Vielleicht hilft Ihnen dabei eine Technik wie Meditation. Die Uraufgabe von Meditation ist es, im Hier und Jetzt zu sein.

 BRILLANTEN-TIPP

Im Hier und Jetzt zu sein bedeutet volle Konzentration!

FREIHEIT VON VORURTEILEN UND URTEILEN

Klatsch und Tratsch und hintenrum über andere reden macht unfrei. Charismatiker bewerten andere nicht und halten sich von Lästerei fern. Sie sprechen nicht schlecht über andere, ja sie denken nicht einmal schlecht über andere. Das gilt für Einzelne ebenso wie für Gruppen (die Frauen, die Deutschen, die Türken, die Amerikaner, die Banker, die Politiker, die Chefs ...).

 JUWELEN-GEDANKE

Menschen lieben es zu lästern.

Viele Menschen haben Spaß daran, abfällige Bemerkungen zu machen über hässliche Menschen (was an sich eine Wertung ist), über Menschen mit dummen Bemerkungen, über Menschen mit unpassender Kleidung oder Verhalten, über Menschen mit Übergewicht, über Menschen, die einer anderen Gruppe angehören. Der meist unbemerkte Grund: Sie wollen damit Anerkennung für sich selbst erreichen, sich selbst besser darstellen. Doch das Gegenteil ist letztlich der Fall. Schnell ist man in der Falle und lästert mit anderen mit. Es hilft nur Übung. Achten Sie die nächsten drei Wochen gezielt darauf, über nichts und niemanden ein abfälliges Wort auch nur zu denken. Sie werden sehen, es ist nicht einfach. Vor allem dann nicht, wenn Sie an sich ein kommunikativer Typ sind.

Einem Charismatiker geht es auch nicht darum, wer Recht hat. Er gesteht jedem seine Meinung zu und kämpft nicht um einen Sieg. Er bleibt gelassen.

 BRILLANTEN-TIPP

Urteilen und werten Sie nicht über andere!

OFFENHEIT UND FAIRNESS

Charismatiker gehen offen auf andere zu, sind offen für die Sorgen und Fragen anderer und behandeln alle gleich gut. Dies geht nur, wenn Sie frei von Vorurteilen jeden so akzeptieren und auf ihn eingehen, wie er ist.

Gehen Sie offen auf Menschen zu. Wenn Sie dies nicht ohnehin tun, üben Sie es. Sprechen Sie mit jeder Bedienung im Restaurant ein paar nette Worte - und ich meine damit nicht die Bestellung. Tun Sie es auch dann, wenn diese (zunächst) keinen freundlichen Eindruck macht. Sprechen Sie auch mit Menschen an Schaltern, im Postamt, an der Hotelrezeption oder beim Bäcker. Ein paar nette, menschliche Worte kommen immer gut an. Und für Sie ist eine gute Übung, locker und offen mit jedem plaudern zu können.

 JUWELEN-GEDANKE

Unbekannte Menschen spontan in ein kurzes Gespräch zu verwickeln macht Spaß.

Mit Fairness ist gemeint, dass Sie alle gleich behandeln. Niemand erwartet von Ihnen, dass Sie jeden Menschen mögen und sympathisch finden. Das ist gar nicht möglich, da spielen die Sexualduftstoffe eine viel zu dominante Rolle (die Chemie stimmt - oder eben nicht). Doch wer sagt, dass Sie den Menschen gleich zeigen müssen, ob Sie sie mögen. Wenn Sie dazu neigen, als Mann ständig mit Frauen zu flirten, behandeln Sie die Männer ebenso freundlich. Wenn Sie bei Frauen eher gehemmter sind, als bei Männern, behandeln Sie ab sofort die Frauen ebenso offen, wie die Männer. Dasselbe gilt umgekehrt für Frauen. Sie haben Mitarbeiter, zu denen Sie einen besseren Draht haben, als zu anderen? Behandeln Sie die anderen genauso aufmerksam! Das Zauberwort ist Wertschätzung!

BRILLANTEN-TIPP

Wertschätzung ist der Schlüssel zu den Herzen!

EMOTIONEN, LEIDENSCHAFT, EMPATHIE UND INTERESSE

Zeigen Sie an anderen Interesse. Fühlen Sie sich in andere hinein und leiden Sie mit ihnen (das bedeutet das Wort Empathie vom Wortstamm her). Zeigen Sie Emotionen und Leidenschaft, zumindest in angemessenem Rahmen. Ein charismatischer Mensch wirkt nicht gefühlskalt. Er hat Leidenschaften, die er an passender Stelle mit anderen teilt oder ihnen zeigt. Er macht sich dadurch berechenbar. Notfalls hat er seine Gefühle im Griff, doch er zeigt durchaus, was er empfindet, positiv wie negativ. Er zeigt sich dadurch als Mensch, mit Ecken und Kanten, und wirkt menschlich und sympathisch.

 JUWELEN-GEDANKE

Seien Sie interessiert, statt sich interessant zu machen.

Empathie ist uns grundsätzlich allen gegeben. Doch können wir sie verbessern, weil wir meistens verlernt haben, uns auf sie zu verlassen. Beobachten Sie, wie sich Ihr Gegenüber verhält, achten Sie auf Details. Manchmal werden im Gespräch die Lippen schmal oder ändern die Farbe, eine Augenbraue zuckt, der Bereich unter dem Auge flackert, ein klitzekleines Lächeln ist für den Bruchteil einer Sekunde zu erkennen, die Haltung ändert sich oder Muskeln spannen sich an oder werden locker. Es sind unendlich viele Möglichkeiten, den anderen zu lesen und sich in seine Gedanken und Gefühle zu versetzen. Schenken Sie all dem Beachtung und Sie werden reich belohnt werden.

 JUWELEN-GEDANKE

Bewusst eingesetzte Empathie hilft Ihnen, andere besser zu verstehen und zu gewinnen.

Nicht jede Beobachtung können Sie gleich deuten und es gibt auch viele, viele dieser Kleinigkeiten, die keine allgemeine Gültigkeit haben, wie es bei mancher Geste der Fall ist. Beobachten Sie einen Menschen länger und Sie werden entdecken, was diese Regungen bei diesem Menschen bedeuten.

Zugleich wird dieses Beachten der Details dazu führen, dass Ihr Gegenüber das Gefühl hat, Sie interessieren sich ernsthaft. Denn auch das will bei den Meisten geübt sein. Zeigen Sie Interesse. Fragen Sie nach, wenn sie oder er etwas erwähnt, bei dem Sie merken, es interessiert oder begeistert sie oder ihn. Interesse zu zeigen ist nicht immer einfach, da sich manche Menschen sehr verschlossen geben. Finden Sie heraus, ob diese das aus ihrer Persönlichkeit heraus tun: dann bedrängen Sie sie auf keinen Fall. Oder ob diese sich verschließen, weil sie so erzogen wurden und sich lieber bescheiden geben. Dann fragen Sie nach und geben ihnen das Gefühl, wichtig zu sein.

STARKE UND EINDEUTIGE AUSSENWIRKUNG

Langweilige Charismatiker gibt es nicht. Sie sprechen lebendig mit allen Möglichkeiten, die ihnen zur Verfügung stehen. Setzen Pausen ein, betonen gut und lassen Worte wirken. Diesem Thema werden wir uns in den Kapiteln 8 und 12 ausführlich widmen.

 BRILLANTEN-TIPP

Es gibt keine langweiligen Charismatiker!

WOZU BRAUCHEN SIE CHARISMA?

Und wozu brauchen Sie Charisma? Zum einen folgen einem charismatischen Menschen die Leute, sein Wort hat Gewicht, ohne, dass er dies extra betonen muss. So ergibt sich automatisch eine Führungsqualität und Führungsautorität. Wir können drei Autoritäten unterscheiden:

1. Autorität kraft Amt, also eine Position, die mit Kompetenzen ausgestattet ist.

2. Autorität kraft Kompetenz. Diese Person muss kein Amt haben, die Kollegen achten Sie wegen Ihres Know-hows.

3. Charismatische Autorität. Dieser Person vertrauen die Menschen alleine aufgrund ihrer Persönlichkeit und Ausstrahlung, auch ohne Amt.

Das bedeutet natürlich nicht, dass ein Charismatiker keine Position oder kein Fachwissen haben darf, im Gegenteil. Grundvoraussetzung für charismatische Autorität ist es nicht.

 BRILLANTEN-TIPP

Charisma bestimmt über Status und Macht!

Zum anderen bedeutet Charisma Status und Macht. Beides ist hilfreich, wenn es um Führung und Kompetenz geht. Dabei spreche ich selbstverständlich nicht von Machtmissbrauch und (angeblich) charismatischen Tyrannen. Hitler, Stalin und Co. waren nicht charismatisch, sondern Meister im Manipulieren der Öffentlichkeit. Charisma ist mit hohen Werten verbunden und stets eine Gnadengabe – eine, die auch Sie entfalten können!

VÖLLIGE SELBSTSICHERHEIT GIBT ES NICHT

Nur ganz wenige Menschen fühlen sich wirklich und stets sicher. Die überwiegende Mehrheit der Menschen klagt über mangelnde Selbstsicherheit, zumindest in bestimmten Situationen. Die meist genannte Angst ist übrigens für viele das Reden vor Gruppen – insofern tragisch, weil dies eine der karriereentscheidendsten Tätigkeiten überhaupt sein kann und eine Schlüsselqualifikation für alle Führungskräfte ist. Andere haben Horror vor Telefonakquise, harten Verhandlungen, Bewerbungs- bzw. Zielgesprächen, Konflikten oder schlicht beim Flirten. Doch es gibt Hoffnung für Sie. Ich habe nachfolgend eine Sammlung meiner Lieblingsmethoden für Sie zusammengestellt.

JUWELEN-GEDANKE

Die meisten Menschen haben vor allem Angst vor öffentlichem
Reden.

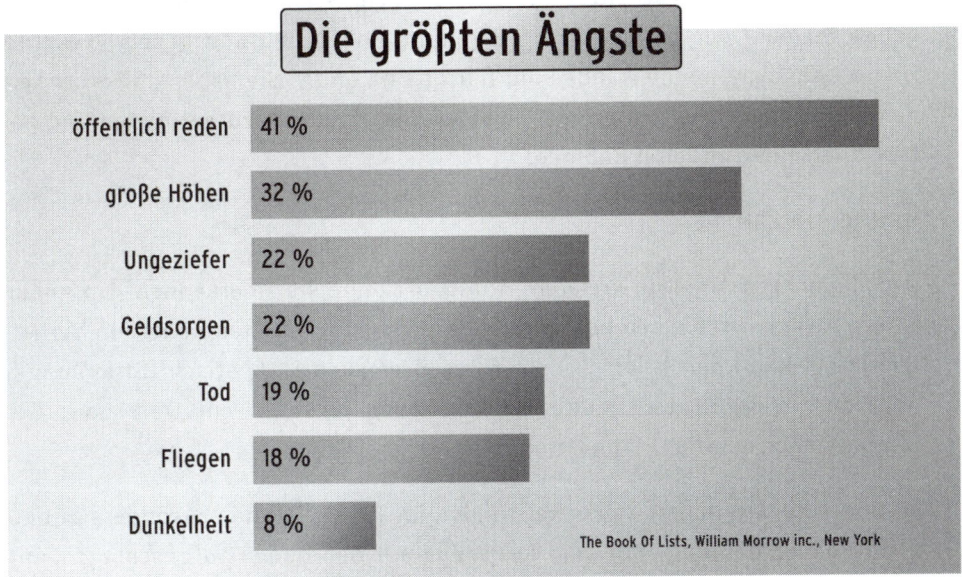

Abbildung 5.1: Die größten Ängste der Menschen (Auswahl)

ÜBUNG REFRAMING

Woran merken Sie, dass Sie ein Gefühl von Angst haben? Ist es ein Gefühl im Bereich des Kopfes, der Brust, des Magens – oder wo befindet es sich bei Ihnen? Und wie spüren Sie es? Ist es ein Druck, ein Ziehen, ein flaues Gefühl – oder was genau? Haben Sie feuchte Hände, zitternde Knie, Tunnelblick? Beschreiben Sie auch diese Symptome genau. Häufig haben Sie das bisher vollkommen unbewusst erlebt und nur das Resultat als Angst wahrgenommen.

Und nun denken Sie nach, woher Sie wissen, dass diese Gefühle und/oder diese Symptome Angst bedeuten? Gab es dazu einen Moment des Lernens oder hat Ihnen das jemand gesagt? Haben Sie es einfach immer nur schon so gesehen oder haben Sie einen Beweis dafür? Ist es die einzige Möglichkeit, diese Symptome zu definieren? Machen das alle Menschen so? Manche definieren diese Gefühle und Symptome so, dass sie »nur dadurch in der richtigen Anspannung für einen kraftvollen Auftritt sind«. Entscheidend ist eines: Sie selbst können diese Definition bestimmen. Und das funktioniert, wenn auch oft erst nach einigen Versuchen. Entscheiden Sie sich einfach, welche Bedeutung Sie ihnen geben wollen. Oder ob Sie ihnen überhaupt eine Bedeutung geben. »Feuchte Hände? Ah, okay, meine Hände sind feucht – na und?« Sie haben ab sofort keinen Grund mehr, die Symptome bzw. Gefühle als Angst zu definieren. Sie geben ihnen einen anderen Rahmen.

Übung Ankern

Wir alle nutzen Anker in unserem Alltag, oft ohne sie zu erkennen. Ein Anker ist ein Auslöser für einen bestimmten (emotionalen) Zustand oder ein Verhalten. Dabei kann der Anker visuell (rotes Bremslicht), akustisch (Stimmungslied) oder gefühlt (bestimmte Berührungen), ja sogar ein Duft oder Geschmack sein, der die Urlaubsstimmung wachruft.

Im Sport werden häufig Anker verwendet. Im Tennis ist dies besonders gut zu sehen: da werden Bälle vor dem Aufschlag auf den Boden aufgeschlagen, mit den Fingern in die Saiten des Schlägers gegriffen oder die Schuhe am Schläger abgeklopft. Bälle sind alle gleich hart, Saiten lassen sich heute nicht mehr verschieben, Schuhe verschmutzen bei Teppich nicht: all dies sind stattdessen Anker. In mentalen Übungen sind diese Anker mit einem (Spitzen-)Zustand verknüpft worden, der durch das Abfeuern dieser Anker ausgelöst wird.

Für die folgende mentale Übung brauchen Sie zunächst einen Anker, den Sie unbemerkt abfeuern können. Die Becker-Faust ist auch ein Anker, doch wäre sie zu auffällig. Das kann statt dessen ein Druck mit dem Nagel des linken Daumens auf die Innenseite des kleinen Fingers sein.

Nun brauchen Sie einen Zustand, den Sie einmal erlebt haben, bei dem Sie sich absolut sicher und stark gefühlt haben. Es ist nicht wichtig, in welchem Bereich oder Kontext dieser Zustand statt gefunden hat. Für die folgende Übung spreche ich von der »Situation«, in der der Zustand eingetreten ist. An diese und an den Zustand sollten Sie sich gut erinnern.

Diese Übung machen Sie am besten im Stehen mit geschlossenen Augen. Lesen Sie dazu vorher die gleich folgende Anleitung genau durch und praktizieren Sie sie anschließend ungestört. Es dauert einige Minuten. Das Wichtigste ist, dass Sie sich die Situation so genau wie möglich vorstellen. Was haben Sie damals gesehen? Was haben Sie damals gehört? Was haben Sie vielleicht auch gerochen oder geschmeckt? Lassen Sie sich für jede einzelne Frage eine Menge Zeit (mindestens 30 bis 60 Sekunden), bis Sie alles genau und möglichst stark in Ihrer Vorstellung wieder erleben. Und als Letztes: was haben Sie gespürt? Es ist besonders wichtig, dass Sie sich nun dieses Gefühl wiederherholen. Vor allem, alles, was Sie in Ihrem Körper gespürt haben. Vielleicht haben Sie sich gefreut, doch wie genau hat sich diese Freude angefühlt? Wo in Ihrem Körper? Wenn Sie dieses Gefühl ganz deutlich und stark spüren, verdoppeln Sie es. Spüren Sie es doppelt so stark, wie damals. Und dann verdoppeln Sie es nochmals, so dass Sie es vier Mal so stark fühlen. Und in dem Moment, in dem Sie es am stärksten spüren, setzen Sie Ihren Anker.

Diese Übung wiederholen Sie mehrmals, insgesamt ca. 20 bis 40 Mal. Ich empfehle Ihnen zwei- bis dreimal am Tag, ohne auch nur einen Tag auszulassen. Nach vielen Wiederholungen reicht ein Abfeuern des Ankers um das starke positive Gefühl des Spitzenzustandes zu spüren. Sie fühlen sich stark und sicher.

ÜBUNG DISSOZIIEREN

Setzen Sie diese Technik für kurze Momente der Unsicherheit ein, z. B. wenn Sie zu Beginn eines Vortrages Lampenfieber spüren. Es geht wiederum am besten mit geschlossenen Augen. Erinnern Sie sich dazu bitte an eine einfache Tätigkeit, z. B. wie Sie sich zum letzten Mal die Zähne geputzt haben. Diese Erinnerung kann auf zwei Arten möglich sein.

Die erste Möglichkeit ist, dass Sie sich so erleben, wie wenn Sie sich eben wieder die Zähne putzen. Das bedeutet, Sie können das sehen, was Sie aus Ihren eigenen Augen heraus sehen würden. Sie können spüren, wie Sie die Zahnbürste in der Hand halten, im Mund bewegen. Und Sie können die Zahnpasta schmecken. Wenn das so ist, sind Sie in einem assoziierten Zustand.

Die zweite Möglichkeit ist, dass Sie sich beobachten, wie Sie sich die Zähne putzen. Sie sehen sich beispielsweise von daneben, oben drüber oder in einem Film. Das nennt man dissoziiert – auf Distanz. In diesem Zustand – versuchen Sie es – können Sie die Zahnbürste nicht mehr spüren und die Zahnpasta nicht mehr schmecken.

Experimentieren Sie nun: wechseln Sie mehrmals von einem Zustand in den anderen und zurück. Machen Sie dies auch mit anderen Situationen, immer mal wieder mit etwas anderem und mehrmals während der nächsten Tage. Machen Sie es schließlich nicht nur mit erinnerten oder vorgestellten Situationen, sondern mit der jetzt aktuellen Situation. Das Spannende ist, dass wir dies unbewusst ständig machen, bewusst wird es Vielen erst durch die Übung. Genauso spannend ist, dass wir es schaffen, in kürzester Zeit zu wechseln und das auch mit der aktuellen Situation (Im Volksmund: »Ich stehe neben mir.«) Üben Sie das.

Sobald Sie das geübt haben, können Sie es jederzeit einsetzen, wenn Sie Stress oder Unsicherheit spüren. Der Effekt ist nicht, dass der Stress oder die Unsicherheit weg sind (vielleicht sind sie sogar weiterhin sichtbar), doch Sie selbst spüren sie nicht mehr. Der belastende Stress entfällt und Sie können klar denken und nüchtern entscheiden. Das hilft bei Lampenfieber ebenso, wie in Streit- oder anderen Stresssituationen, in denen Sie gelassen bleiben wollen.

Wichtig ist nur, dass Sie nach diesem kurzen Moment nicht vergessen, in den assoziierten Zustand zurückzukehren. Denn im dissoziierten Zustand haben Sie keinen Zugang zu Ihren Emotionen und werden entsprechend langweilig sein.

Alle drei Übungen sind auf ihre Weise stark und wirkungsvoll. Testen Sie alle drei aus - und ich meine wirklich austesten, bis sie funktionieren -und entscheiden Sie dann, welche Übung Sie in welcher Situation am besten unterstützt. Ich selbst nutze die letzte immer schon unbewusst, der Grund warum ich nie großes Lampenfieber verspürt habe. Sogar bei sehr großen Gruppen oder TV-Live-Übertragungen nicht. Mit diesen Übungen überwinden Sie Lampenfieber, Unsicherheit, Hemmungen, Cholerik, Schüchternheit und mangelndes Selbstwertgefühl in kritischen Situationen. Worauf warten Sie also?

 BRILLANTEN-TIPP

Für Unsicherheit und Lampenfieber gibt es keine Ausrede!

KEINE AUSREDE MEHR FÜR UNSICHERHEIT!

Eine typische Situation in meinen Seminaren: Der Teilnehmer stellt uns in seiner kurzen Präsentation sein Thema vor und beschreibt dies in einigen Minuten. Ist er fertig, frage ich ihn als erstes »Wie ging es Ihnen?« Die Antwort ist in mindestens 60 Prozent der Fälle »Ich war sehr nervös«. Blick in die Runde: »Wer hat die Nervosität gesehen?« Meistens niemand. Natürlich gibt es auch Teilnehmer, bei denen man deutliche Anzeichen von Nervosität und Aufregung sieht. Doch bei vielen ist die gespürte Aufregung nicht sichtbar. Auch deshalb ist ein ausführliches Feedback so wertvoll. Sie fühlen sich schon ein wenig sicherer, wenn Sie wissen, dass man Ihnen Ihren Stress nicht ansieht. Das gilt ja nicht nur bei Präsentationen.

 JUWELEN-GEDANKE

Häufig fällt anderen Ihre Unsicherheit gar nicht auf.

Wenn es übrigens umgekehrt der Fall ist, also eine nicht gespürte Nervosität ist sichtbar, dann ist das ein typischer Fall von unbewusst eingesetztem Dissoziieren. Das heißt, der Sprecher fühlt zwar keine Aufregung, zeigt jedoch deutlich Anzeichen. Das kommt vor, wenn auch selten.

Unabhängig davon, ob Unsicherheit sichtbar ist oder nicht, sie ist störend. Sie stört Sie selbst, sie reduziert Ihre Wirkung auch dann, wenn sie nicht sofort auffällt und sie ist zumindest bei ganz genauer Wahrnehmung dann doch zu erkennen. Kurzatmigkeit, Blässe, Röte, unruhige Schritte. Spielen mit den

Fingern oder einem Gegenstand, Wackeln im Körper und vieles mehr. Auch wenn normale Teilnehmer (als Trainer mit geschultem Blick ist das nochmal etwas anders) zunächst nichts merken, auch diese spüren es unbewusst. Und so ist es nicht nur im Seminar, sondern auch im Alltag. Bei Verhandlungen beispielsweise wird jede Unsicherheit gnadenlos ausgenutzt. In allen anderen Situationen wird zumindest Ihre Wirkung schwächer. Und – last but not least – fühlen Sie sich selbst nicht so gut. Das wiederum schränkt Ihre Ausstrahlung ein. Es beansprucht zudem Ihre Ressourcen und Energien, die Sie für andere Bereiche dringend brauchen.

 ### JUWELEN-GEDANKE

»Cool« ist oft nur Ausrede, um Verhalten zu rechtfertigen.

Ist Ihnen schon einmal aufgefallen, dass Jugendliche oft eine ganz besonders krumme, weiche Haltung habe. »Das sieht cool aus«, ist deren Meinung. In Wahrheit kann man das eher übersetzen mit »die haben ihre Persönlichkeit, ihre Haltung noch nicht gefunden.« Sobald die Pubertät überschritten ist, nehmen sie dann meistens doch Haltung an. Erwachsene, die hängende Schultern haben, wirken jedenfalls unsicher. Manche machen es, weil sie sich zu groß fühlen. Anders gesagt: weil sie sich unsicher fühlen aufgrund ihrer Größe. Selbst Männern über 2 Meter oder ähnlich großen Frauen empfehle ich definitiv: Schultern hoch! Sie sind mit hängenden Schultern nicht kleiner, sie wirken nur unsicher und schwach. Sie sind so groß (oder klein), wie Sie sind. Ob 1 Meter 48 oder 2 Meter 06 – Sie können es nicht ändern. Stehen Sie zu Ihrer Größe.

 ### BRILLANTEN-TIPP

Stehen Sie zu sich!

Weitere körpersprachliche Signale sind der krumme Rücken auch im Sitzen, Füße ums Stuhlbein schlingen, auf der vorderen Stuhlkante sitzen und dabei die Beine unter dem Stuhl, auf den Händen sitzen, mangelnder oder ausweichender Blickkontakt, unruhige Schritte (»Tippeln«), spielende Hände (deshalb nichts in die Hand nehmen, erst recht keinen Stift), ins Gesicht oder an die Kleidung fassen, Rauchen (ja, liebe Raucher!), hektische Gesten usw. Natürlich kann sein, dass Sie auf Ihren Händen sitzen, weil sie einfach kalt sind. Die Wirkung bleibt die gleiche.

Brüchige oder vergleichsweise hohe Stimmen wirken ebenfalls unsicher. Ebenso deutlich ist die Sprechweise und Wortwahl. Füll- und Verlegenheitswörter wie »äh«, »wie gesagt«, »eigentlich«, »sozusagen«, ein »oder?« oder »nicht?« am Satzende sind eines. Eine abschwächende Wortwahl in Möglichkeitsformen und Konjunktiven sind leider so häufig zu hören, dass wir sie oft unbewusst selbst übernehmen: »ich möchte Ihnen nun ... vorstellen« statt »ich stelle Ihnen nun ... vor«, weitere Beispiele sind: »ich möchte mich bedanken bei ...«, »wir sollten eigentlich ...«, »ich könnte doch ...«. Auch der Gebrauch von negativen Schlagworten wie »aber«, »doch«, »trotzdem« und dergleichen hinterlässt keinen sicheren Eindruck. Die schlimmste Variante ist jedoch ein »man« statt einem »ich/wir«: »man hat dann ja ein schlechtes Gewissen«.

 JUWELEN-GEDANKE

Ihre Wortwahl verrät Ihre Selbstsicherheit und beeinflusst damit Ihre Ausstrahlung.

VERLIEREN SIE NICHT DIE GEDULD

In diesem Kapitel haben wir uns der hohen Schule der Wirkung zugewandt: dem Charisma. Charisma ist, wie aufgezeigt, nicht in kurzer Zeit zu erreichen. Das dauert eine Weile, oft viele Jahre. Es ist ja auch nicht so, dass man Charisma hat oder nicht, wie manche glauben machen. Es ist ein fließender Übergang. Vermutlich haben auch Sie Situationen, in denen Sie längst als charismatisch wahrgenommen werden.

 JUWELEN-GEDANKE

Planen Sie Ihre Entwicklung.

In einem so langen Prozess kann man schon mal die Geduld verlieren oder die Motivation. Ungeduld zerstört Charisma. Ich kann Ihnen nur empfehlen: Erarbeiten Sie sich ein System, um am Ball zu bleiben. Sie werden sich ja die Jahre über nicht ständig mit Charisma beschäftigen. Erstellen Sie sich eine automatische Erinnerung im Kalender, damit Sie immer wieder die Übungen durchgehen, sich Gedanken machen, üben und letztlich immer besser und besser werden. Charisma ist das Feuer in jedem Juwel!

ZUSAMMENFASSUNG

1. Charisma ist das Feuer im Inneren des Brillanten. Charisma hatten wir als Kind und wir können es wieder erlangen.

2. Jeder von uns hat mehrere Persönlichkeitsanteile. Sie sorgen für innere Zerrissenheit und doch will jeder Teil Gutes für uns und hat so seine wichtige Aufgabe.

3. Wer sind Sie? Lassen Sie einmal all das weg, was Aufgaben, Beruf, Rolle etc. sind. Was bleibt? Was dann noch bleibt, ist Ihr Charakter.

4. Im Hier und Jetzt zu sein bedeutet sich keine Gedanken über Vergangenheit oder Zukunft zu machen. So entsteht Gelassenheit. Das ist nicht einfach!

5. Seien Sie interessiert, statt sich interessant zu machen. Emotionen, Leidenschaft, Empathie und Interesse sind Schlüssel zu den Menschen.

6. Langweilige Charismatiker gibt es nicht. Sie haben eine starke und eindeutige Außenwirkung in allen Facetten.

7. Für Unsicherheit und Lampenfieber gibt es keine Ausrede! Man kann sie haben, aber es ist besser zu wissen, wie man damit umgeht. Sich zu dissoziieren ist eine der stärksten Möglichkeiten.

6. Auch ein Facetten-Schliff muss schmeicheln

Wie Sie sympathischer wirken und Ihren eigenen Charme entwickeln

Der Vorabend einer Messe. Eine Werbeagentur erhält eine Lieferung Prospekte von der Druckerei. Das Ergebnis hat nicht die von der Druckerei gewohnte Qualität, auf einigen Seiten hat sich die Farbe der gegenüberliegenden Seite abgedruckt. Die Kundenberaterin Sabine Kurasch sieht das Ergebnis und greift zum Hörer. Wutentbrannt – schließlich muss sie bei ihrem Kunden dafür gerade stehen – ruft sie die Druckerei an. Diese versucht sich zu entschuldigen, weist darauf hin, dass sie zu wenig Zeit bekommen hätte, um die Bögen ausreichend trocknen zu können und dass sie schon vorher darauf hingewiesen hätten. Sabine lässt sich nicht beeindrucken und droht mit künftigem Auftragsentzug, sollte der Kunde die Lieferung nicht akzeptieren. Und überhaupt, was glaube er, wie sie jetzt vor dem Kunden dastehe!

Nach einigen lauten Minuten ist das Gespräch zu Ende. Sabines Kollege, Matthias Moja, sitzt im selben Raum und hat alles mit angehört. Er fragt sie: »Und, was hast du denn nun erreicht?«

Immer noch auf hundertachtzig, raunzt sie: »Ich habe ihm jetzt klar gemacht, dass er das mit mir nicht machen kann, was glaubt der denn ...!«

Matthias fragt sie, ob sie denn gerne morgen früh zur Messe einen sauberen Prospekt wolle. Er greift zum Hörer und ruft die Druckerei an. Seit Jahren arbeiten sie mit dieser Druckerei. Er fragt nach dem Chef, der sogleich wieder versucht, sich herauszureden. Matthias unterbricht ihn: »Ja, ich kann Sie verstehen. Sehen Sie, auch wir waren in der Situation, dass der Kunde uns den Auftrag viel zu spät erteilt hat. Darauf haben wir den Kunden auch hingewiesen. Wir mussten alles versuchen, um den Prospekt noch rechtzeitig zur Messe hinzubekommen, das wissen Sie ja. Jetzt haben wir alle drei den Salat. Doch was können wir jetzt noch machen? Ich weiß doch, wenn einer eine Lösung hat, dann sind Sie es. Deswegen arbeiten wir ja so gerne mit Ihnen zusammen.«

Der Chef der Druckerei meint, er schaue, was er machen kann. Nach zehn Minuten ruft er zurück. Er hat mit seinen Mitarbeitern darüber gesprochen, dass sie heute Nacht nochmals drucken. Sie versuchen es mit einem zusätzlichen Trockenmittel und einer Infrarot-Trockenanlage. Sie werden die nächsten drei Tage jeweils eine entsprechende Teillieferung direkt auf die Messe liefern. Sie berechnen dafür nur die Mehrkosten des Trockenmittels und die drei Lieferungen.

 BRILLANTEN-TIPP

Menschlichkeit kommt weiter als Härte!

Matthias hat es mit seiner sympathischen Art geschafft, die Wogen zu glätten und ein Ergebnis zu erreichen, mit dem alle aus dem Schlamassel sind. Sabine, die nur versucht hat, ihre eigene Position durchzudrücken und zu gewinnen, hat in der Sache selbst nichts erreicht. Menschlichkeit kommt weiter als Härte!

 JUWELEN-GEDANKE

Die eigene Position zu stärken führt zu Gegendruck auf der anderen Seite.

SO ENTSTEHT ANTIPATHIE

Sabine hat sich unsympathisch verhalten – und damit nichts erreicht. Was kann unsympathische Wirkung erzeugen? Eine nicht beeinflussbare Tatsache liegt in den nicht bewusst wahrnehmbaren Sexualduftstoffen, den Pheromonen. Doch in der Hauptsache liegt es im Verhalten und Auftreten. Einige Beispiele:

1. Jemand, der uns angreift, verdächtigt oder anschwärzt. Dabei spielt es keine Rolle, ob zurecht oder nicht.

2. Jemand, der sich unberechenbar verhält, also wiederholt andere Seiten von sich zeigt. Wir brauchen diese Berechenbarkeit, um uns sicher zu fühlen.

3. Jemand, der sehr verschlossen ist, sich so zeigt oder so reagiert.

4. Jemand, der uns zu nahe kommt, in die Intimzone eindringt. Die Intimzone entspricht exakt dem ausgestreckten Arm. In sie darf nur eindringen, wer uns »näher steht«.

5. Jemand, der uns wiederholt widerspricht und andere Meinungen kundtut, und sei es in Kleinigkeiten.

6. Jemand, der permanent tratscht, nörgelt und jammert, vor allem wenn wir selbst nicht mitjammern können oder wollen.

7. Zwei Menschen sind gerade in gegensätzlichen Stimmungslagen und bringen dies jeweils zum Ausdruck, also einer trauert, der andere ist fröhlich und zeigt sich lustig.

8. Angeber, Egoisten, Drückeberger, besserwisserische und selbstherrliche Typen.

 JUWELEN-GEDANKE

Sympathie und Antipathie sind meistens situationsbedingt.

Sympathie und Antipathie sind situationsabhängig. Lediglich der erste Eindruck spielt eine Sonderrolle, da er sich stark verfestigt. Gelten Sie beim anderen aufgrund dieses Eindrucks als sympathisch, wird er Verhalten aus der obigen Liste entschuldigen und Ihnen gute Gründe unterstellen. Nur wenn Sie ständig so auftreten würden, würde er seinen ersten positiven Eindruck überdenken.

RECHT BEHALTEN STATT ZIEL ERREICHEN

Menschen tendieren dazu, ihre Macht zu verteidigen wie Wölfe ihre Position im Rudel. Es geht schnell darum Recht zu behalten, statt Ergebnisse zu erzielen und Beziehungen zu sichern. Hierarchie, Macht und Status werden so wichtiger als Miteinander, Harmonie und Eintracht.

Sie kennen das: Jemand verteidigt seine Aussage, obwohl er selbst längst erkannt hat, dass sie nicht stimmen kann. Menschen machen das, nur um Recht zu behalten. Oder anders ausgedrückt: um das Gesicht nicht zu verlieren. Sie kämpfen mit Drohgebärden, unter der Gürtellinie und unter Einsatz ihrer sämtlichen rhetorischen Mittel. Nur um die Schlacht zu gewinnen. Schlacht gewonnen, Krieg verloren!

 JUWELEN-GEDANKE

Menschen verteidigen sich, um ihr Gesicht nicht zu verlieren.

Betrachten wir das Ganze aus einer anderen Perspektive, der von Matthias. Als er die Druckerei angerufen hat, war er schließlich Vertreter der Agentur und damit automatisch auf Sabines Seite. Er konnte damit rechnen, dass die Druckerei mit Gegendruck reagiert. Mag auch sein, dass der eine oder andere Matthias in dieser Situation als Schleimer oder Bittsteller empfunden hätte. Ich sehe das nicht so. Matthias hat sympathisch gehandelt, er hat an die Druckerei als Partner appelliert und sie gebeten eine gemeinsame Lösung zu finden. Und selbst wenn er sich angebiedert hätte: Ist es wichtiger Recht zu behalten oder auch mal klein bei zu geben, wenn hinterher alle zufrieden sind? Vielleicht eine Schlacht verloren - dafür Frieden geschlossen!

BRILLANTEN-TIPP

Appellieren Sie an die Hilfsbereitschaft der Menschen und Ihnen wird geholfen!

MENSCHEN SIND HILFSBEREIT

Morgen ist eine Pressekonferenz des Vorstandsvorsitzenden angesetzt. Monika Peschke, Assistentin der Geschäftsleitung, hat zusammen mit der PR-Abteilung die Veranstaltung organisiert. Wie immer hat sie Feinkost Bug gebeten, ein schönes Buffet und die üblichen Getränke zu liefern. Es klopft und Herr Bug persönlich kommt in Monikas Büro. »Frau Peschke,« beginnt er, sichtlich kurzatmig, »es ist mir sehr unangenehm, doch Sie wissen, wir sind immer ein zuverlässiger Partner, wenn es um Ihre Events geht. Aber dass Sie mir seit sechs Wochen keine Rechnungen mehr bezahlen, kann ich nicht hinnehmen. Sie sagten doch immer es sei alles in Ordnung, warum bezahlen Sie dann nicht?«

Monika sah ihm die Zerrissenheit zwischen Wut und Verzweiflung an. Sie selbst hat mit den Zahlungen nichts zu tun und erkundigt sich gleich telefonisch bei der Buchhaltung. »Da können wir im Moment nichts machen, Sie wissen ja, die Buchhaltung wird gerade ausgelagert und da gibt es technische Probleme. Eigentlich sollte das schon länger funktionieren, doch im Moment müssen leider alle warten. Nächste Woche sollte es wieder funktionieren.«

Herr Bug ist entsetzt. »Frau Peschke, Sie wissen doch, ich muss meine Lieferanten bar bezahlen, wie soll ich denn einkaufen. Von Ihnen sind Rechnungen über 7.000 Euro offen, ich kann für morgen nicht mal die Ware besorgen.«

Monika beschließt hinunter in die Buchhaltung zu gehen und den Leiter, Herrn Rubel, persönlich zu bitten, sofort einen Scheck auszustellen.

Wenn Sie in der Situation von Monika wären, hätten Sie drei Möglichkeiten:

1. Die laute dominant-unfreundliche Tour: »Wenn Sie jetzt nicht sofort einen Scheck für die Firma Bug ausschreiben, lernen Sie mich kennen! Was glauben Sie? Dass ich hier ein perfektes Event plane und dann gibt es nichts zu essen? Weil Ihre Abteilung zu blöd ist, die Zahlungen zu organisieren!« Entweder Herr Rubel gibt klein bei, weil er Angst vor negativen Folgen hat – schließlich sitzt Monika näher am Chef. Oder er schaltet auf Gegenangriff und wird selbst laut.

2. Die freundlich-zynische Tour mit Drohung in nettem Tonfall: »Herr Rubel, ich weiß, dass Sie die Kompetenz haben, in Notfällen einen Scheck auszustellen. Sie wollen doch nicht, dass ich dem Vorstand und den Vertretern der Presse morgen einen leeren Tisch präsentiere, oder? Sie wissen doch, dass Sie sich damit keine Freunde machen!« Diesem Druck wird sich Herr Rubel vermutlich beugen, eine andere Wahl hat er kaum. Und was wird er tun, wenn Monika irgendwann einmal von ihm etwas braucht, bei dem sie kein Druckmittel hat?

3. Die sympathisch-freundliche Tour: »Herr Rubel, Sie verstehen die Situation, in der ich jetzt bin. Was schlagen Sie denn vor, wie wir aus der Misere kommen? Ich habe nun mal morgen diese wichtigen Presseleute im Haus. Denken Sie, Sie können mir einen Scheck über 7.000 Euro für Herrn Bug ausstellen?« Monika appelliert an die Hilfsbereitschaft. Diese Variante fruchtet einfach am Besten, die Pressekonferenz ist gerettet! Sollte sie einmal doch nicht funktionieren, bleiben immer noch die anderen Alternativen.

Ach, Sie würden gerne die dritte Tour einschlagen, aber es geht mit Ihnen durch? Sie wollen die drei, machen aber die eins? Dann blättern Sie mal schnell zurück zu Kapitel 5, zur Übung Dissoziieren. Diese Technik hilft nämlich auch hervorragend, wenn Sie in derartigen Situationen vermeiden wollen jähzornig zu werden oder weiter zu gehen, als Ihnen das (hinterher) lieb ist.

 JUWELEN-GEDANKE

Dissoziieren hilft auch um ruhig Blut zu wahren.

Jemand der sympathisch ist, kommt weiter. Doch nicht immer ist Sympathie angebracht – oder? Ja, es ginge auch ohne, dafür mit Härte. Bedeutet die Aussage, dass Everybody' Darling Everybody's Depp ist, dass Nobody's Darling die bessere Alternative wäre? Das Verhältnis zwischen Autorität auf der einen und nett sein auf der anderen Seite ist Thema zahlreicher Führungsdiskussionen. Darf eine Führungskraft nett und sympathisch sein oder muss sie autoritär und stark auftreten, um die eigene Position zu stärken? Ist ein Vorgesetzter Führungs-»Kraft«, Coach oder gar Freund? Kompetent zu wirken und auf andere Eindruck zu machen, hat etwas mit sicherem und selbstbewussten Auftreten zu tun. Das macht unangreifbar. Doch das muss nichts mit Dominanz zu tun haben.

 ### JUWELEN-GEDANKE

Eine Führungskraft heißt so, weil die meisten mit Kraft agieren.

Ich will hier nicht zu weit in die klassischen Themen von Hierarchien und Führung einsteigen. Nur so viel: Hierarchien sind in Unternehmen wichtig, umso wichtiger, je größer ein Unternehmen ist. Die Frage ist vielmehr, wie man Sie als Führungspersönlichkeit erlebt. Und ich verwende jetzt bewusst nicht den bei uns üblichen Begriff der Führungskraft, also dessen, der Kraft einsetzt, um zu führen. Das englische Wort »*leader*« ist da sicher einfacher, die deutsche Variante »Führer« vorbelastet und deshalb nicht verwendbar. Eine Führungspersönlichkeit muss man durch Auftreten und Verhalten werden. Im Gegensatz zur Führungskraft verwendet eine Führungspersönlichkeit jedoch Charisma statt Dominanz.

 ### BRILLANTEN-TIPP

Eine Führungspersönlichkeit führt mit Charisma und Sympathie!

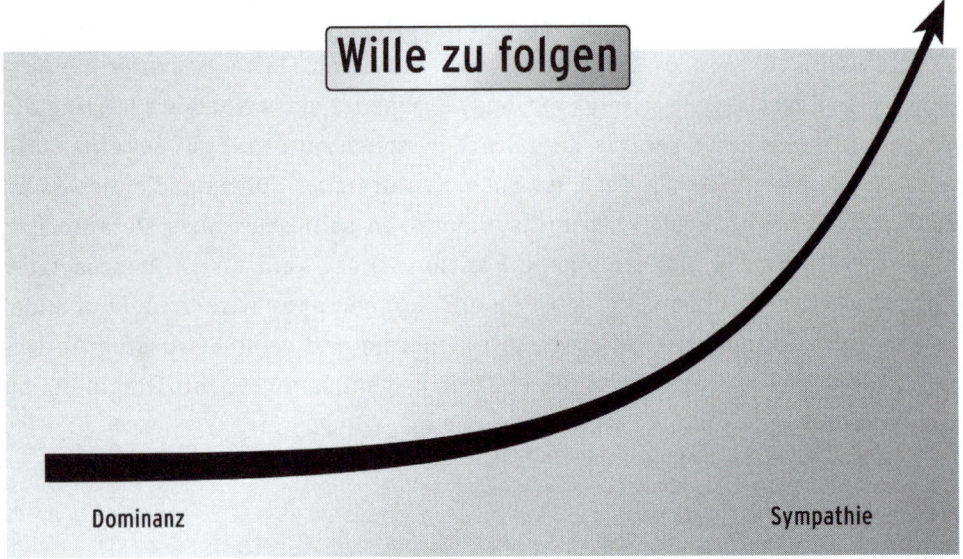

Abbildung 6.1: Die Akzeptanz und der Wille, einer Führungspersönlichkeit zu folgen, steigt exponentiell mit der Sympathie und Freundlichkeit

Funktioniert »Management by Kumpel«?

Wenn ich mit meinen Seminarteilnehmern über dieses Thema diskutiere, haben viele Bedenken. Wenn sie zu nett seien, so die Befürchtung, würden die Mitarbeiter die Autorität nicht mehr anerkennen, zu kumpelhaft mit ihnen umgehen oder sie sogar ausnutzen oder hintergehen. Untersuchungen zeigen eindeutig anderes. Netten Chefs gegenüber steigt die Loyalität und das Engagement. Die Mitarbeiter sind sogar weniger häufig krank und kündigen seltener. Und hat der Chef einmal von anderer Seite Ärger, unterstützen sie ihn nach besten Kräften und stärken ihm den Rücken.

 Juwelen-Gedanke

Nette Chefs können mit mehr Loyalität rechnen – auch im Krisenfall.

Voraussetzung ist immer, dass die Kriterien erfüllt sind. Eines davon ist Konsequenz im Handeln. Das dürfen Sie nicht verwechseln: sympathisch mit den Mitarbeitern umzugehen darf nicht dazu führen, ihnen bei allen möglichen Dingen nachzugeben. Als Führungspersönlichkeit muss man »Nein« sagen können und Entscheidungen konsequent umsetzen, auch dann, wenn sie gegen die Interessen der Mitarbeiter sind. Doch auch hier gilt: ein netter Chef weiß nicht nur besser, wie er es kommuniziert, von ihm wird ein »Nein« auch eher akzeptiert, als von einem dominant-unfreundlichen. Meine Empfehlung: Seien Sie konsequent in der Sache und sympathisch zu den Menschen.

ÜBUNG NETT »NEIN« SAGEN

Ein »Nein« hat immer etwas Unangenehmes – für beide Seiten. Ein »Nein« erzeugt trotzdem auch Respekt. Deshalb hier einige Anregungen, wie Sie nett »Nein« sagen können:

▶ Zeigen Sie der Person, dass Sie sie wertschätzen: »Sie wissen ja, ich unterstütze Sie immer gerne. Diesmal allerdings ...«

▶ Würdigen Sie die Sache: »Das ist eine interessante Aufgabe. Ich muss Ihnen trotzdem absagen.«

▶ Zeigen Sie Bedauern: »Oh, das tut mir sehr leid für Sie, aber ...«

▶ Beziehen Sie sich auf den ungünstigen Moment: »Das kann ich im Moment noch nicht zusagen.«

▶ Positiv bestätigen: »Stimmt, das muss auch noch gemacht werden. Leider habe ich keine Zeit dafür.«

▶ Ins selbe Boot setzen: »Du bist gerade voll im Stress, stimmt's? Ich auch, leider.«

▶ Ihre Ablehnung begründen (nicht rechtfertigen!): »Der Vorstand will morgen den Bericht von mir und ich habe noch nicht einmal die Zahlen beisammen.«

▶ Zurück delegieren: »Sie wollen mir doch nicht weismachen, dass Sie das nicht auch selbst hinbekommen! Sie schaffen das doch sonst auch immer.«

▶ Schieben Sie Prinzipien vor: »So etwas mache ich grundsätzlich nicht, tut mir leid.«

▶ Vertagen Sie die Entscheidung: »Geben Sie mir Zeit, ich rufe Sie in einer Stunde an.« Das tun Sie pünktlich (Alarm im Kalender) und sagen dann nein. Die Wartezeit und der pünktliche Rückruf wertschätzen die Frage und das Nein wird akzeptiert.

▶ Vertagen Sie die Arbeit: »Mach ich gerne, geht aber erst morgen, reicht doch sicher noch?«

▶ Auch ein kurzes Verzögern hilft: »Ähm … nein.« Machen Sie dabei ein nachdenkliches Gesicht.

Rechtfertigen oder entschuldigen Sie sich nicht. Bleiben Sie im Ausdruck von Stimme und Körpersprache freundlich. Ein »Nein« ist nicht immer unsympathisch oder unhöflich. Viel schlimmer ist es, etwas zuzusagen und es dann halbherzig oder gar nicht zu machen. Oder es zu machen aber dabei zu maulen. Es ist immer die Art, wie Sie »Nein« sagen, die es erträglich für den anderen macht.

 BRILLANTEN-TIPP

Seien Sie konsequent in der Sache und sympathisch zu den Menschen.

Sympathie ist essenziell im Umgang mit anderen – in jeder Situation. Es ist doch ganz einfach: wo immer wir freundlich behandelt werden, gehen wir gerne wieder hin. Sei es ein Laden, in dem wir nett bedient werden, ein Arzt, der sich Zeit nimmt, oder der Lieferant, dessen Außendienstler stets freundlich ist. Der menschliche Umgang miteinander ist uns oft wichtiger als Leistung, Qualität oder Preis. Wir lassen uns (gerne) beeinflussen von Freundlichkeit. Und das geht weit, sehr weit, wie Studien zeigen:

▶ Am Schalter wird Netten bei Problemen besser geholfen

▶ Ärzte kümmern sich länger und besser um nette Patienten

▶ Chefs kümmern sich darum, dass nette Mitarbeiter in Krisen bleiben

▶ Mitarbeiter engagieren sich stärker für einen sympathischen Chef

▶ Krankenstand und Fluktuation sind geringer bei einem netten Chef

▶ Die Sympathie eines Politikers ist wahlentscheidender als politische Themen und Parteizugehörigkeit

▶ Richter entscheiden häufiger zugunsten der sympathischeren Partei

 JUWELEN-GEDANKE

Wer sympathisch auftritt, dem steht die Welt offen.

Wer es versteht, den Menschen gegenüber mit Sympathie und Charisma aufzutreten, dem steht die Welt offen, dem hilft jeder und für den bedeutet es ein
weitgehend stressfreies und angenehmes Leben. Nur: können wir immer und
auf jeden sympathisch wirken? Kann womöglich keiner was dafür, wie sympathisch er ist?

DIE PERSÖNLICHKEIT-TYPEN

Es gibt tatsächlich Unterschiede in der Persönlichkeit, die dazu führen, dass
der eine sich leicht tut und meistens sympathisch wirkt, der andere sich eher
hart tut und zum Dritten hat man wenig Zugang und weiß nicht so recht, wie er
denn ist.

Schauen wir uns diese Persönlichkeitstypen einzeln an. Dabei schicke ich voraus, dass Sie keiner dieser drei Typen sind, denn jeder ist eine Mischform. Lediglich die Stärke der Ausprägung ist unterschiedlich. Trotzdem werden Sie

die ein oder andere Facette wiedererkennen. Das System basiert auf der Persönlichkeitsstruktur-Analyse von Siegfried Gsell:

DER ROTE

 JUWELEN-GEDANKE

Der Rote wirkt selten auf Anhieb sympathisch.

Er ist oft extrovertiert und wirkt im ersten Moment auch mal dominant und egoistisch. Das heißt nicht, dass er das ist, doch er tritt oft so auf. Seine bestimmende Art stößt schon mal andere vor den Kopf. Doch ist er der Macher, der Dinge spontan und sofort anpackt und deshalb meistens schnell zu Ergebnissen kommt. Die sind ihm auch wichtig. Er ist schnell genervt von langweiligen Details und ewiger Planung. Auch viel Gelaber anderer verträgt er nicht. Lieber redet er selber und lenkt die Aufmerksamkeit auf sich oder führt gleich die Gruppe. Aufmerksamkeit versucht er auch durch Statussymbole oder Marken zu erzielen. Er neigt schon mal dazu, unfreundlich oder gar aufbrausend zu sein. Der Rote muss sich anstrengen, immer sympathisch zu sein.

DER BLAUE

 JUWELEN-GEDANKE

Dem Blauen merkt man lange nicht an, ob er sympathisch ist.

Er ist sehr introvertiert und es dauert eine Zeit, bis man Zugang zu ihm hat. Er mag es nicht, wenn man ihm mit Worten oder körperlich zu nahe kommt. Aufmerksamkeit ist ihm eher unangenehm und so kleidet er sich beispielsweise sehr korrekt, aber unauffällig. Manche allerdings auch sehr zweckmäßig und praktisch, denn die Dinge müssen vor allem nützlich sein. Er wirkt im ersten Moment desinteressiert oder teilnahmslos, da er wenig Emotionen zeigt und auch mit Körpersprache geizt. Tatsächlich ist er der Denker, der sich viele Gedanken macht und gerne mit der Sache beschäftigt. Alles muss sachlich richtig und logisch sein. Er plant gerne und ist vorausschauend. Entscheidungen müssen wohl überlegt sein, was anderen, insbesondere den Roten, schon mal zu lange dauert. Da der Blaue überhaupt wenig Wirkung zeigt, merkt man lange nicht, ob und wie sympathisch er ist.

DER GRÜNE

 JUWELEN-GEDANKE

Der Grüne wirkt häufig auf Anhieb sympathisch.

Er wirkt am schnellsten sympathisch, da er sich sehr für Menschen interessiert. Er hat ein gutes Bauchgefühl, auf das er sich verlassen kann - sowohl in Bezug auf Menschen, wie auch auf Vorgänge. Er genießt es, in Gesellschaft zu sein und unterhält sich deswegen gerne und lange. Er bleibt in Freundschaften treu. Bewährtes behält er gerne bei und so ist er derjenige, der seine Stammplätze hat, sei es, dass er immer am selben Ort Urlaub macht, am gleichen Platz im Restaurant sitzt oder Veränderungen erst einmal verdauen muss. Sein Äußeres ist bequem und unauffällig, denn er mag gemütliche Dinge und Umgebungen besonders gerne. Seine große Hilfsbereitschaft kann dazu führen, dass er sich ausnutzen lässt. Doch ist es ihm so wichtig, für andere da zu sein, dass er schon mal seine eigenen Belange vergisst. Er sorgt sich deshalb auch stets um das Klima in einer Gruppe und bietet eine Schulter, wenn man sie braucht. Seine sympathische Art und die von ihm gegebene Unterstützung hilft ihm, seine Ziele einigermaßen leicht zu erreichen, trotz der Gefahr, dass er sich von den Inhalten einer Aufgabe ablenken lässt.

	Zwischenhirn – Rot	Großhirn – Blau	Stammhirn – Grün
Zwischen-menschliche Beziehungen	Dominanz	Distanz	Kontakt
	Sucht Überlegenheit	Braucht Abstand	Sucht und findet menschlichen Kontakt
	Besitzt natürliche Autorität	Gewinnt erst bei längerem Kennen	
	Misst sich gern an und mit Anderen	Lässt nicht gern in sich hineinschauen	Hat ein Gespür für Menschen

	Zwischenhirn – Rot	Großhirn – Blau	Stammhirn – Grün
Vorherrschende Dimension der Zeit	**Gegenwart** Erfasst den Augenblick Entscheidet oft spontan Besitzt viel Dynamik	**Zukunft** Denkt alles konsequent zu Ende Tut kaum etwas ohne Plan Teilt die Zeit ein	**Vergangenheit** Baut auf Bekanntes Wird von »Erfahrungen« bestimmt Meidet radikale Veränderungen
Vorherrschende geistige Fähigkeit	**Begreifen** Denkt konkret und praktisch Erkennt das »Machbare« Neigt zum Probieren, ist gut im Improvisieren	**Ordnen** Denkt systematisch Hat hohes Abstraktionsvermögen Beherrscht die Sprache als Werkzeug	**Spüren** Verfügt über Intuition und »Fingerspitzengefühl« Erfasst Signale aus dem Unbewussten Kann sich auf »erste« Eindrücke verlassen

Abbildung 6.2: Die drei Persönlichkeitstypen in der Übersicht

Na, haben Sie das ein oder andere von sich erkannt? Bedenken Sie jedoch, dass Sie kein reiner Roter, Blauer oder Grüner sind, sondern alle drei Typen in unterschiedlich starker Ausprägung in sich vereinen. Sie haben also vermutlich von jeder der drei Beschreibungen mehr oder weniger viel erkannt und deshalb Tendenzen in die rote, blaue oder grüne Richtung. Sie sollen hier auch nicht in eine von drei Schubladen gesteckt werden. Ihre Persönlichkeit ist teils genetisch, teils durch frühkindliche Prägung bestimmt und weitgehend unveränderlich. Warum Sie sich so verhalten, wie Sie sich verhalten, und warum Sie auf andere so wirken, wie Sie wirken, liegt in Ihrer Persönlichkeitsstruktur weitgehend verankert. Kennen Sie Ihren Persönlichkeitstypen, können Sie dadurch auch das Fremdbild verstehen, also das Bild, das andere von Ihnen haben. Das bedeutet …

... FÜR DEN ROTEN

Sie haben eine extrovertierte Art und fallen oft auf. Sind Sie humorvoll, dann manchmal durchaus auf Kosten anderer. Fettnäpfchen können Ihnen schon mal im Weg stehen. Doch Sie werden geschätzt, weil Sie Dinge vorantreiben. Wenn Ihnen jemand ungelegen kommt oder sich erlaubt, Ihre Position anzugreifen, können Sie schon einmal unfreundlich, verletzend oder aufbrausend werden. Dies alles trifft um so mehr zu, je kleiner Ihr Grün-Anteil ist. Meine Empfehlung: Arbeiten Sie an Ihrer Sympathie und lassen Sie es zu, dass auch mal andere eine Schlacht gewinnen. Nutzen Sie die Dissoziation-Übung um unangenehme Dinge auch mal an sich abprallen zu lassen und ruhig zu bleiben. Ist Ihre zweite Farbe Blau, können Sie schon mal arrogant wirken. Wollen Sie das? Vermutlich nicht, deshalb gilt insbesondere hier: Beachten Sie alles, was über die Hilfestellungen sympathischer zu werden noch folgt. Ist Ihr Grün-Anteil hoch, wirken Sie aufgrund dessen schon viel sympathischer. Zügeln Sie trotzdem Ihren Rot-Anteil, wenn es darum geht, andere für sich zu gewinnen statt nur die Schlacht zu gewinnen.

... FÜR DEN BLAUEN

Sie haben eine sehr introvertierte Art. Andere erkennen nicht, wie sie mit Ihnen umgehen sollen und was Sie denken. Das mag Ihnen ganz recht sein, bringt Sie aber kaum weiter im Umgang mit anderen. Lernen Sie Emotionen und Empathie zu zeigen. Sitzen Sie Roten und Grünen gegenüber, nerven Sie diese nicht mit Details, Penibilität und langwierigen Überlegungen. Je geringer Ihr Rot-Anteil, desto länger brauchen Sie, bis Sie zum Punkt kommen. Überlegen Sie gut, welches Detail gerade wirklich wichtig ist. Sind Sie humorvoll, dann meistens durch gelungenen Wortwitz, der die Gefahr birgt zynisch oder polemisch zu sein. Witzig, aber nicht immer lustig für andere. Wundern Sie sich nicht, wenn in der Gruppe Dinge entscheiden werden, die nicht Ihren Ideen entsprechen. Sie zeigen zu wenig, was Ihnen entspricht und schweigen dann noch oft, wenn es nicht nach Ihnen geht. Sie schweigen überhaupt gerne. Meine Empfehlung: Arbeiten Sie unbedingt daran, sympathischer zu wirken. Zeigen Sie den anderen mehr von sich. Ist Ihr Grün-Anteil hoch, sind Ihnen zwar die anderen wichtig, diese merken es aber zu wenig. Seien Sie nicht zu sachlich, das langweilt!

... FÜR DEN GRÜNEN

Sie haben eine einfühlsame Art, das kommt gut an. Blaue empfinden Sie manchmal vielleicht schon als aufdringlich, vor allem wenn Sie diese berühren - emotional wie körperlich. Als Grüner sind für Sie Berührungen normal und Ausdruck Ihrer Freundlichkeit. Auf den Gedanken, sich über andere zu stellen oder sich über andere lustig zu machen, kommen Sie nicht. Dafür lachen Sie gerne mit anderen. Sie sind emotional und zeigen das gerne. Sympathie ist kein Problem für Sie, so lange nicht eine Laune oder Stimmung Sie deprimiert. Ihr Problem ist eher, dass Sie sich ausnutzen lassen und in der Sache nicht vorankommen. Meine Empfehlung: Setzen Sie Ihre sympathische Art weiterhin ein, doch nutzen Sie sie gezielter um voranzukommen. Das heißt, bleiben Sie in der Sache konsequent und denken Sie auch an sich und Ihre Ziele. Das fällt Ihnen mit hohem Rot-Anteil leichter, doch im Zweifelsfall sind Sie manchmal zu nachgiebig.

Im weiteren Verlauf werden wir auf diese drei Typen zurückkommen, denn auch für die Wirkung von Stimme, Körpersprache und Rhetorik gibt es Stärken und Beschränkungen, die in der Persönlichkeitsstruktur[6] ihren Ursprung haben.

 JUWELEN-GEDANKE

Alle drei können in Sachen Sympathie noch dazu lernen.

---

6 Da das Modell der Persönlichkeitsstruktur sehr wertvoll und hilfreich ist, empfehle ich Ihnen ein Seminar zu besuchen. Sie werden sich und Ihre Mitmenschen ganz anders wahrnehmen können und eine vollkommen neue Art entdecken, mit Menschen umzugehen und sie zu gewinnen. Gegenüber anderen Verhaltens- und Persönlichkeitsmodellen liegt der Vorteil ganz klar in der Praxistauglichkeit bei der Kommunikation im Alltag. Die meisten anderen Systeme sind eher für Personalauswahl und -entwicklung konzipiert, daher komplexer und im Alltag nicht so schnell und einfach zu nutzen.

Jeder dieser Drei kann also in Sachen Sympathie noch dazulernen. Sei es beim Grünen, dass er sich durch Stimmungen nicht beeinflussen lässt und lernt, in der Sache konsequenter zu sein. Der Rote kann lernen, weniger auf Dominanz und Recht haben aus zu sein, und der Blaue dass er anderen auch zeigt, ob und dass er sympathisch ist.

Nicht nur der Grüne, wir alle sind Stimmungen, Launen, der Situation und auch der Sympathie des Gegenüber ausgesetzt. Keiner kann ständig wie ein Gute-Laune-Onkel positiv durchs Leben laufen und alle mit Sympathie über-häufen. Und trotzdem: Je öfter Sie das tun, desto besser werden Sie sich selbst dabei fühlen und desto leichter wird es Ihnen im Leben gemacht. So wie Sie in den Wald hineinrufen, so schallt es zurück.

DER TEMPEL DER TAUSEND SPIEGEL

Hoch oben auf einem Berg lag der Tempel der tausend Spiegel. Eines Tages kommt ein Hund und erklimmt den Berg und steigt die Stufen des Tempels hinauf. Er betritt den Tempel der tausend Spiegel. Da sieht er tausend Hunde. Er bekommt Angst, sträubt die Nackenhaare, fletscht die Zähne und klemmt den Schwanz zwischen die Beine. Da sträuben tausend Hunde die Nackenhaare, fletschen die Zähne und klemmen den Schwanz zwischen die Beine. Voller Pa-nik rennt der Hund aus dem Tempel den Berg hinab. Er erzählt jedem, dass die ganze Welt aus gefährlichen und bedrohlichen Hunden bestehe.

Einige Zeit später kommt ein anderer Hund den Berg hinauf. Auch er steigt die Stufen hinauf und betritt den Tempel der tausend Spiegel. Als er in den Saal der tausend Spiegel kommt, sieht er tausend andere Hunde. Er freut sich und wedelt mit dem Schwanz, springt fröhlich hin und her und fordert die Hunde zum Spielen auf. Da freuen sich tausend Hunde, wedeln mit dem Schwanz, springen fröhlich hin und her und zeigen, dass sie zum Spielen bereit sind. Als der Hund wieder den Berg hinab kommt, erzählt er jedem, dass die ganze Welt aus netten, freundlichen Hunden bestehe, die wohlgesonnen sind.

SIND SIE SYMPATHISCH?

Wir sprechen die ganze Zeit von sympathischem Auftreten, doch wie definiert sich Sympathie eigentlich? Sympathie ist die Fähigkeit bei anderen ein positives Gefühl auszulösen, das dazu führt, dass diese Ihnen gegenüber positiv eingestellt sind und Ihnen in der Folge weitere positive Eigenschaften zuschreiben. Gleichzeitig sind sie bereit, Ihnen Gefallen zu tun. Sie lösen also durch Ihr Verhalten etwas bei anderen aus, sie steuern durch Sympathie das Denken und Verhalten anderer. Eine positive Manipulation. Die Absicht dabei ist, dass Ihnen diese Person im Gegenzug etwas bietet: Beachtung, Anerkennung, Freundlichkeit, Sympathie oder eben auch einen Gefallen. Das ist keineswegs verwerflich, all unser Handeln ist bestimmt durch Absichten.

Manipulation an sich ist entgegen der landläufigen Meinung wertfrei. Es bedeutet lediglich auf jemand anderen Einfluss zu nehmen und heißt wörtlich so viel wie Handgriff oder Kunstgriff. Der Inhalt von Manipulation kann dagegen ethisch einwandfrei oder aber bedenklich sein. Es ist die Absicht des Manipulierenden, nicht die Manipulation an sich, die verwerflich sein kann.

 JUWELEN-GEDANKE

Sympathie ist ein Grundpfeiler des friedlichen Zusammenlebens.

Abbildung 6.3: Sympathie

Und wie entsteht Sympathie? Wie vieles andere auch, beginnt Sympathie im Kopf. Sie müssen es schon wollen. Wenn Sie den Willen zu mehr Sympathie haben, ist der nächste Schritt ein freundlich-charmantes Auftreten. Das bedeutet: gehen Sie offen auf die Menschen zu. Sprechen Sie sie an, auch insbesondere dann, wenn Sie nichts von ihnen erwarten. Schenken Sie den Menschen stets ein Lächeln und ein freundliches Wort.

 JUWELEN-GEDANKE

Wer ein Lächeln verschenkt, bekommt es tausendfach zurück.

ÜBUNG OFFENHEIT UND CHARME

Nehmen Sie sich vor, ab sofort jeden Menschen, bei dem es möglich ist, in ein Gespräch zu verwickeln. Das kann der Nachbar in der Straßenbahn sein, die Bedienung im Café, der Mann hinter dem Schalter, die Wartenden bei Ihrem Arzt, die Sekretärin, die Nachbarn im Biergarten oder die Nachbarn im Haus. Tun Sie dies absichtslos. Fangen Sie zunächst mit denen an, bei denen Sie beim ersten Anschauen einen freundlichen Blick oder ein Lächeln erhalten. Steigern Sie sich, in dem Sie jeden, wirklich jeden, ansprechen. Auch die, bei denen Sie zunächst Hemmungen haben oder fürchten auf Ablehnung zu stoßen. Als Mann ist es natürlich, wenn Sie Hemmungen haben, eine Frau anzusprechen – tun Sie es trotzdem. Solange Sie absichtslos bleiben, ist es ohnehin kein Problem. Und wenn ... – ein kleiner Flirt schadet schließlich auch nie, oder?

Aber was sagen? Zunächst ist das Wichtigste, dass Sie lächeln. Seien Sie einfach nur charmant. Dann sagen Sie banale, aber positive Dinge. Und wenn es so etwas Einfaches ist, wie »Bei so einem schönen Wetter ist die Stimmung doch gleich viel besser, gell?« Wenn Sie an einem Tag zehn Menschen mit denselben Satz über das Wetter ansprechen, weiß keiner von ihnen, dass die anderen neun diesen Satz schon kennen. Ist das Wetter schlecht, suchen Sie sich ein anderes Einstiegsthema. Sie können über die gemeinsame Situation sprechen, ein nettes, aber nicht zu persönliches Kompliment über Schuhe oder Handtasche machen, nach Erfahrungen fragen oder was immer Ihnen sonst in den Sinn kommt.

> Erwarten Sie nicht von jedem eine Antwort. Wenn der Andere nicht antworten oder sich auf ein Gespräch einlassen will, dann ist das vollkommen in Ordnung. Das Ziel der Übung ist es, dass Sie anderen ein kleines Sympathiegeschenk machen – das wird in irgendeiner Form ohnehin zu Ihnen zurückkommen.

Zu anderen charmant zu sein ist etwas, das Sie üben können. Wenn Sie charmant sind, liegt dem vor allem zugrunde, dass Sie andere stets wertschätzen. Jeden ohne Vorurteil und Bewertung fair mit der gleichen, ernst gemeinten Art zu behandeln ist eine Grundvoraussetzung auch für Authentizität in Verhalten und Wirkung. Die Menschen merken, ob Ihre freundlich-charmante Art ernst gemeint ist oder nur der oberflächliche Versuch ist, Aufmerksamkeit zu erzielen.

Sie werden als Roter dazu tendieren, den Blauen langweilig und den Grünen als weich zu empfinden. Als Blauer empfinden Sie den Roten womöglich als laut und den Grünen als aufdringlich. Und als Grüner empfinden Sie vielleicht den Roten als dominant und den Blauen als emotionslos. Das ist verständlich aus der jeweiligen Perspektive. Doch vergessen Sie nicht, dass jeder von denen aufgrund seiner Persönlichkeitsstruktur so ist, wie er ist – so wie Sie sind, wie Sie sind.

 JUWELEN-GEDANKE

Für Wertschätzung gibt es viele Begriffe: Achtung, Respekt, Anerkennung ...

Das gilt für jede Andersartigkeit. Stadtmenschen lächeln gern mal über Landmenschen – und umgekehrt. Wissenschaftler über Praktiker – und umgekehrt. Akademiker über Handwerker – und umgekehrt. Deutsche über Österreicher – und umgekehrt. Frauen über Männer – und umgekehrt. Wertschätzung heißt bedingungslos den anderen als das zu akzeptieren, was er ist, und seine Verhaltensweisen zu tolerieren.

Wertschätzung liegt nahe an Einfühlungsvermögen. Einfühlungsvermögen – oder auch Empathie – ist die Fähigkeit sich in die Situation des anderen hineinzuversetzen, so zu empfinden und aus dieser Empfindung heraus das Denken und Handeln zu verstehen. Jemanden wertzuschätzen bedeutet ihm zu zeigen, dass man ihn verstehen kann. Das bedeutet ja noch lange nicht, dass Sie alles gutheißen müssen, was er denkt, spricht und tut.

 JUWELEN-GEDANKE

Mitleid ist oberflächlich, Mitgefühl geht tief.

Zeigen Sie den anderen Menschen jedoch kein oberflächliches Mitleid, sondern echtes Mitgefühl. Nur das ist wertschätzend und zeugt von Ihrer Empathie. Stellen Sie eine echte emotionale Verbindung zwischen sich und dem anderen her. Eine derartige Verbindung lässt sich am Rapport erkennen oder durch Rapport verstärken.

»Rapport« ist ein Begriff aus dem Englischen und bedeutet so viel wie eine harmonische Verbindung, es gibt kein eindeutiges deutsches Wort dafür. Rapport entsteht automatisch, wenn die Verbindung zwischen zwei oder mehr Menschen stimmig ist. Er wird sichtbar und spürbar, auch wenn dies meist unbewusst geschieht. Doch Sie können Rapport auch bewusst einsetzen, um eine Verbindung zu unterstützen und schneller herzustellen.

 BRILLANTEN-TIPP

Erzeugen Sie Rapport und Sie erreichen Ihr Gegenüber!

 JUWELEN-GEDANKE

Rapport ist der sicht- und spürbare Ausdruck von Harmonie und Zuneigung.

Rapport ist zu erkennen an Übereinstimmungen beispielsweise in der Körpersprache, Stimme, Sprechweise und Atmung. Je stärker der Rapport, desto mehr dieser Merkmale stimmen überein – und umgekehrt. Hier einige Beispiele:

KÖRPERSPRACHE

▶ Haltung im Stehen inklusive der Armhaltung und Beinstellung

▶ Sitzhaltung (z. B. nach vorne gebeugt oder zurückgelehnt)

▶ Zugewandtes Sitzen oder Stehen

▶ Überschlagene Beine und das gleiche Bein oben oder Beine nebeneinander

▶ Länge des Blickkontaktes

▶ Lächeln und Lachen (Dauer, Lautstärke …)

▶ Schrittgröße (sofern körperlich machbar)

▶ Größe und Geschwindigkeit der Gesten (sofern vom Typ her machbar)

▶ Augen-Blinzel-Rhythmus

STIMME

▶ Lautstärke

▶ Geschwindigkeit

▶ Emotionalität

SPRECHWEISE

▶ Sprechpausen

▶ Rhythmus des Wechsels, auch ausreden lassen oder ins Wort fallen (sofern vom Typ her machbar)

▶ Wortwahl

▶ Zuhör- und Zustimmungsfloskeln (jaja, mhm, ja genau, ach …)

▶ Stärke des Dialektes

ATMUNG

▶ Rhythmus

▶ Geschwindigkeit

SONSTIGES

▶ Angepasste Auswahl von Speisen und Getränken

▶ Zum Getränk oder zu Snacks greifen (fast zeitgleich)

▶ Höflichkeit und Höflichkeitsgesten (z. B. Vortritt lassen)

▶ Themenauswahl bei Small-talk

Rapport wird unbewusst sowieso von uns versucht herzustellen. Wenn wir jemanden kennen lernen, suchen wir möglichst schnell nach gemeinsamen Themen und Meinungen: Rapport. Wir prosten jemandem zu und sorgen so für ein gleiches Verhalten: Rapport. Jemand, der sich ähnlich verhält, der ähnlich denkt und einfach ähnlich ist, ist uns sympathisch. Wollen wir für andere sympathisch sein, können wir das durch Anpassen unseres Verhaltens erreichen. Das meiste davon tun wir intuitiv. Kommt jemand in einen Raum, in dem alle leise miteinander sprechen, werden die meisten ebenfalls leise sprechen. Spricht niemand, hält sich auch der Neuankömmling möglichst zurück. Beobachten Sie, wie sich Menschen verhalten und Sie werden viele weitere Beispiele finden.

ÜBUNG RAPPORT

Beobachten Sie Menschen im Gespräch, sei es das Ehepaar am Nachbartisch (okay, es ist nicht ganz fein, Fremde zu belauschen), zwei Kollegen in der Besprechung oder zwei Interviewpartner im Fernsehen. Vergleichen Sie die inhaltliche Übereinstimmung mit der Körpersprache. Wann besteht Übereinstimmung, wann nicht? Was können Sie alles beobachten? Achten Sie vor allem auch auf die Atmung, eines der stärksten Merkmale von Rapport.

Sie können dies verfeinern, in dem Sie den Inhalt nicht miteinbeziehen. Also das sich unterhaltende Paar am anderen Ende des Restaurants oder das Interview im Fernsehen ohne Ton.

Nun probieren Sie es selbst: Während Sie sich mit jemandem unterhalten, versuchen Sie den anderen zu spiegeln, also das Verhalten nachzumachen. Vorsicht, bei einigen Dingen nicht ganz genau, das fällt sonst auf. Lehnt sich Ihr Gesprächspartner zurück, lehnen Sie sich kurz darauf auch zurück. Greift er zum Glas, tun Sie es auch. Kratzt er sich jedoch am Hals, tun Sie es nicht sofort und an einer anderen Stelle, sonst fällt es auf.

Experimentieren Sie auch umgekehrt: Wenn Sie ein gutes Gespräch haben, brechen Sie den Rapport und machen das Gegenteil. Lehnt sich der andere zurück, beugen Sie sich vor. Nun passiert entweder eine unbewusste Verwirrung. Ihr Gegenüber wird verunsichert, merkt meistens nicht warum und Sie werden inhaltlich bald keine Harmonie mehr haben. Oder aber er macht Sie unbewusst nach, das heißt er wird sich kurz darauf auch wieder vorbeugen. Zurückgelehnt zu bleiben wird ihm unangenehm, ohne zu wissen warum. Einen zu schnellen Wechsel würde er aber merken.

Sie können sogar bewusst die Führung übernehmen: Dazu spiegeln Sie Ihr Gegenüber eine Weile, bis der Rapport stimmt und stark ist. Dann beginnen Sie die Führung zu übernehmen. Überkreuzen Sie die Beine. Kurz darauf wird der andere es ebenfalls tun, so weit er kann (eine Dame wird die Beine anders überschlagen als ein Herr, jemand auf einem Sessel anders als jemand auf einem Hocker).

Neben den in der Übung genannten Möglichkeiten, die sich hauptsächlich auf Verhalten, Stimme und Körpersprache beziehen, haben Sie noch die Möglichkeit durch die Themenwahl Rapport zu verstärken: Sprechen Sie über Themen, bei denen Sie auf Interesse stoßen. Suchen Sie nach Gemeinsamkeiten und ähnlichen Meinungen. Grenzen Sie Themen aus, bei denen Sie merken, es führt zu Differenzen. Wechseln Sie das Thema, wenn Sie merken, dass Ihr Gegenüber andere Vorlieben bei Automarke, Fußballverein, Politik etc. hat und es zu Streitigkeiten kommen könnte, wechseln Sie schnell das Thema. Auch hier geht es nicht um Recht bekommen, sondern alleine um Sympathie.

Natürlich können Sie Themen nur ausklammern, so lange Sie Small-talk betreiben. Geht es um Differenzen bei Ihrem Job, können Sie diese nicht aussparen. Wenn Sie jedoch immer wieder auf die Punkte hinweisen, bei denen Sie sich einig sind und auf das gemeinsame Ziel hinweisen, werden Sie auch dabei Sympathiepunkte gewinnen.

ÜBUNG SMALL-TALK

In vielen Besprechungen und anderen geschäftlichen Terminen wird effizient sofort das Thema angesprochen. Schließlich will keiner Zeit verschwenden. Meistens wird dann lange über jeden einzelnen Tagesordnungspunkt diskutiert, gestritten und gekämpft. Das geht auch anders: Führen Sie in Ihren Besprechungen ein, dass zwar jeder pünktlich da sein muss, dass anfangs aber Small-talk gemacht wird. Das wird den Grünen sehr liegen, die Roten und Blauen werden sich zunächst wundern. Der Rote will schließlich schnell Ergebnisse, der Blaue will effizient arbeiten. Doch alle kommen viel einfacher ans Ziel, wenn sie zunächst Rapport herstellen. Die Gesetze der Gruppendynamik sorgen nämlich dafür, dass jedes Mal, wenn eine Gruppe neu zusammenkommt oder auch nur mit einer Person mehr oder weniger neu gemischt wird, sich klären muss, wie die Hierarchie ist und wer welche Rolle einnimmt. Dies geschieht weitgehend unbewusst.

Sorgen Sie nun dafür, dass die gruppendynamischen Prozesse in der Phase des Small-talks ablaufen, so wird viel schneller Rapport entstehen. In der Folge haben Sie wesentlich weniger Diskussionen bei den Tagesordnungspunkten – die ja oft nur geführt werden, weil jeder seine Position behaupten will. Eine viertel Stunde Small-talk erspart Ihnen so schnell eine Stunde oder mehr an Diskussionen und Machtspielchen. Probieren Sie es aus, es funktioniert!

Sympathie entsteht durch Wille, Charme, Wertschätzung, Empathie und einer weiteren Komponente: Integrität. Wer einen kleinen Fehler macht, eine kleine Notlüge begeht oder eine kleine Peinlichkeit erleidet, hat Glück, wenn er sympathisch ist. Der Großteil der Menschen (über 80 Prozent) fühlt mit und steht

bei, wenn einem sympathischen Menschen ein Missgeschick passiert. Bei unsympathischen Menschen überwiegt Schadenfreude und Spott.

 JUWELEN-GEDANKE

Sympathischen Menschen wird schneller verziehen.

Wer einen großen Fehler macht, eine schwerwiegende Lüge begeht oder sich
eine unsaubere Sache erlaubt, hat kaum noch eine Chance, das wieder gutzu-
machen. Er hat seine Sympathie weitgehend verspielt. Ehrlichkeit, Integrität
und Wahrhaftigkeit werden sehr ernst genommen und jahrelange gute und
freundschaftliche Beziehungen können durch einen Fehler zerstört werden.
Dabei wird sehr wohl darauf geachtet, ob der Betreffende auch wirklich der
Verursacher ist. Ein Bestechungsskandal wird bei einem sympathischen Menschen, einem Politiker oder einer Führungskraft, gerne mal mit »der konnte
gar nicht anders« oder »da sind noch ganz andere die Verursacher« entschul-
digt.

Doch verlassen Sie sich nicht darauf, unkritisch ist trotzdem niemand. Erst
recht nicht Außenstehende, bei denen die persönliche Sympathie des Betroffenen keine Rolle spielt und die deshalb härter urteilen. So wird ein Manager
oder Politiker, der einen kleinen Fehler macht, nicht nur als generell korrupt
eingestuft, egal was er sonst geleistet hat. Viele übertragen dieses Bild sogar
auf andere und verurteilen »die Manager« oder »die Politiker«.

INNERE ZERRISSENHEIT

Wenn wir mit Menschen häufig zu tun haben, hat Berechenbarkeit einen großen Einfluss auf dauerhafte Sympathie. Wenn wir jemanden neu kennenlernen, legen wir beim ersten Eindruck bereits fest, wie wir über diese Person
denken. Davon weichen wir nur noch geringfügig ab, wie Untersuchungen bestätigt haben. Wir sind dann zufrieden, wenn sich unser erster Eindruck bekräftigt. Wir gehen sogar so weit, dass wir gezielt die Dinge wahrnehmen, die

unseren Eindruck bestätigen und die vernachlässigen, die ihm widersprechen. Und noch mehr: wir lassen uns Entschuldigungen einfallen, wenn jemand von diesem Eindruck abweicht. Einem sympathischen Menschen verzeihen wir deshalb einen Fehler. Bei einem Missgeschick helfen wir oder fühlen mit ihm. Weicht das Verhalten des Zeitgenossen jedoch wiederholt stark ab und entspricht dann wieder dem erwarteten Bild, sind wir verwirrt. Wir erwarten und brauchen Berechenbarkeit. Bekommen wir sie nicht, wird uns die Person unsympathisch.

 JUWELEN-GEDANKE

Innere Zerrissenheit hat häufig mit Anteilen gegensätzlicher Farb-Typen zu tun.

Diese unterschiedlichen Verhalten basieren häufig auf den Persönlichkeitstypen. Wie gesagt, hat jeder von uns alle drei Anteile in sich. Und diese Anteile widersprechen sich nun mal. Je stärker ein Typ ausgeprägt ist, desto eindeutiger ist das daraus resultierende Verhalten. Doch wer - und das ist eher die Regel als die Ausnahme - zwei eher dominante Anteile hat, wird häufig eine innere Zerrissenheit zu bestimmten Themen spüren.

In vielen Fällen hat derjenige für sich eine Lösung gefunden. Das kann sein, dass immer das eine Verhalten überwiegt. Ein Beispiel: der Rote ist spontan, der Blaue muss planen. Haben Sie beide Anteile deutlich ausgeprägt, haben Sie entweder innerlich entschieden immer spontan zu sein. Oder Sie sind im Beruf planvoll und im Privaten spontan. Oft gibt es aber keine derartige Eindeutigkeit. Und dann wägen Sie im Einzelfalle ab. Das passiert mehr oder weniger unbewusst. Doch die Folge ist, dass Sie mal so und mal so handeln. Das macht Sie für andere unberechenbar - und in der Folge womöglich unbeliebt. Um Ihren Sympathiewert zu steigern, sollten Sie weitgehend einheitlich in Ihren Entscheidungen und Verhaltensweisen sein.

 BRILLANTEN-TIPP

Menschen erwarten, dass Sie berechenbar sind!

CHARAKTER

Charakter hat nicht unbedingt mit Sympathie zu tun, bedingt aber Integrität und Konsequenz. Charakter zeigt sich im Umgang mit Dilemmata. Ein Dilemma ist eine Entscheidungs-Situation, in der beide Alternativen eine schlechte Wahl darstellen.

Klaus Großmann berät selbstständig Energie-Projekte eines Großkonzerns. Als Berater begleitet er das Unternehmen in den Vertragsverhandlungen ebenso wie in der Konzeption und Strategie. Es wird ihm vom Kunden recht offen und deutlich klar gemacht, dass dieser eine Art Sonderzahlung erwartet. Im Klartext: Bestechung! Klaus steht nun vor einem moralischen und einem juristischen Problem. Die Entscheidung stellt ihn vor zwei Alternativen: Stimmt er der Bestechung zu, verstößt er gegen geltendes Recht und macht sich obendrein moralisch schuldig. Dies kann sein Ansehen gewaltig schädigen, ganz gleich ob sich das nur in der Branche herumspricht oder ob es gar öffentlich wird. Entscheidet er sich gegen die Bestechung verliert sein Kunde, der Großkonzern, ziemlich sicher den Auftrag und damit er seinen. Er verliert Geld und auch bei dieser Entscheidung ist die Gefahr groß, dass sich das in der Branche herumspricht und von vielen nicht positiv gesehen wird.

Charakter zeigt sich in einer klaren Entscheidung zugunsten moralischer Werte, auch dann wenn diese Entscheidung große Nachteile mit sich bringt. Charakterstärke umfasst wichtige persönliche und soziale Tugenden, insbesondere Eintreten für Überzeugungen, Pflichtbewusstsein, Zivilcourage und moralische Konsequenz. Diskussionen um Zivilcourage bei Übergriffen, moralischem oder rechtlichem Fehlverhalten in Unternehmen oder Bestechung zeigen, welche Erwartungen Menschen - zurecht - an charakterstarkes Verhalten haben.

Es wird schnell geurteilt über den Verfall charakterlicher Werte. Doch machen wir uns nichts vor. Bei einer Entscheidung, wie Klaus sie treffen muss, bedeutet das »Nein« im Extremfall sogar sein Karriereende als Berater. Bei einem Dilemma ist es leichter gesagt er müsse moralisch handeln, als es selbst zu tun. Ich möchte nicht in seiner Haut stecken und diese Entscheidung fällen müssen.

Charakter ist ohne Zweifel etwas, das von einer Führungspersönlichkeit erwartet wird und das für eine glaubwürdige und authentische Wirkung eine wichtige Grundlage darstellt. Deshalb ist es so bedeutend, stets Situationen zu vermeiden, die einen derart schwierigen Double-bind erzeugen. Doch was tun, wenn man ohne eigenes Verschulden hineingerät?

 ## JUWELEN-GEDANKE

Moral ist keine Frage des materiellen Wertes.

Was, wenn Sie beobachten, dass der Kollege einen Bleistift klaut - Moral ist schließlich nicht eine Frage des Wertes. Was, wenn Sie erleben, wie Ihr Chef falsche Zahlen nennt? Da ich weiß, wie leicht man in so eine Situation geraten kann, kann ich Ihnen nicht empfehlen, nur dem Charakter zu folgen, Zivilcourage zu zeigen und dabei die eigene Sicherheit zu gefährden. Doch denken Sie an die Folgen, auch an die rechtlichen Folgen.

Charakter zeigt sich aber auch in anderen Situationen. Wer konsequent zu seinem Wort steht, hat einen festen Charakter. Das hat nichts mit Sturheit zu tun. Bekommen Sie überzeugende Informationen, können Sie die Situation neu bewerten und aufgrund dessen durchaus Ihre Meinung ändern. Wer jedoch ständig sein Fähnchen in den Wind der Beliebtheit hängt, hat schnell verloren. Dasselbe gilt für die eigenen Schwächen. Schwächen machen menschlich - in Maßen. Wer jedoch ständig seinen eigenen Schwächen nachgibt, zeigt auch wenig Charakter.

ZUSAMMENFASSUNG

1. Menschlichkeit kommt weiter als Härte! Wer Druck ausübt, erfährt meist Gegendruck.

2. Sympathie und Antipathie werden am Verhalten und Auftreten festgemacht. Sie sind bestimmt vom ersten Eindruck und der jeweiligen Situation.

3. Vielen geht es darum, Recht zu behalten, statt Ergebnisse zu erzielen und Beziehungen zu sichern. Sie wollen das Gesicht nicht verlieren. Schlacht gewonnen, Krieg verloren!

4. Menschen sind hilfsbereit. Sympathischen Personen helfen sie mehr. Vertrauen entsteht durch eine Kombination verschiedener Eigenschaften, Sympathie und Freundlichkeit gehören dazu.

5. Ein »Nein« hat immer etwas Unangenehmes. Nett »Nein« zu sagen ist nicht unsympathisch oder unhöflich. Es erzeugt auch Respekt.

6. Durch Sympathie entsteht Wille. Ein freundlich-charmantes Auftreten trägt dazu bei. Gehen Sie offen und lächelnd auf die Menschen zu.

7. Wer Charakter hat, hat Integrität. Er zeigt sich um Umgang mit Double-binds. Ein Double-bind ist eine Entscheidungs-Situation, in der beide Alternativen eine schlechte Wahl darstellen.

7. Der Stein in der Mitte zieht alle Blicke auf sich

Wie Sie gelassener führen und andere Ihnen folgen

Am Vorabend des Eröffnungstages herrscht auf Messeständen hektische Betriebsamkeit. Heinz Ungerer, der Marketing Director Europe, steht mittendrin. Er ist verzweifelt. Jemand vom Aufbauteam hat ihm gerade mitgeteilt, dass von der Rückwand das große Teil mit dem Logo und dem Motto der Kampagne fehlt. Er ruft im Unternehmen an. Marika, die PR-Managerin, hat zwar mit dem Projekt Messe nichts zu tun, doch Heinz weiß, dass er sich immer auf sie verlassen kann. Er bittet sie nachzuforschen, was passiert ist.

Marika ruft den Hersteller an. Dort weiß keiner etwas von der Bestellung und findet auch keine Mail hierzu. Statt Schuldzuweisungen und Ursachenforschung überzeugt Marika den Hersteller von der Dringlichkeit. Sie vereinbart, dass die Rückwand heute noch bedruckt wird. Sie ist gegen 22 Uhr zum Abholen bereit. Nun muss sie nur noch bis Mitternacht in der Messestadt sein – nur wie? Heinz bittet einen der Mitarbeiter, ob er die insgesamt 300 km zum Hersteller und zurück fahren und die Rückwand abholen kann. Dieser hat schon den ganzen Tag am Stand gearbeitet. Trotzdem fährt er und ist gegen 23:30 zurück. Die Messe ist gerettet.

Nicht nur in Krisensituationen und Notfällen ist man auf Menschen angewiesen. Oft funktioniert es nur entweder mit Druck oder mit Freundlichkeit und Sympathie. Heinz hat sich für Zweiteres entschieden und baut auf sein gutes Verhältnis zur Kollegin von der PR und dem übermüdeten Mitarbeiter. Auch Marika baut auf einen netten und ergebnisorientierten Umgang mit dem Lieferanten. Schuldzuweisungen oder Vorwürfe sind fehl am Platz.

BRILLANTEN-TIPP

Nicht nur in Krisen sind wir auf andere angewiesen.

Wer neben Sympathie auch noch Klarheit, Souveränität und Sicherheit ausstrahlt, dem folgen Andere. Dazu bedarf es keiner Position, keines Amtes, keines Titels. Es ist ganz häufig so: jemand, der bei einer schwierigen Anfrage unsicher wirkt, bekommt schnell eine Absage. Das erspart Aufwand. Wirkt er dagegen sicher und selbstbewusst, ist dem Gegenüber klar, dass er nicht so schnell nachgeben wird. Souveränität überzeugt.

 JUWELEN-GEDANKE

Souveränität erzeugt Führungskompetenz.

BEEINFLUSSUNG ERLAUBT!

Die Fähigkeit, andere zu beeinflussen, bringt Sie weiter. In Wikipedia und anderen Enzyklopädien steht heute häufig, dass Manipulation verdeckt und zum Nachteil des Manipulierten ausgerichtet sei. Dies ist eine neuere Definition (ab ca. 1980er Jahre), wie sie auch in Deutschland immer häufiger in den Köpfen existiert. Das hat sicher mit der Deutschen Geschichte zu tun. Der ursprünglichen Definition - oder der in anderen Ländern - entspricht dies nicht. Ziel jeglicher Kommunikation ist es doch gerade, andere zu beeinflussen. Es ist nicht nur Ziel, es ist auch unvermeidbar. Egal wie ich mit jemandem kommuniziere - wir können nicht nicht kommunizieren. So lautet das erste der fünf pragmatischen Axiome des Kommunikationswissenschaftlers Paul Watzlawick. Beeinflussung ist wertfrei und für ein Zusammenleben und -arbeiten Grundvorraussetzung. Entscheidend ist die Ethik der Absicht und des Inhalts. Mahatma Gandhi, Mutter Teresa, der Dalai Lama oder Nelson Mandela - alle haben sie manipuliert. Alle haben sie großen positiven Einfluss auf Menschen gehabt. Wie wird man zum - positiven - Manipulator? Zum Juwel, dessen Leuchten die Menschen anzieht?

 BRILLANTEN-TIPP

Wir können nicht nicht beeinflussen.

KIESEL SCHLEIFT MAN MIT DIAMANTSCHLEIFER

Die Frage ist: Dürfen Sie andere schleifen, dürfen Sie auf andere Einfluss nehmen, dürfen Sie manipulieren (im ethisch neutralen bzw. positiven Sinne)? Selbstverständlich! Denn unser Leben findet in einem Miteinander statt, ist hierarchisch (männlich) und beziehungsorientiert (weiblich) organisiert. Keiner kann ohne andere, wer nicht selbst Einfluss nimmt, wird zum Spielball.

 JUWELEN-GEDANKE

Männer denken hierarchisch, Frauen beziehungsorientiert.

Die eigentlichen Fragen sind:

1. Wozu wollen Sie auf andere Einfluss nehmen?

2. Wen wollen, wen dürfen Sie »schleifen«?

3. Wie weit dürfen Sie dabei gehen?

Andere zu beeinflussen kann viele Gründe haben. Es kann erstens um so etwas Einfaches gehen, wie Aufmerksamkeit, Anerkennung oder Zuwendung. Wir wollen von anderen beachtet werden und je nach Persönlichkeitstyp mehr oder weniger im Mittelpunkt stehen. Bekommen wir das nicht, nagt das an unserem Selbstbewusstsein und letztlich an unserer Psyche.

 JUWELEN-GEDANKE

Wir wollen beachtet und anerkannt werden.

Es kann zweitens um nicht zweckgebundene Hierarchie gehen. Manche führen lieber andere, als über sich bestimmen zu lassen. Sie spielen ihre (natürliche oder bewusste) Dominanz aus - oder zeigen, dass sie den Umständen entsprechend auch dominant sein können. Ohne philosophisch zu werden und zu urteilen, ob dies sinnvoll oder richtig ist: es ist eine Tatsache, dass viele so handeln. Vergessen Sie nicht, dass jemand, der andere führt, durchaus sein eigenes Selbstwertgefühl dadurch stärken kann. Gleichzeitig erzielt er dadurch den Respekt, der in anderen Situationen wiederum notwendig ist. Nämlich wenn es situativ darauf ankommt, dass andere sich führen lassen. So hält man Netzwerke, Systeme und auch Freundschaften zusammen.

Und drittens kann es ein Zweck erfordern, über andere eine bedingte Macht auszuüben - sei es den anderen um einen Gefallen zu bitten oder den anderen unbedingt dazu zu verpflichten, etwas auszuführen. Selbst wenn man jemanden um einen Gefallen bittet, spielt die vorhandene Beziehung eine Rolle, damit der Gebetene ihn ausführt. Das bezieht sich nicht nur auf Macht und Hierarchie. Auch wenn derjenige den Gefallen freiwillig und gern tut, ist das unbewusste Dominanz-Verhältnis entscheidend.

Ein weiterer Aspekt ist, dass jeder seinen Platz in der Hierarchie kennen will. Das trifft insbesondere auf Männer zu, obwohl es selbstverständlich auch Frauen gibt, die hierarchisch denken, und Männer, die stärker beziehungsorientiert agieren. Fakt ist: Die meisten Männer denken vorwiegend hierarchisch, während die meisten Frauen vorwiegend beziehungsorientiert handeln. Deshalb probieren Männer - bewusst oder unbewusst - immer wieder aus, wo ihre Position im hierarchischen System ist. Sie wollen sich dadurch bei anderen Respekt verschaffen und ihre Position demonstrieren.

Wer sich, seine Leistung und sein Können bestmöglich verkaufen will, muss sich in den richtigen Situationen durchsetzen. Er braucht Menschen, die ihn empfehlen, Menschen die bei ihm kaufen oder ihn unterstützen. Er braucht ein Umfeld, in dem er ein bestimmtes Ansehen hat. Er passt sich an sein Umfeld an, stellt es so zusammen, dass es ihn weiterbringt. Er ist effizient und gibt sich nicht mit Menschen ab, die ihn behindern oder negativ beeinflussen.

Ihr Umfeld, die Menschen, mit denen Sie in allen Lebensbereichen zu tun haben, bestimmen über Ihre Denkweise, Ihr Handeln und letztlich über Ihren Erfolg. Menschen, die Sie fordern, fördern Sie in Ihrer Entwicklung. Menschen, die Sie nicht unterstützen, rauben Ihnen Energie und Zeit. Sie können nicht immer selektieren und selbst darüber bestimmen, mit wem Sie zu tun haben möchten. Doch durch Ihr eigenes Verhalten können Sie das anderer beeinflussen. Jemandem, der Sie ständig um Gefallen bittet, können Sie Grenzen zeigen. Jemandem, der durch seine Art aufdringlich oder zeitraubend ist, können Sie durch Ihre eigenen Reaktionen zeigen, dass Sie das nicht akzeptieren. Wenden Sie sich ab, werden Sie betont sachlich. Jemandem, der wiederholt Dominanz ausübt - starker Händedruck, zweite Hand darüber, zuerst durch Türen geht, ständig ins Wort fällt - dem zeigen Sie dezent, dass Sie das auch können (ohne zu kämpfen).

 ### JUWELEN-GEDANKE

Freundschaften und Beziehungen sind oft nicht im Gleichgewicht.

Vielleicht haben Sie auch Freunde, bei denen Sie stets der aktive, faire und gebende Part sind? Diese Freunde dagegen lassen Sie bei Verabredungen warten, melden sich nie von sich aus und Sie erleben sie nicht als gleichwertige Bereicherung. Sie haben drei Möglichkeiten: Entweder Sie trennen sich von diesen, Sie akzeptieren diese ungleiche Freundschaft weiterhin - oder Sie beginnen den Ihnen zustehenden Einfluss auszuüben.

Die meisten Beziehungen sind hierarchisch. In der Familie steht der Vater über dem Sohn, die Mutter akzeptiert des Vaters Entscheidungen trotz aller Gleichberechtigung - oder gerade umgekehrt. Geschwister machen unter sich aus, wer der »Stärkere« ist. In Freundschaften oder bei Freizeitaktivitäten wird meist so getan als seien beide gleichwertig. In Wirklichkeit ist im Verhalten klar zu erkennen, wer das Sagen hat. Im Beruf ist normalerweise die Beziehung durch klare Vorgaben geregelt (Führungskraft, Kunde/Lieferant ...). Wo es dies nicht ist, ist das Verhalten mit Freundschaften vergleichbar: Ohne es offen anzusprechen, ist einer der Dominante.

Es ist also ohnehin so, dass es in den meisten Beziehung einen Stärkeren und einen Schwächeren gibt. Paul Watzlawick schrieb, dass zwischenmenschliche Kommunikationsabläufe entweder symmetrisch oder komplementär sind. Mit symmetrisch bezeichnete er eine Gleichheit beider Partner. Diese habe ich noch nie durchgängig erlebt. In komplementären Beziehungen ergänzen sich unterschiedliche Verhaltensweisen. Die Beziehungsgrundlage besteht in der Unterschiedlichkeit. Dabei kann sich die Dominanz abwechseln und so ein vermeintliches Gleichgewicht entstehen.

Symmetrie in Beziehungen ist also die Ausnahme. Unfair ist das nicht. Ist das Gefälle jedoch zu groß, ergeben sich oft zwangsläufig Probleme. Deshalb ist es häufig so, dass das Dominanzgefälle durchaus situativ wechseln kann. Der eine Kollege tritt gegenüber dem Kunden als der Stärkere auf, der andere in Projektbesprechungen gegenüber den Kollegen. Und beide akzeptieren dies gegenseitig.

 BRILLANTEN-TIPP

Ihr Ansehen steigt, wenn Sie andere beeinflussen.

Sie stärken also Ihre eigene Wirkung, Position und Führungsrolle, wenn Sie die Menschen in Ihren Umfeldern dezent beeinflussen. Wer dies im einzelnen ist, hängt von Ihrer Situation ab. Einen Vorstandsvorsitzenden werden Sie kaum beeinflussen können, wenn Sie nur ein Projektleiter von vielen sind. Seine Assistentin dagegen kann es durchaus. Und wenn sie gut ist, muss sie es auch in den entscheidenden Situationen.

Das bedeutet aber auch, dass je nach Beziehung die Beeinflussung möglich und erlaubt ist oder auch nicht. Stellen Sie sich also die Frage bei jeder Person: »Wie weit kann ich gehen, ohne Grenzen zu überschreiten?« Dabei besteht die Gefahr, dass Sie Ihre Grenzen zu eng setzen. Denn wir sind mit einer Philosophie der Bescheidenheit, Gleichberechtigung und dem Anerkennen von Hierarchien erzogen worden. Ich sehe es jedoch nicht als Mangel an Respekt an, wenn Sie einem Vorgesetzten im richtigen Maß und im richtigen Ton Ihre Meinung sagen, auch wenn sie von seiner abweicht. Natürlich gibt es Vorgesetzte, die dies nicht akzeptieren, dann bitte Vorsicht! Doch normalerweise ist es eine Frage der Art und Weise, wie Sie - unter vier Augen! - einem Vorgesetzten etwas sagen. Oder wenn Sie in Bereichen, die nicht der arbeitsbedingten Hierarchie unterliegen müssen, sich gleichwertig verhalten oder auch mal durch eine Kleinigkeit zeigen, dass Sie sich nicht bedingungslos unterwerfen.

 ## JUWELEN-GEDANKE

Die Hierarchie spiegelt nicht automatisch das
Vorgesetztenverhältnis wider.

Anders gesagt: Die Hierarchie eines Unternehmens spiegelt ja nicht automatisch das Vorgesetztenverhältnis wider. Und schon zweimal nicht das Verhältnis zu Ihrem Vorgesetzten oder einem hierarchisch höher gestelltem. Das heißt, dass jemand, der höher gestellt ist, Ihnen gegenüber nicht unbedingt weisungsbefugt ist - beispielsweise der Abteilungsleiter einer anderen Abteilung - nicht dieselbe Unterwerfung erhalten muss, wie Ihr direkter Vorgesetzter. Trotzdem denselben Respekt. Und wenn Sie zu Ihrem Vorgesetzten ein besonderes Verhältnis haben - beispielsweise weil Sie sich seit der Schule kennen -, dann werden Sie auch weniger formell mit ihm umgehen. Auch das bedeutet nicht automatisch mangelnden Respekt. Unterwerfung ist dabei nicht im Sinne eines Dienstboten gemeint. Es sind Kleinigkeiten, die dem anderen zeigen, dass Sie seine Rolle akzeptieren.

Und damit sind wir bei der Frage, wie weit Sie gehen dürfen. Denn Respekt, Ethik und Wertschätzung dürfen grundsätzlich nicht leiden, egal gegenüber wem. Weder bei Ihren Untergebenen noch bei Ihren Vorgesetzten oder bei gleichwertigen Kollegen. Der Chef, der seine Mitarbeiter vor anderen herunterputzt, disqualifiziert sich in den Augen aller. Die Kollegin, die in der Teeküche über andere tratscht und lästert, zeigt wenig Reife. Der Außendienstmitarbeiter, der vor dem Kunden über die »vom Innendienst« schimpft, hat keinen Anstand. Das hat alles zudem nichts mit schleifen und beeinflussen zu tun, das ist einfach nur schäbig.

BRILLANTEN-TIPP

Respekt, Ethik und Wertschätzung stehen über allem.

Die Grenze ist eine ganz andere. Sie beeinflussen Menschen nicht dadurch, dass Sie sie klein, schlecht oder lächerlich machen. Sie beeinflussen Menschen durch Ihr Verhalten und Ihre Körpersprache. Natürlich spielt auch das, was Sie sagen eine Rolle. Doch jemand, der einem anderen eine Anweisung gibt, dies jedoch nicht durch eine souveräne Art unterlegt, hat wenig Chance Wirkung zu erzielen. Und diese Souveränität wird sichtbar in der nonverbalen Kommunikation. Körpersprache, Haltung und Mimik sprechen deutlicher. Die Grenze ist erreicht, wenn es offensichtlich wird. Wenn der andere es bewusst merkt. Wenn es arrogant oder herablassend wirkt.

SCHLEIFEN SIE, WEN SIE BRAUCHEN

Fassen wir nochmals die wichtigsten Ziele zusammen, warum Sie auf andere Einfluss nehmen wollen:

1. Mit anderen eine zuverlässige Beziehung haben

2. Mit anderen eine gewinnbringende Beziehung zu haben

3. Sich auf andere jederzeit verlassen können

4. Auch jenseits vorgegebener Verhältnisse delegieren zu können bzw. Hilfe zu bekommen

5. Von anderen anerkannt werden

6. Respekt erhalten

7. Sich als Experte verkaufen und überzeugen

Insbesondere die letzten beiden Punkte haben also unmittelbar mit Ihrem Image und Ihrem Erfolg zu tun. Das Schwierige dabei ist lediglich, dass es subtil geschieht und nicht negativ auffällt. Es geht auch nicht um das pure Ausüben von Dominanz - im Gegenteil, Menschen die zu dominant oder arrogant auftreten, sind selten beliebt. Ihnen wird lediglich aufgrund des möglichen Drucks oder ihrer (vermeintlichen) Macht gefolgt.

Die eine Seite ist Bescheidenheit, Streit vermeiden, Hierarchien einhalten, niemanden vor den Kopf stoßen oder gar verletzen, höflich sein. Alles berechtigte Anliegen, die das Leben einfacher machen - für beide Seiten. Auf der anderen Seite gilt es, sich durchzusetzen und sich gut zu verkaufen. Das geht nicht immer mit Bescheidenheit, Unterwerfung und Zurückhaltung. Dazu brauchen Sie das richtige Gefühl und die richtige Strategie, um situativ zu entscheiden. Das Gefühl haben Sie vielleicht schon - oder Sie entwickeln es durch Beobachtung immer weiter. Die Strategie hat zum Ziel, sich sein Umfeld so zu formen - zu schleifen - dass es Sie unterstützt und erfolgreich werden lässt.

WERDEN SIE BEEINFLUSSER

Wer hat den größten Einfluss auf andere? Viele Untersuchungen, Philosophien und Lehren beschäftigen sich damit. Es gibt keinen Stein der Weisen. Das ist einerseits schade - weil es sonst mehr Menschen wie Mahatma Gandhi oder Martin Luther King gäbe. Und das ist andererseits gut so - weil es sonst noch mehr Betrüger, Agitatoren und Diktatoren gäbe. Einige Faktoren spielen aber immer eine Rolle. Große positive Beeinflusser sind gelassen und souverän. Sie kommunizieren klar und unterstützen dies durch ihre Körpersprache und Stimme. Sie setzen geschickt ihren Status, ihr Charisma und ihre Wertschätzung ein. Dabei sind sie in ihrem Handeln einschätzbar und verbindlich.

GELASSENHEIT UND SOUVERÄNITÄT

Gelassenheit ist die Fähigkeit, vor allem in schwierigen, stressigen oder unvorhergesehenen Situationen die Fassung und eine unvoreingenommene Haltung zu bewahren. Bei Platon war *»Sophrosyne«* »die überlegte, selbstbeherrschte Gelassenheit, die besonders auch in ... heiklen Situationen den Verstand die Oberhand behalten lässt, um vorschnelle und unüberlegte Entscheidungen oder Taten zu vermeiden.[7]« Von Sokrates wurde die Gelassenheit neben Tapferkeit und Gerechtigkeit als menschliche Haupttugend bezeichnet.

 JUWELEN-GEDANKE

Gelassenheit ist die Fähigkeit auch in extremen Situationen Fassung zu bewahren.

Die Crux an der Sache ist, dass der Mensch ein emotionales Wesen ist und Entscheidungen grundsätzlich emotional trifft. Gelassenheit bedeutet demnach entweder, dass der Verstand sich wider die Emotionen durchsetzen muss, oder, dass der Mensch lernen muss, seine Emotionen zu beeinflussen. Entweder die Person unterdrückt ihre Emotion, dann ist sie höchstens oberflächlich ruhig und gelassen, bei genauer Beobachtung wird das erkennbar sein. Oder sie ist in der Lage, negative Emotionen in positive zu verwandeln, dann bleibt sie auch innerlich tatsächlich ruhig.

 JUWELEN-GEDANKE

Innerlich ruhig zu bleiben ist authentischer, als Gefühle zu unterdrücken.

---

7   Siehe http://de.wikipedia.org/wiki/Besonnenheit

Unangebrachte Emotionen

Viele Menschen - insbesondere bei hohem Rot-Anteil - haben einen Hang, auf bestimmte Reizauslöser heftig zu reagieren. Ein kritisches Thema, ein bestimmtes Verhalten oder eine unbeliebte Person lösen einen Prozess aus, der meist Schaden anrichtet. Diese Menschen blamieren sich, machen sich unglaubwürdig oder erzeugen unnötige Antipathie. Sie brechen den Rapport und erzeugen eine Kluft. Manche dieser Jähzornigen fühlen sich danach (vermeintlich) besser, sie haben schließlich ihrem Ärger Luft gemacht und deutlich ihre Meinung gesagt. Manche glauben sich das insbesondere deshalb erlauben zu können, weil sie Chef sind. Andere ärgern sich über sich selbst, weil sie wieder einmal die Klappe nicht halten konnten.

Reizauslöser können Diskussionen zu politischen oder gesellschaftlichen Themen sein - Rauchverbot, Managergehälter, Fußballverein -, kann ein Verhalten sein, das man nicht akzeptieren will - rauchen, bellende Hunde, links fahren - oder Personen - der ungeliebte Kollege, der gammelnde Punker vor der Haustüre, ein Politiker. Es hat nichts mit rationalen Kriterien zu tun. Viele haben ihre Anker, bei denen sie emotional reagieren. Nur: kann ein Mensch, der Respekt erwartet, der führen will, der gut wirken will, es sich erlauben, solche »Aussetzer« zu haben?

 Brillanten-Tipp

Juwelen sind gelassen und haben keine Aussetzer.

Gelassenheit geht weiter. Situationen, die unvorhersehbar sind, die den normalen Ablauf stören, selbst Notfälle bringen eine Führungspersönlichkeit nicht aus der Ruhe. Sogar Furcht, Stress und Entsetzen dürfen nicht zu vorschnellem Handeln führen:

▶ *Wutausbruch* (Jähzorn) - In der Produktion ist ein großer Fehler passiert, der Sie den Kopf kosten kann? Zeigen Sie trotzdem, dass Sie gelassen an die Lösung gehen, statt herumzubrüllen und Schuldige zu suchen.

- *Meinungsverschiedenheit* – Streitigkeiten, mögen Sie inhaltlich noch so begründet sein, werden nicht besser, wenn die Parteien ihre Emotionen einbringen und dadurch womöglich unfair und persönlich werden. Bleiben Sie so sachlich wie möglich und lassen Sie sich nicht durch Angriffe verleiten.

- *Ungerechtigkeit* – es kann ja mal vorkommen, dass die Diskussion etwas lauter wird. Bleiben Sie umso deutlicher gelassen gegenüber anderen Anwesenden. Ich hatte einen Mathe-Lehrer, der schon mal einen Schüler angebrüllt hat – und in der nächsten Sekunde absolut ruhig zum Rest der Klasse gesprochen hat. Das kam bei Zehnjährigen schon gut an.

- *Persönliche Angriffe* – jemand beleidigt Sie oder macht Sie vor anderen runter. Auch hier ist der kühle Kopf gefragt und besser als Schlagfertigkeit, die zum Ziel hat, den anderen erst recht anzugreifen.

- *Jammern* – sicher am häufigsten erleben Sie, dass jemand jammert. Sei es das Wetter, die schlechte Bezahlung, der Anforderungsdruck oder die allgemeine Lage. Jammern zeigt Hilflosigkeit. Der Jammerer zeigt sich als Opfer. Jemand der sich von anderen oder den Umständen steuern lässt und deshalb nicht mehr selbst Herr der Situation ist.

- *Weinen* – wiederholt habe ich erlebt und erzählt bekommen, dass insbesondere Frauen bei schlechten Nachrichten (Rüge, Kündigung, Verzweiflung ...) schon mal vor dem Chef oder unter Kolleginnen zu weinen beginnen. Das wirkt immer höchst unprofessionell und sollte unterbleiben. Ausnahmen sind Todesnachrichten oder körperlich starke Schmerzen nach einem Unfall.

- *Angst* – gesetzten Falles ein Notfall (Störfall, Unfall, Katastrophe, ...) tritt ein, dann ist es wichtiger zu helfen, als Furcht zu empfinden. Das ist oft nicht leicht, doch gerade hier ist der kühle Kopf gefragt und die womöglich notwendige emotionale Verarbeitung des Geschehens muss auf später vertagt werden.

Gelassenheit entsteht bei Menschen, die ihre unangebrachten Emotionen jederzeit und uneingeschränkt im Griff haben und dies in den entscheidenden Situationen einsetzen. Im Gegensatz dazu erzeugen Menschen, die ihre Emotionen ständig kontrollieren und unterdrücken, genau die gegenteilige Wirkung. Sie wirken emotionslos und langweilig, kalt und glatt.

Doch wie erreicht man es, selbst bei stark emotionalen Ereignissen cool zu bleiben? Sie wenden bewusst oder unbewusst Techniken an, die Ihnen das ermöglichen. Menschen, die ruhig bleiben können, kennen Methoden, mit denen sie ihre Emotionen sofort auf null fahren oder durch positivere ersetzen können. Sie haben diese ebenfalls schon kennengelernt: insbesondere das Dissoziieren sowie die anderen Übungen zur Steigerung Ihrer inneren Sicherheit (Kapitel 5) sind auch für Gelassenheit hervorragend geeignet.

Ein Körper, der ständig unter Strom steht – morgens schon Joggen, stressige Autofahrt ins Büro, dann im Büro die Hektik des Alltags, Überstunden mindestens bis 20 Uhr, abends kreischende Kinder und im Urlaub noch Akten dabei – kommt nicht zur Ruhe. Und wenn, dann entsteht das Gefühl, dass nichts weitergeht oder gar das Gefühl von Langeweile. Ihre Gewohnheiten in Alltagssituationen sorgen womöglich ebenfalls dafür dass Sie weder gelassen sind, noch so wirken. Sich zu entspannen, ist eine Grundvoraussetzung.

 BRILLANTEN-TIPP

Übermäßige körperliche Anspannung und Gelassenheit passen nicht zusammen.

ATEM-ÜBUNG ZUR GELASSENHEIT

Mit dieser Übung kommen Sie zu Ruhe und Gelassenheit. Diesen Zustand werden wir am Ende der Übung verankern, um ihn jederzeit abrufen zu können. Überlegen Sie sich deshalb vorher bereits einen Anker. Dies könnte beispielsweise eine Berührung sein, die nicht zufällig passiert. Vielleicht nehmen Sie die Spitzen von Daumen und Zeigefinger zusammen, wie dies manche beim Meditieren tun.

1. Setzen Sie sich auf einen normalen, festen Stuhl. Also keinen Sessel oder Bürostuhl mit Rollen. Setzen Sie sich so, dass Sie möglichst die gesamte Sitzfläche nutzen. Spüren Sie Ihre Sitzhöcker auf der Sitzfläche.

2. Richten Sie den Rücken gerade auf. Optimal sitzen Sie dazu, wenn Sie ganz hinten sitzen und die Rücklehne an Ihrem Gesäß spüren. Dadurch ist der Rücken normalerweise frei und senkrecht aufgerichtet.

3. Setzen Sie Ihre Füße so auf den Boden, dass ungefähr die kurze Seite eines DIN A4-Blattes dazwischen Platz hätte. Die Füße berühren dabei komplett den Boden. Wenn es möglich ist, ziehen Sie die Schuhe aus, um den Boden wirklich zu spüren.

4. Nun legen Sie Ihre beiden Hände flach auf den Bauch, die Finger sind nicht gespreizt. Dazu sollten Sie nur ein dünnes Hemd tragen, so dass Sie am Bauch die Hände und mit den Händen den Bauch sowie die Wärme spüren. Um bewusster zu spüren, hilft es, die Augen zu schließen.

5. Achten Sie auf Ihren Atem. Spüren Sie bei jedem Atemzug, wie sich Ihr Bauch ausbreitet und zurückgeht? Wenn nicht, dann atmen Sie zu weit oben im Brustbereich. Das erkennen Sie auch daran, dass sich Ihre Schultern heben und senken. Dann sollten Sie bewusst Ihren Atem in den Bauchraum fließen lassen.

6. Spüren Sie nun eine Weile Ihren Atem und die Bewegungen Ihres Bauchs. Atmen Sie dabei zunehmend langsamer. Das Ausatmen darf doppelt so lange dauern, wie das Einatmen. Warten Sie immer einen Moment, bevor Sie nach dem Ausatmen wieder einatmen.

7. Nun stellen Sie sich bildlich vor, wie Sie mit jedem Atemzug Anspannung, Stress, Frust, Ärger und negative Gedanken ausatmen. Sehen Sie vor sich, wie diese zusammen mit dem Atem Ihren Körper verlassen.

8. Machen Sie das eine Weile, insgesamt darf die Übung zehn bis zwanzig Minuten dauern. Erst wenn Sie das Gefühl vollkommener Befreiung und Gelassenheit spüren, setzen Sie einen Anker. In Kapitel 5 habe ich Ihnen bereits eine Anker-Übung vorgestellt und die Wirkung eines Ankers erklärt. Setzen Sie diesmal einen anderen Anker.

Wiederholen Sie diese Übung täglich ein bis zwei Mal. Das Ziel ist, dass eines Tages der Anker den Zustand sofort auslöst. Auch dann, wenn Sie sofort in einer Situation reagieren müssen und keine Zeit haben, erst die ganze Atemübung zu machen.

ENTSPANNUNGSÜBUNG ZUR GELASSENHEIT

Körperliche Anspannung führt auch zu innerer Anspannung. Deshalb erzeugen Sie Gelassenheit auch dadurch, dass Sie für körperliche Entspannung auf Muskelebene sorgen.

Auch in dieser Übung setzen Sie sich zum Ende hin einen Anker. Legen Sie vorher bereits einen Anker fest, der nicht zufällig ausgelöst wird. Ziel ist es, einen körperlich entspannten Zustand und damit Gelassenheit auf körperlicher Ebene zu erreichen.

1. Setzen Sie sich bequem hin, z. B. in einen Sessel. Auch im Liegen ist diese Übung möglich.

2. Nun beginnen Sie Ihren Körper Stück für Stück wahrzunehmen und jeden Muskel, der Ihnen gewahr wird, zu entspannen. Beginnen Sie im Gesicht. Achten Sie auf Ihre Gesichtsmuskulatur - die Stirn, die Backen, die Kiefermuskulatur etc. - jeder einzelne Muskel soll locker und entspannt sein. Auch die Zunge.

3. Achten Sie dann auf Ihre Gliedmaßen: Arme und Beine. Entspannen Sie auch hier bewusst jeden einzelnen Muskel. Fangen Sie einzeln bei den Oberarmen an und setzen die Entspannung bis zu den einzelnen Fingern fort. Dasselbe gilt für die Beine.

4. Wie sieht es mit Ihrem Rücken oder der Bauchmuskulatur aus? Auch diese soll entspannt sein. Nehmen Sie jede Faser Ihrer Muskeln wahr.

5. Sobald Sie das Gefühl haben, jeder, wirklich jeder Muskel ist entspannt, setzen Sie den zuvor festgelegten Anker.

Wiederholen Sie auch diese Übung täglich ein bis zwei Mal, denn der Anker funktioniert erst, wenn er viele Male gesetzt wurde.

Natürlich bedarf es einiger Übung, bis Sie wirklich in jeder Situation uneingeschränkt gelassen bleiben können. Damit Ihre Wirkung bis dahin schon besser ist, greifen Sie zunächst zu Variante eins und kämpfen bewusst gegen Ihre negativen Emotionen an. Das wird man vielleicht sehen, doch richten Sie damit zumindest keinen Schaden an. Arbeiten Sie währenddessen weiter an der echten Gelassenheit.

ZUSAMMENFASSUNG

1. Wir sind ständig auf Menschen angewiesen, auf die wir uns verlassen können. Diese reagieren am besten auf Freundlichkeit und Sympathie.

2. Wer Klarheit, Souveränität und Sicherheit ausstrahlt, dem folgen Andere. Dazu braucht er keine Position, kein Amt, keinen Titel. Souveränität überzeugt.

3. Ziel von Kommunikation ist, zu beeinflussen. In jeder Beziehung gibt es einen Stärkeren und einen Schwächeren. Die Fähigkeit, auf andere einzuwirken, bringt Sie weiter.

4. Unser Leben ist ein Miteinander. Es ist hierarchisch und beziehungsorientiert. Wer nicht selbst Einfluss nimmt, wird zum Spielball anderer.

5. Wer sich, seine Leistung und sein Können verkaufen will, muss sich gegen Wettbewerb durchsetzen. Er braucht auch Menschen, die ihn unterstützen.

6. Gelassenheit und Souveränität entsteht bei Menschen, die unangebrachten Emotionen im Griff haben. Im Gegensatz dazu erzeugen Menschen, die Emotionen ständig kontrollieren, Langeweile.

7. Viele Menschen haben einen Hang auf bestimmte Reizauslöser heftig zu reagieren. Eine Führungskraft, die Respekt erwartet, darf sich nicht erlauben, solche »Aussetzer« zu haben.

8. Ein Hochkaräter

Wie Ihr Wort Gewicht bekommt und Sie gehört werden

»Ich habe einfach das Gefühl, dass wir damit besser fahren,« sagt Vanessa Engelhart leise.

»Untersuchungen haben aber ganz klar gezeigt, dass Orange die Trendfarbe ist. Das kannst du doch nicht einfach vom Tisch wischen! Außerdem haben wir dieselbe Benutzerführung, die die Leute schon von Xing kennen, das sind sie gewöhnt!« entgegnet Patrick Keller etwas ungeduldig.

Beide sind Designer und haben Entwürfe für die neue Web-Plattform ausgearbeitet. Sie diskutieren nun mit den anderen des Projektteams, welcher Entwurf das Rennen macht. Dabei geht es nicht nur um den besseren Entwurf – es geht ums Gewinnen. Um die künftige Leitung des Designteams. Die Nicht-Designer diskutieren mit, empfinden alle vorgelegten Entwürfe als spannend. Eine Entscheidung ist schwierig und vor allem Patrick legt sich deshalb mit seinen Argumenten ins Zeug. Er ist ein sachlicher Mensch, der auch recherchiert und seine Behauptungen mit Beweisen und Untersuchungen belegt.

Vanessa ist das Gegenteil. Sie handelt nach ihrem Gespür und setzt darauf, dass andere selbst erkennen, was sie empfindet. Mit Argumenten zu überzeugen liegt ihr nicht. Sie bleibt ruhig, kontert wenig. Sie betont ihre eigene Überzeugung und macht keine Versuche, die anderen zu überreden. Und genau deshalb geht Patrick leer aus. Je mehr Argumente er hervorbringt, desto mehr der Anwesenden lehnen seine Entwürfe – eigentlich seine Argumente und ihn – ab.

Was Patrick passiert, ist eine Falle, in die viele tappen. Er versucht mit Argumenten zu überzeugen, die Zuhörer weich zu klopfen. Er legt jedes Mal ein Argument nach, wenn er noch keine Zusage hat. Frei nach dem Motto: je mehr Argumente, desto überzeugender. Bei manchen Menschen funktioniert dies auch. Doch bei der Mehrheit ist das Gegenteil der Fall. Sie fühlen sich belehrt, überrollt und überredet.

 JUWELEN-GEDANKE

Viele tappen immer wieder in die Argumente-Falle.

GLAUBWÜRDIG ODER NICHT?

Wenn wir Argumente hören, prüfen wir diese. Gleichzeitig achten wir auf die Art und Weise, wie sie uns vorgetragen werden. Wir prüfen dadurch die Glaubwürdigkeit desjenigen, der uns überzeugen will, und hinterfragen seine Absicht.

Da uns Körpersprache die Echtheit einer Botschaft zeigt, achten wir stets mehr oder weniger bewusst auf nonverbale Signale. Das ist nicht nur der Blickkontakt des Argumentierenden. Jede Kleinigkeit in Stimme, Mimik oder Bewegung wird beachtet. Deutet etwas auf Unstimmigkeiten hin, wird es uns bewusst. Unser Gespür ist sogar noch feiner. Wir lesen sogar den Grad der Glaubwürdigkeit der Person zur Aussage und im Allgemeinen ab. Dabei stufen wir ihn gleichzeitig darin ein, ob wir die Argumente aufgrund seines Status glauben wollen oder müssen.

Glaubwürdigkeit hängt wiederum mit Sympathie zusammen. Mögen wir den Argumentierenden oder nicht? Wenn er uns unsympathisch ist, lehnen wir seine Argumente ab.

 BRILLANTEN-TIPP

Ob wir Argumenten glauben, hängt davon ab, ob wir den Argumentierenden mögen!

Als Karl-Theodor Freiherr von und zu Guttenberg seinen Staatssekretär und seinen Generalinspektor kurz nach seinem eigenen Amtsantritt wegen der Kunduz-Affäre entlassen musste, tat er dies nicht mit der üblichen und nichtssagenden Formel »kein Vertrauen in ihre Amtsführung«. Das erschien ihm unfair und er begründete detailliert und möglichst sachlich und fair. Ein starker Charakterzug. In der Politik leider trotzdem sehr »gefährlich«, wie Helmut Markwort dies im Focus Tagebuch (Ausgabe 52/09) bezeichnet. Denn so macht er sich angreifbar für Opposition, Presse, die beiden Betroffenen und womöglich sogar deren Anwälte. Das zeigt, wie gefährlich es leider manchmal ist, fair, ehrlich und charakterstark zu sein.

Bei vielen Behauptungen interessiert uns die Quelle. Manchmal interessiert sie uns jedoch nur, um sie unglaubwürdig zu machen. Nämlich dann, wenn wir dagegen argumentieren wollen. Das Erstaunliche dabei ist, wie wir über Quellen urteilen. Eine Studie des Fraunhofer-Instituts genießt hohes Ansehen - selbstverständlich. Auch die Universitäten oder der TÜV gelten als Autoritäten. Doch akzeptiert jeder in seinem Fach alle Studien dieser Institutionen? Das geht gar nicht, denn immer wieder widersprechen sich Studien gegenseitig.

 BRILLANTEN-TIPP

Zu fast jeder Studie gibt es eine Gegenstudie!

Bei vielen anderen Quellen ist die Glaubwürdigkeit fraglich. Der Zeitung oder dem Fernsehen gegenüber sind wir zurecht misstrauisch. So oder so: Wenn wir etwas nicht glauben wollen, glauben wir auch der besten Quelle nicht.

ÜBERZEUGEN MIT GUTEN ARGUMENTEN?

Bei jeder Argumentationskette hinterfragen wir auch die Absicht. Was hat die Person selbst davon, wenn sie uns überzeugt? »Tut sie das nur wegen Provisionen? Na, da kann sie ja gar nicht mehr objektiv sein!« denken wir. Je mehr der Argumentierende persönlich davon hat, desto skeptischer werden wir, ob das auch für uns gut sein kann. Die Verkäuferin sagt, das steht mir ausgezeichnet: Glaubt sie das wirklich, oder will sie nur möglichst einfach an ihren Umsatz kommen? Der Bankberater empfiehlt, einen Fonds zu verkaufen: Ist es wirklich die richtige Empfehlung oder will er danach selbst einen neuen Fond verkaufen, und dadurch erneut Provision erhalten? Die Werbeagentur empfiehlt uns die verrückte Kampagne: Verkauft diese wirklich unsere Produkte, oder wollen sie nur einen Goldenen Löwen in Cannes gewinnen? Wir alle sind schon so oft auf einen in das Gewand der Beratung gekleideten Verkauf reingefallen, dass wir mit gutem Grund skeptisch sind.

 BRILLANTEN-TIPP

Je mehr der Argumentierende selbst profitiert, desto skeptischer sind wir!

Noch vehementer lehnen wir Argumente ab, wenn es bedeutet »er oder ich«. Ist also der Argumentierende ein unmittelbarer Wettbewerber um einen Auftrag, Vorteil oder auch nur die Gunst der anderen, glauben wir häufig dadurch zu gewinnen, dass wir seinen Argumenten widersprechen und sie unglaubwürdig machen. Der Gewinner ist nur meist einmal mehr nicht der, der sich argumentativ durchsetzt, sondern der, der sich fairer verhält und sich damit beliebter und glaubwürdiger macht.

Zu all dem bereits genannten und den beiden noch folgenden Punkten, ist es vor allem eines, was Argumentationen immer wieder wirkungslos macht. An was denken wir zuerst, wenn wir ein Argument hören? Wir suchen nach der Plausibilität, nach der Ausnahme von der Regel, nach Gegenargumenten. Das ist bei den meisten Menschen ein Automatismus. Selbst wenn wir insgesamt zustimmen, jedes Argument wird geprüft. »Die Mehrheit findet nachgewiesen Orange gut? Na, das ist doch ein Grund gerade nicht Orange einzusetzen, denn das machen ja alle. Lass uns Violett nehmen!« - »Ein Auto, das selbstständig bei Gefahr bremst, macht das Fahren nachweislich sicherer? Nein, das möchte ich nicht, ich möchte schon noch selbst bestimmen, wann ich bremse.« Für noch so deutliche Beweise finden wir immer einen Ausweg, wenn wir dies möchten.

BRILLANTEN-TIPP

Wir suchen bei Argumenten immer nach Gegenargumenten!

Vor allem suchen wir nach Gegenargumenten. Jede Diskussion mit Argumenten ist ein bisschen auch ein Kampf darum, wer Recht hat. Je nach Persönlichkeitstyp lassen wir uns darauf gerne ein. Also versuchen wir folgerichtig, Argumente schon aus sportlichem Ehrgeiz zu entkräften. Was könnte eine Ausnahme sein, die beweist, dass das Argument nicht (immer) stimmt? Wo kenne ich ein Gegenargument?

 JUWELEN-GEDANKE

Was wir nicht glauben wollen, glauben wir nicht

Natürlich wirken Argumente in manchen Situationen. Meist steckt zwar die Person dahinter, die überzeugt. Oder die Argumente sind so stark, dass es keinen Grund gibt, ihnen zu widersprechen. Da wir das alles schon erlebt haben, glauben wir, Argumente überzeugen. Denn manchmal tun sie es ja. Argumentationsketten, wie sie in der Rhetorik so schön gelehrt werden (Fünfsatz), können überzeugen. Dann, wenn der Zuhörer vollkommen unvoreingenommen ist. Dann, wenn der Argumentierende sie glaubwürdig vorträgt. Und dann, wenn es dem Zuhörer nicht so wichtig ist, das Gegenteil zu glauben.

 BRILLANTEN-TIPP

Argumente funktionieren (nur), wenn der Zuhörer noch keine Meinung hat!

Natürlich spielen auch Themen wie »das Gesicht verlieren« oder »dem anderen den Sieg nicht gönnen« eine Rolle. Haben wir einmal etwas anderes behauptet, geben wir uns neuen Argumenten auch dann ungern geschlagen, wenn sie stichhaltig sind. Wenn unser Gegenüber aus emotionalen oder Wettbewerbsgründen nicht gewinnen soll, lehnen wir auch gerne seine Argumente ab.

Es ist also nicht leicht, mit Argumenten wirklich zu überzeugen. Entweder jedes Argument wird missbilligt, weil wir es gar nicht glauben wollen. Oder jedes Argument wird akzeptiert, weil wir es sowieso glauben wollen. Zumindest in einem Großteil der Situationen ist das so. Und je weniger rational die Beziehung oder die Inhalte, desto mehr.

MIT DRUCK GEWINNT MAN KEINE ARGUMENTATION

Vanessa aus dem Eingangsbeispiel setzte keine schlagkräftigen Argumente, verwendete keine Argumentationsketten. Selbst als Patrick mehr und mehr Argumente nachschob, blieb sie ruhig. Patrick dagegen merkten die Kollegen die Ungeduld längst an. Und das war der Grund, warum er scheiterte. Seinen Argumenten mussten sie zumindest teilweise folgen. Doch er machte sich unbeliebt. Vanessa dagegen zeigte Ruhe. Vanessa verstand es mit der Kraft ihrer Persönlichkeit zu überzeugen.

 **JUWELEN-GEDANKE**

Mit zu vielen Argumenten macht man sich schnell unbeliebt.

Wer Karl-Theodor zu Guttenberg in einem Interview oder einer Rede erlebt hat, weiß: Er legt offen, wo er dem Charakter den Vortritt gelassen hat, auch wenn es für ihn den Kopf hätte kosten können. Seine beliebteste Geschichte ist dabei die von der Opel-Insolvenz, die er alleine gegen den Strom schwimmend vorgeschlagen hatte, egal wie unpopulär das bei den Arbeitnehmern ankam. Sein einfaches, nicht zu widerlegendes Argument: Der Steuerzahler darf für die Fehler des Opel-Managements nicht zur Kasse gebeten werden.

Sein Kollege Guido Westerwelle ist vergleichsweise weniger beliebt. Sein Fehler bei einem Interview noch vor der Amtseinführung wäre ihm beinahe zum Verhängnis geworden. Als er einem englischen Reporter entgegnete, er antworte nur auf Fragen, die auf Deutsch gestellt werden (was übrigens tatsächlich auch üblich gewesen wäre), wirkte das arrogant. Die Öffentlichkeit diskutierte plötzlich seine Englischkenntnisse und sogar seine Eignung zum Außenminister. Dabei kam es nur auf die Art und Weise seiner Antwort an, gar nicht auf das Argument. Hätte zu Guttenberg in der gleichen Situation die englische Frage auf seine typische Weise höflich aber bestimmt abgelehnt, hätten vermutlich viele gesagt: »Recht so, schließlich sind wir in Deutschland und es ist üblich bei derartigen Pressekonferenzen deutsch zu fragen. Was glaubt dieser Engländer ...«.

Ich bin der Überzeugung, dass Westerwelle auch deswegen vergleichsweise unbeliebt ist, weil er hart mit seinen Argumenten kämpft. Das kann er besser als viele im Bundestag, rhetorisch ist er einer der besten. Doch entsteht dabei ein Eindruck von Verbissenheit und Härte, die für Distanz sorgt. Die logischen Argumente fordern zur Gegenrede heraus. Politik ist vor allem eine Frage von Persönlichkeit(en), nicht so sehr von Parteien und Argumenten.

 JUWELEN-GEDANKE

Bei Politikern und in der Wirtschaft dasselbe: wen wir mögen, dem glauben wir.

Ganz das Gegenteil dazu ist Gregor Gysi. Ein Großteil der Bevölkerung lehnt seine Partei als SED-Nachfolgepartei ab. Trotzdem genießt Gysi hohes Ansehen. Er argumentiert nie so aggressiv wie Oskar Lafontaine oder Guido Westerwelle. Gysi zeigt sich menschlich, ja sogar selbstironisch humorvoll, eine seiner größten Stärken. Dabei behauptet er schon mal Unwahrheiten - die ihm prompt geglaubt werden, weil man ihn mag.

In der Wirtschaft dasselbe: Josef Ackermann ist seit 2002 Sprecher und längst auch Vorsitzender des Vorstandes der Deutschen Bank. Erlebt man ihn in Interviews, ist er stets wenig angreifbar, gibt sich offen und weiß mit den richtigen Argumenten zu hantieren. Doch in den Köpfen bleiben die Ausrutscher gespeichert: Das Victory-Zeichen beim Mannesmann-Prozess, die am selben Tag mit dem Rekordgewinn verkündeten Massentlassungen oder der Geburtstag bei der Kanzlerin auf Steuerkosten. Nur wer sich in der Welt des Top-Managements auskennt und seine Führungsqualitäten anerkennen kann, wird seinen Argumenten folgen. Weite Teile der Bevölkerung lehnen ihn nicht nur ab, sondern schließen auch noch von ihm auf die ganze Kaste der »Manager«.

Das Gegenteil war bei Klaus Zumwinkel der Fall. Bevor sein guter Ruf durch seine Steuerhinterziehungs-Affäre zerstört wurde, war er relativ beliebt, weil er sich menschlich zeigte. Manager des Jahres 2003, Bundesverdienstkreuz, Bambi. In Interviews argumentierte er sanft, bildlich und menschlich. Dass auch er ein harter Manager war, haben viele nicht so stark wahrgenommen wie bei Ackermann.

Erfolgreich überzeugende Menschen haben erkannt: Gute Argumente zu haben ist wichtig. Aber überzeugen wird man die Menschen nicht durch Argumente, sondern durch die Kraft der Persönlichkeit und die Kraft der Worte. Und das ist erlernbar. Das ist uns nicht in die Wiege gelegt. Alle, die durch ihre Persönlichkeit überzeugen, haben dies gelernt und hart daran gearbeitet.

Natürlich gibt es auch Menschen, die es weit gebracht haben, ohne gut reden zu können, doch das wird in Zukunft immer schwieriger. Die Allmacht der Medien und des Internets sorgen dafür, dass selbst in mittelständischen Größenordnungen die Außenwirkung der Firmenvertreter von der Öffentlichkeit wahrgenommen wird. Und dort, wo die Öffentlichkeit keine Rolle spielt, ist es die direkte Überzeugungskraft im Gespräch oder bei Auftritten. Das gilt auch für Angestellte, deren »Kunden« Vorgesetzte und Kollegen sind, oder für Freiberufler, die mehr oder weniger leicht Kunden überzeugen.

 BRILLANTEN-TIPP

Nicht Argumente überzeugen, sondern die Kraft der Persönlichkeit und die Kraft ihrer Worte!

IHR KÖRPER SPRICHT KLARTEXT

Überzeugungskraft wird vor allem in der Körpersprache wahrgenommen. Sie drücken durch Ihre Körpersprache Sicherheit, Kompetenz, Glaubwürdigkeit, Authentizität und Ihren sozialen Status aus. Wer Dominanz in angemessener Weise über die Körpersprache ausdrückt, muss dies nicht mehr mit womöglich unfreundlichen Worten tun. Er wird anerkannt. Starke Persönlichkeiten bewundern wir, wir möchten auch so sein. In unserer inneren Wahrnehmung fühlen wir uns jedoch oft weniger stark, als das andere wahrnehmen.

 JUWELEN-GEDANKE

Die nonverbale Kommunikation lügt nicht.

Die Bedeutung der Körpersprache lässt sich schon daran erkennen, dass die Menschheit in ihren ersten knapp sechs Millionen Jahren sich - ebenso wie höher entwickelte Tiere - vorwiegend über die Körpersprache verständigen musste. Vor ca. 190 000 Jahren mutierte das Forkhead-Box-Protein P2-Gen (FOXP2) - seitdem ist uns Menschen Sprache rein physiologisch möglich. Ab wann wir tatsächlich zu sprechen begonnen haben, wissen wir nicht. Es ist erst nachweisbar durch Schrift (vor ca. 5 500 Jahren). Mit der Körpersprache haben wir also deutlich über fünf Millionen Jahre mehr Erfahrung. Kein Wunder, dass wir ihr mehr glauben als der gesprochenen Sprache. Auch in unserer eigenen Entwicklung haben wir als Säugling zuerst die körpersprachlichen Signale der Eltern wahrgenommen, als wir noch gar keine Worte verstanden haben. Deshalb verstehen wir Körpersprache perfekt und mit großer Treffsicherheit.

Im Umkehrschluss bedeutet das: Wenn Sie Ihrer Körpersprache zu wenig Beachtung schenken, unbewusst sich falsche Gesten angewöhnt haben oder aufgrund Ihrer Neigung zu wenig Körpersprache einsetzen, vernachlässigen Sie den stärksten Teil der Kommunikation. Im schlimmsten Fall sagen Sie sogar mit Ihrem Körper etwas anderes, als mit Ihren Worten.

Körpersprache setzt sich zusammen aus

1. Haltung bzw. Bewegung

2. Mimik inklusive Lächeln

3. Blickkontakt

4. Gestik

 BRILLANTEN-TIPP

Sie haben keine zweite Chance für den ersten Eindruck!

Der berühmte erste Eindruck entsteht nach neuesten Messungen in 150 Millisekunden. Das ist weniger als eine sechstel Sekunde und gerade mal ein Wimpernschlag. In dieser kurzen Zeit kann allerhöchstens Ihr Aussehen und Ihre Haltung beurteilt werden, bei entsprechender Nähe noch Ihr Gesichtsausdruck. Doch das reicht bereits, um Sie daran zuverlässig einzuschätzen. Aus Untersuchungen wissen wir, dass dieser Eindruck so verlässlich ist, dass er kaum noch verändert wird. Wer also beim ersten Eindruck bereits wenig überzeugend wirkt, hat es später mit Argumenten umso schwerer. Entwicklungen an Ihrem Auftreten werden dagegen registriert und fließen (langsam) in Ihr Gesamtbild ein.

NEHMEN SIE HALTUNG AN

Die Haltung ist deswegen so entscheidend, weil wir daran schon seit Urzeiten fest machen konnten, ob uns jemand wohl gesonnen ist. Eine weiche, schlaksige, schiefe, krumme oder unruhige Haltung vermittelt Unsicherheit und Schwäche. Eine breitbeinige, steife Haltung, in die Hüften gestemmte Hände oder eine erhobene Nase lassen Sie aggressiv bzw. arrogant erscheinen. Viele Menschen gewöhnen sich eine Haltung an, die ihre Wirkung verschlechtert. Oft schon in der Jugend, wo es noch gilt »cool« zu sein - und das definieren Heranwachsende definitiv anders als Manager. Hände eingehakt, Rücken krumm, schlaksig bei den Jungs, Beine verdreht und Schultern nach vorne bei den Mädchen. Meistens wird das zwar etwas besser, je älter sie werden. Doch auch später sind manchmal noch Anzeichen zu erkennen.

Eine aufrechte, gerade Haltung dagegen wirkt stets sicher und zeigt, dass Sie ein gewisses Selbstverständnis haben.

 ## JUWELEN-GEDANKE

Weiche Körper-Haltung bedeutet weiche Geistes-Haltung.

ÜBUNG HALTUNG

Veränderung funktioniert nur über den wiederholten, bewussten Einsatz des Gelernten. Anfangs sollten Sie die Übung vor einem Spiegel machen. Manche merken nämlich gar nicht, wie sie sich halten. So denken sie, ihr Oberkörper oder ihre Nase wären gerade, obwohl sie das nicht sind.

Stellen Sie Ihre Füße ungefähr schulterbreit und weitgehend parallel fest auf den Boden. Belasten Sie Fersen und Ballen bzw. Zehen gleichmäßig stark. Damen mit Rock dürfen die Füße minimal enger zusammenstellen, aber nie so eng, dass nicht noch mindestens anderthalb weitere Schuhe dazwischen Platz hätten. Ihre Knie sollten Sie nicht nach hinten durchdrücken. Bleiben Sie flexibel und beweglich. Achten Sie auf einen geraden Oberkörper und gerade Schultern. Nach vorne geneigte Schultern oder ein krummer Rücken wirken demütig und schüchtern, nach hinten gezogene Schultern oder eine vorgeschobene Brust arrogant und militärisch. Deshalb darf auch der Kopf weder nach vorne geneigt noch die Nase nach oben gehoben sein.

Die Arme lassen Sie zunächst einfach hängen. Stecken Sie die Hände nicht in die Hosentasche, haken Sie sie nicht irgendwo ein, verschränken Sie weder die Finger noch die Arme. Diese gerade Haltung ist perfekt. Verharren Sie so für einige Minuten. Wiederholen Sie das immer wieder. Ziel ist es, dass Sie künftig ohne nachzudenken, automatisch in diese Grundhaltung zurückkehren. Übrigens: niemand wird merken, dass Sie gerade eine Übung machen, denn die Außenwirkung entspricht ohnehin dem Ideal.

Die in der Übung ausgeführte Ideal-Haltung ist die Basis für jegliche Körpersprache. Kommt sie Ihnen unangenehm oder eigenartig vor, dann liegt das
vermutlich daran, dass Sie sich sonst anders hinstellen. Und alles, was wir
nicht gewöhnt sind, kommt uns eigenartig vor. Das bedeutet nicht, dass es
eigenartig aussieht oder wirkt. Üben Sie diese Haltung, damit Sie sie automatisch einnehmen und sich auch wohl darin fühlen.

 JUWELEN-GEDANKE

Nehmen Sie Haltung an und üben Sie diese.

In dieser Haltung können Sie jederzeit stehen, auch wenn Sie passiv sind. Beispielsweise vor Publikum, wenn Sie gerade nicht sprechen, wenn Sie zuhören,
wenn Sie an einem Messestand, an der Theaterkasse etc. stehen. Stehen Sie
vor Publikum und beginnen gleich zu sprechen, bietet sich eine Variante an:
Halten Sie Ihre Hände locker (!) an- bzw. ineinander, und zwar auf der Höhe
zwischen Gürtel und Bauchnabel. Die Lockerheit ist hier ganz wichtig, sonst
sieht es tatsächlich eigenartig aus. Und unbedingt auch über dem Gürtel. Der
Vorteil dieser Handhaltung ist, dass Sie aus dieser Handposition leicht Gestik
einsetzen können, sobald Sie zu sprechen beginnen.

Ihre Haltung in Bewegung basiert auf dieser Ideal-Haltung. Auch in Bewegung
bleiben Sie möglichst aufrecht, ohne jedoch steif zu sein. Ihre Schritte sollten
entsprechend forsch, aber nicht übertrieben sein. Dynamische Menschen wirken erfolgreicher und erzeugen dadurch Vertrauen. Gehen Sie zusammen mit
anderen, passen Sie Ihr Tempo an oder geben ein nicht zu flottes Tempo vor.
Hierarchisch höher Gestellte haben das Vorrecht das Tempo zu bestimmen.

 JUWELEN-GEDANKE

Ihre Körpersprache beginnt mit Ihrer Wahrnehmung.

Ihre Körpersprache beginnt mit Ihrer Wahrnehmung. Je geschulter Ihr Blick
und Ihr Gefühl für die richtige Wirkung, desto eher können Sie selbst sich
gezielt verhalten. Interessant ist es Jogger zu beobachten. Beim Joggen wird

natürlich die aufrechte Haltung aufgelöst. Doch es gibt sehr große Unterschiede und deshalb eignen sich Jogger hervorragend, um Ihren Blick zu schulen. Achten Sie auch auf die Haltung von beispielsweise Politikern und interpretieren Sie, wie sie jeweils auf Sie wirkt.

Haltung, als am stärksten wahrgenommenes Körpersprache-Attribut, spielt natürlich auch im Sitzen eine große Rolle. Auch hier gilt: eher aufrecht und nicht steif. Die Füße stehen beide mit den gesamten Sohlen auf dem Boden, der Allerwerteste berührt die Rückenlehne. Dadurch wird Ihr Rücken womöglich gar nicht mehr die Lehne berühren, sondern aufrecht nach oben zeigen – und das ist gut. Wenn Sie so klein sind, dass beispielsweise Ihre Füße nicht bis zum Boden reichen oder Sie nicht auf der Sitzfläche ganz nach hinten rutschen können, können Sie das nur so ausgleichen: Als Frau ziehen Sie höhere Schuhe an, reicht das immer noch nicht, berühren Sie zumindest mit den Zehen den Boden. Die Sitzhaltung, die in diesem Falle erst recht aufrecht sein sollte, nehmen Sie entsprechend so ein, dass Sie fest auf der Sitzfläche sitzen, auch wenn Sie nicht bis hinten reichen. Handelt es sich um Ihren eigenen (Büro-)Stuhl, besorgen Sie sich gegebenenfalls eine Fußbank, damit Sie nicht den Stuhl tief einstellen müssen.

Die Hände liegen nicht beide steif auf den Lehnen, sondern asymmetrisch. Eine auf der Lehne, eine auf dem Oberschenkel ist besser, als beispielsweise die verklemmt wirkende Variante, beide Hände in den Schoß zu legen. Auch auf dem Tisch wirkt es weniger steif, wenn die Hände asymmetrisch darauf liegen. Wobei hier gilt: Beugen Sie sich nur vor zum Tisch, wenn Ihr Gegenüber das auch kann (es sei denn Sie müssen lesen oder schreiben).

IHR GESICHT SPRICHT DIE WAHRHEIT

Ein Lächeln kommt aus dem Herzen und bestimmt Ihre ganze Art. Sie zeigen dadurch Freundlichkeit, Offenheit, Sympathie, Wertschätzung und Zuneigung in einem. Normalerweise sollte ein Lächeln beim Gegenüber ein Lächeln erzeugen. In Deutschland und einigen anderen Ländern können Sie das leider nicht immer erwarten. Das haben sich viele, insbesondere Männer, abtrainiert – ich frage mich: warum eigentlich? Ein Lächeln erzeugt sofort positive Gefühle bei anderen, warum ihnen also nicht stets ein Lächeln schenken? Sollten Sie selbst wenig lächeln, trainieren Sie es sich wieder an. Als Kinder haben wir alle gelächelt.

 BRILLANTEN-TIPP

Ein Lächeln wirkt immer gewinnend!

ÜBUNG LÄCHELN

Beim Lächeln sind zahlreiche Muskeln im Gesicht beteiligt. Und Sie wissen ja, Muskeln, die Sie nicht ausreichend trainieren, verkümmern. Nehmen Sie einen Stift quer in den Mund, so dass er von den Zähnen gehalten und von den Lippen nicht berührt wird. Strengt dies die Muskeln rund um die Lippen an? Dann sollten Sie sie trainieren: Halten Sie den Stift täglich drei bis sechs Mal so für jeweils eine Minute. Zudem gewöhnen Sie sich an, dass Sie bei jedem Augenkontakt lächeln, auch auf der Straße oder im Supermarkt. Wer einmal auf Bali war, weiß um die Zauberkraft des Lächelns. Sie werden von der Wirkung eines Lächelns begeistert sein!

Da unser Gesicht aus sehr vielen Muskeln besteht, können wir insgesamt sehr viel damit ausdrücken. Und das tun wir auch. Insbesondere die grünen Typen zeigen eine sehr lebendige Mimik, die jegliche Emotionen, Launen und Stimmungen zum Ausdruck bringt. Erinnern Sie sich daran, dass charismatische Menschen ihre positiven Emotionen zeigen? Ideal ist es, wenn Sie dies geschickt einsetzen können. So sollten Sie Emotionen dann zeigen, wenn Sie die Menschen damit erreichen wollen. Wenn es Ihnen dagegen gerade schlecht geht, müssen Sie nicht durch Ihre Mimik Ihr ganzes Umfeld mit dieser Laune anstecken, oder?

Heben Sie am Ende eines Satzes die Augenbrauen: Sie bekräftigen damit den Inhalt des Gesagten und entwaffnen gleichzeitig Gegner. Wenn Sie dazu noch lächeln kann Ihrem Charme niemand mehr widerstehen!

IN BLICKKONTAKT STECKT »KONTAKT«

Wenn Sie lächeln, ist es ganz entscheidend, ob Sie dabei Ihr Gegenüber ansehen. Jemand, der Richtung Boden lächelt, zeigt damit eher Süffisanz, Häme
oder Schüchternheit. Auch bei allen anderen Situationen spielt der Blickkontakt eine übergeordnete Rolle. Das Wort enthält einen wichtigen Bestandteil:
Kontakt. Durch Ihren Blick bauen Sie Kontakt auf.

 BRILLANTEN-TIPP

Mit Ihrem Blick stellen Sie Kontakt her!

Zu wenig Blickkontakt wird als Unsicherheit, Unterwürfigkeit oder gar Unehrlichkeit wahrgenommen. Zu viel Blickkontakt ist jedoch auch unangenehm
und wirkt bestenfalls aufdringlich. Sie kennen vielleicht noch das Kinderspiel
»Wer zuerst wegschaut, hat verloren!«, bei dem man sich in die Augen schaut,
bis der andere nachgibt. Das hat damit zu tun, dass Blickkontakt nicht nur
Sicherheit sondern auch Dominanz bis hin zu Aggressivität ausdrückt. Ein
guter Rhythmus ist es beispielsweise, im lockeren Gespräch als Zuhörender
den anderen weitgehend durchgehend anzusehen (das zeigt Interesse und erleichtert das Verstehen, weil Sie seine Mimik besser wahrnehmen können).
Dabei können Sie auch mal auf den Mund blicken, das ist weniger aufdringlich. Als Sprechender auch immer wieder den Blickkontakt lösen (damit der
Zuhörer Sie leichter beobachten kann).

Wollen Sie dagegen dem Gesagten besonderen Nachdruck verleihen, sehen Sie
dem anderen tief in die Augen - jedoch nicht zu lange. Die ideale Zeit, jemandem in die Augen zu sehen, ist abhängig von der Entfernung. Je näher man sich
ist, desto unangenehmer kann ein langer Blick werden. Stehen Sie vor einer
Gruppe, hat es sich bewährt, den einzelnen Teilnehmern mindestens ein bis
zwei Sekunden in die Augen zu blicken, ideal ist vier bis fünf. Bei kürzerem
Blick entsteht kein Kontakt. Nach circa sechs bis sieben Sekunden wird es in
der Regel zuviel.

Andererseits beeinflusst es entscheidend Ihre Gesamtwirkung, wenn Sie den Blickkontakt mit Ihren Sätzen synchronisieren. Nehmen wir den eben geschriebenen Satz: bei diesem Satz sollte während des ganzen Satzes, zumindest aber während der zweiten Hälfte »... wenn Sie den Blickkontakt mit Ihren Sätzen synchronisieren.« der Blick bei einer Person ruhen und zwar bis ans Ende der Sprechpause nach dem Satz. Sprechen Sie den ganzen Satz verständlich und gut betont, dauert das rund acht Sekunden. Auch wenn es für die angesehene Person recht lange ist, die Wirkung auf das Publikum ist phänomenal anders, als bei einem weniger festen Blick. Probieren Sie es aus! Das ist die hohe Kunst überzeugenden Redens und kompetenter Wirkung! Die Länge des Blickes entscheidet maßgeblich darüber.

Gestik ist der visuelle Teil der Sprache

Über einzelne Gesten zu sprechen, ist fast wie Eulen nach Athen tragen. Das Interessante ist nämlich, wenn man Menschen aus dem gleichen Kulturkreis nach der Bedeutung von Körpersprache und Gesten fragt, sind sie sich meistens einig. Dazu brauchen Sie kein Seminar, die Wirkung jeder Geste spricht eine eindeutige Sprache. Sie kennen ebenso die Bedeutung seit Ihrer Kindheit, registrieren sie unbewusst und automatisch. Umgekehrt können Sie sie selbst sprechen - wenn Sie es tun! Die Frage stellt sich also nicht nach der Form der Geste, sondern nach der Größe, der Häufigkeit und der Dauer.

 JUWELEN-GEDANKE

Es gibt kein Zuviel an Gestik.

Wenn manchmal einer meiner Seminarteilnehmer das Feedback bekommt, seine Gestik sei zu stark, dann liegt das nie an der Größe, es liegt stets an der Geschwindigkeit. Denn hektische, schnelle Gesten wirken unruhig und stören deshalb manche Zuschauer. Sie wirken, als sei sich der Sprecher unsicher ob ihrer Bedeutung und diese Unsicherheit überträgt sich auf den Inhalt und den Menschen gleichermaßen.

Dagegen gibt es keinerlei Beschränkung bei Größe und Häufigkeit, wenn Sie vor Gruppen sprechen. Im Gegenteil: Machen Sie möglichst große und relativ viele Gesten. Das wirkt lebendiger und sicherer. Dabei gibt es einige Grundregeln:

1. Machen Sie die Bewegung aus den Schultern heraus, nicht nur aus den Händen oder Unterarmen. Dabei können Sie die Arme auch weit ausstrecken und den ganzen Arm durchstrecken. Trainieren Sie es, falls Sie bisher dazu neigen, eher kleine Gesten zu machen. Es dauert, bis Sie sich daran gewöhnen können. Doch danach ist Ihre Wirkung umso stärker.

2. Lassen Sie Ihre natürlichen Bewegungen zu. Fangen Sie nicht an, einzelne Worte durch eine Luftzeichnung mit den Händen nachzuformen. Die natürliche Bewegung kann allerdings schon mal in die Richtung der Bedeutung gehen, also z. B. beim Wort »groß« zeigen Sie mit ausgestreckten Armen groß, beim Wort »rund« oder »Ball« zeichnen Sie eine Kreis. Doch das sollte weitgehend automatisch laufen. Ein Haus, eine Katze oder ein Herz nachzumalen wirkt schnell kitschig. Sprechen Sie jedoch über das Wedeln eines Hundes wird Ihre Hand automatisch die Bewegung nachformen.

3. Im Idealfall gibt es eine Geste - und eine (!) Betonung - pro Satz (zumindest bei kurzen und wichtigen Sätzen). Mehrere Gesten machen die einzelne bedeutungslos und schwächen Ihre gesamte Wirkung.

4. Wenn es inhaltlich passt, können Sie die Geste in der Luft stehen lassen. Und zwar sogar über mehrere Sätze hinweg. Sie wirken dadurch besonders sicher und überzeugend. In der Regel müssen Sie das jedoch vorher üben, denn das kommt Ungeübten meist unnatürlich vor. Aus der Sicht des Zuschauers ist dies keineswegs unnatürlich, sondern bekräftigt die Aussage besonders.

5. Setzen Sie vor allem positive Gesten ein, also Handflächen und -bewegungen eher nach oben als nach unten, offene Bewegungen und Gesten usw.

6. Vermeiden Sie unangenehme Gesten wie einen Zeigefinger. Dabei ist es fast unerheblich, wohin der Finger zeigt, er wirkt immer oberlehrerhaft unangenehm. Wollen Sie auf jemanden oder etwas zeigen, nehmen Sie die offene Hand, das wirkt freundlich auffordernd.

 ## JUWELEN-GEDANKE

Lernen Sie Ihre Körpersprache zu verbessern wie eine Fremdsprache.

Wie an früherer Stelle schon einmal erwähnt, ist es meine Empfehlung Körpersprache zu lernen. Das gilt für Haltung, Mimik, Blickkontakt und Gestik und für jeden Persönlichkeitstyp. Wobei die drei Typen unterschiedliche natürliche Stärken und Beschränkungen haben. Ein Blauer, der normalerweise wenig Körpersprache zeigt, wird durch Übung nie die Lebendigkeit in Gestik eines Roten oder in Mimik eines Grünen erreichen. Doch ohne Körpersprache erreicht er sein Publikum nur mit zehn Prozent Wirkung. Und das gilt nicht nur bei Reden und Präsentationen, das gilt auch bei jeglichem Zusammentreffen.

Der Grund, warum unnatürliche Gesten entlarvt werden, ist übrigens der zu späte Einsatz. Eine bewusst gemacht Geste kommt einen Tick zu spät, nämlich zeitgleich oder meist sogar nach dem Wort. Die natürliche Geste beginnt dagegen schon vor dem dazugehörigen Wort. Das liegt vereinfacht gesagt daran, dass die Information gleichzeitig an das Sprach- und das Bewegungszentrum gesandt wird und Sprache eine lineare Abfolge hat. Die Bewegung kann einfach schneller umgesetzt werden.

ÜBUNG KÖRPERSPRACHE

Nehmen Sie einen einfachen Text mit kurzen Sätzen als Übungsmaterial. Ideal sind Texte aus Kinderbüchern. Stellen Sie sich in die Mitte eines Raumes und stellen sich Publikum vor. Nun sagen Sie den ersten Satz laut. In der ersten Variante wird er sehr langweilig sein. Überlegen Sie nun, wie sie ihn verbessern können. Experimentieren Sie damit, Ihre Haltung zu variieren, Bewegung einzusetzen, die Arme zu nutzen, den Blickkontakt fest auf eine (virtuelle) Person zu richten, Ihre Mimik zu nutzen, wenn es passt auch ein Lächeln. Wie können

Sie den Satz betonen und wo können Sie Pausen einsetzen, Pausen im Satz zur Betonung. Wiederholen Sie den Satz zehn, fünfzehn Mal in verschiedenen Varianten und entwickeln Sie ein Gespür dafür, wie die Details die Wirkung verändern.

Den Satz »Hans mag Schnurri, die Katze.« können Sie auf *Hans*, *mag*, *Schnurri* und *Katze* betonen. Jedes Mal ergibt sich ein anderer Sinn. Dies entsteht durch den Einsatz von Pausen, Lautstärke, Tonhöhe und Gestik.

Wirken Sie in den einzelnen Varianten glaubwürdig, stark, weich, freundlich, kompetent, sicher, überzeugend ...? Machen Sie mit dem zweiten, dritten Satz genauso weiter. Nehmen Sie eine Person dazu, die Ihnen Feedback geben kann und Ideen, was Sie noch ausprobieren können. Die von Ihnen selbst wahrgenommene Wirkung ist oft eine andere, als die eines Zuschauers.

EIN JUWEL HAT KEINE MAKEL

Körpersprache ist deutlich. Sie verrät uns, wenn wir unbewusst die falschen Signale senden. Viele dieser Gesten zeigen mehr oder weniger deutlich Unsicherheit, Unterwürfigkeit, Unehrlichkeit, Verlegenheit oder ähnlich dramatische Anzeichen. Unbewusst wollen wir oft den Gesprächspartner beschwichtigen, beispielsweise weil wir ihn als höher im Status anerkennen und uns klein machen. Jede dieser unbedachten Gesten nimmt Ihrer Ausstrahlung eine gehörige Portion Wirkung. Ein Juwel hat keine Makel und so sollten Sie stets darauf achten, diese verräterischen Zeichen zu vermeiden. Deshalb hier einige der typischsten:

1. Mit den Fingern oder einem Gegenstand spielen. Ob Sie nun die Daumen drehen, einen Stift spielerisch durch Ihre Hände gleiten lassen oder an Ihrem Ring drehen - Sie wirken dadurch nervös und unsicher. Zudem lenkt es ihr Gegenüber ab.

2. Ins Gesicht fassen. Die kurze, unbedachte Berührung von Kinn, Mund, Nase oder auch ein Kratzen an der Backe - wer sich im Gesicht berührt unter-

wirft sich dem Gegenüber. Womöglich will er auch gar nicht sagen, was er gerade sagt. Übrigens neigen die Grünen am häufigsten zu Berührungen. Ignorieren Sie es auch, wenn es Sie juckt. Das hört nach einer Weile auf. Unser Körper ist nämlich schlau und lässt es erst jucken, damit Sie sich dann hinfassen. Gewöhnen Sie es sich ab, wird auch der Juckreiz nach einer Weile verschwinden.

3. Das gilt auch für Haare. Wenn Sie lange Haare haben und diese ins Gesicht fallen, ändern Sie Ihre Frisur mit Klammern, Pferdeschwanz (im Nacken angesetzt) oder Spray. In die Haare zu fassen wirkt unsicher, verspielt, neckisch und manchmal sogar erotisch. Nicht die Attribute, die im Business ideal sind, oder?

 JUWELEN-GEDANKE

Jede verräterische Geste lässt Sie schlechter wirken.

4. Mit den Füßen tippeln oder Unruhe bzw. Wackeln in der Haltung. Ein unruhiger Stand wird als Nervosität und Unsicherheit gedeutet. Auch ein sehr schräger Stand hat diese Wirkung.

5. Stark verdrehte Beine, wie es normalerweise nur bei Damen vorkommt. Ein Bein wird im Stehen um 90 Grad nach außen gedreht oder um das andere herum geschlungen. Beides erzeugt eine sehr deutlich sichtbare Unsicherheit und Unterwerfung.

6. Im Sitzen: Füße unter den Stuhl, womöglich sogar um die Stuhlbeine gewickelt. Auch das zeugt von starker Unsicherheit.

7. Schuhe ausziehen. Das ist im Geschäfts- wie auch im normalen Leben nicht nur definitiv gegen die Etikette, es zeigt auch Unterwürfigkeit. Dabei ist es egal, ob Sie es tun, weil Sie die Füße im Zug auf die gegenüberliegende Bank legen wollen (die Etikette schreibt übrigens vor, die Schuhe anzubehalten und den Sitz abzudecken, z. B. mit einer Zeitung), oder ob Sie als Dame lockere oder halb offene Schuhe tragen, aus denen Sie unter dem Stuhl leicht herausrutschen

8. Den Blick senken. Gefühlsmenschen senken ihren Blick gerne, um »ins Gefühl zu gehen«, also die eigenen Gefühle besser spüren zu können. Doch Vorsicht: jeder gesenkte Blick wird als Unterwerfung und Unsicherheit gedeutet. Den Blickkontakt zu unterbrechen sollten Sie besser, in dem Sie auf Augenhöhe zur Seite sehen.

9. Arme verschränken. Es gibt viele Gründe, die Arme zu verschränken, von Bequemlichkeit bis Wärme. Die Wirkung auf andere ist jedoch ein Verschließen und Abwehren.

10. Weiche, gebückte oder krumme Haltung. Alles außer einer geraden Haltung wirkt entsprechend unsicher oder unterwürfig.

11. Dominanz-Gesten. Jemandem die Hand auf die Schulter legen oder bei der Begrüßung von oben auf die andere Hand oder den Unterarm ist nun das Gegenteil der bisherigen: Sie üben eine Dominanz aus, die dem anderen unangenehm ist.

12. Arroganz-Gesten sind ebenso unangenehm, egal ob aus echter Arroganz oder aus Schutz aufgrund Unsicherheit. Am meisten gefährdet sind übrigens Rot-Blaue aufgrund Ihrer Haltung. Die Nase zu hoch, den Oberkörper leicht nach hinten geneigt, oder beim Sprechen die Augen gegen Ende des Satzes langsam schließen, wird als Arroganz gedeutet.

13. Ebenso arrogant und respektlos wirkt eine – und erst recht beide – Hände in der Hosentasche. Unser Gegenüber will die Hände stets sehen.

Diese Liste ließe sich natürlich noch lange fortsetzen, doch die wichtigsten Anzeichen sind hier aufgelistet, weitere entnehmen Sie einschlägigen Büchern, z. B. »Körpersprache« von Monika Matschnig.

IHRE STIMME ZEIGT EMOTIONEN

Mit einem weiteren Ausdrucksmittel können Sie sich optimal präsentieren. Mit Ihrer Stimme und Sprechweise können Sie hervorragend Emotionen zeigen. Es gibt nichts Ermüdenderes, als jemandem über mehrere Minuten zuhören zu müssen, der sehr monoton spricht. Emotionen wirken dem entgegen. Dazu sollten Sie Ihre Stimme und Sprechweise üben, wenn Sie bisher zu wenig abwechselnd sprechen. Die Übung Körpersprache weiter oben in diesem Kapitel ist eine hervorragende Möglichkeit auch Ihre Sprechweise zu üben. Denn Körpersprache, Stimme und Sprechweise hängen stark voneinander ab.

 JUWELEN-GEDANKE

Körpersprache, Stimme und Sprechweise beeinflussen sich gegenseitig.

Versuchen Sie nur einmal einen Satz auf die gleiche Art zu sprechen und dabei aber eine offene, eine verschlossene und gar keine Körpersprache zu machen. Sie werden sehen, wie sich Ihre Stimme verändert. Umgekehrt ebenso: sprechen Sie den Satz deutlich unterschiedlich, wird sich Ihre Körpersprache verändern. Je mehr Körpersprache Sie also einsetzen, desto lebendiger wird Ihre Stimme.

Trotzdem sollten Sie noch weiter daran arbeiten. In der vorgenannten Übung experimentieren Sie mit unterschiedlichsten Betonungen, Sprechpausen und Tonhöhen. Sie können variieren, in dem Sie die Lautstärke, Sprechgeschwindigkeit oder den Rhythmus verändern. Spielen Sie damit. Stimme und Sprechweise sollten Sie ständig trainieren. Ihre Stimme ist eines Ihrer wichtigsten Werkzeuge. Halten Sie es in Schuss!

Profis trainieren übrigens Ihre Stimme kontinuierlich, denn eine wohlklingende Stimme, bei der der Mund nicht austrocknet, wirkt glaubwürdiger, sympathischer und kompetenter. Dazu gibt es Logopäden, Sprechtrainer und Literatur.

ÜBUNG STIMME

Suchen Sie sich einen emotionalen Film, der Ihnen in digitaler Form vorliegt, also auf DVD oder Festplatte. Er sollte auf Deutsch gedreht sein, denn eine Synchronisation erfordert oft einen eigenartigen Rhythmus. Nehmen Sie eine emotionale Szene, in der die Schauspieler ihre Stimme stark variieren. Hören Sie diese Szene einige Male an und achten Sie dabei darauf, wie Emotionen ausgedrückt werden. Achten Sie darauf, wie die Stimme variiert wird. Nun sprechen Sie mit. Übertreiben Sie dabei die Stimmvarianz der Protagonisten. Sprechen Sie besonders überdeutlich die unterschiedlichen Tonhöhen, Betonungen etc. nach. Experimentieren Sie auch mit eigenen Varianten. Machen Sie Sprechpausen länger oder kürzer, betonen Sie noch stärker oder auf andere Wörter. Probieren Sie aus, was passiert, wenn Sie sitzen oder stehen. Wie beeinflusst das Ihre Stimme?

Beantworten Sie anschließend die Fragen:

Mit welchen sprachlichen Mitteln kann ich ein einzelnes Wort betonen?

Mit welchen sprachlichen Mitteln kann ich Spannung erzeugen?

RHETORIK, DIE KUNST DER WIRKUNG

Rhetorik als die Kunst der Beredsamkeit entstand in der griechischen Antike und ich definiere es als »wirkungsvoll das Richtige im richtigen Augenblick verbal und/oder nonverbal zu kommunizieren.« Oder anders gesagt: Es geht darum, Wirkung zu erzeugen. Und das genau ist die Aufgabe eines Juwels.

Vieles, was in der Rhetorik gelehrt wird, hilft Ihnen weiter. Demosthenes, ein Redner der Antike, nahm angeblich Kieselsteine in den Mund und redete gegen das Meer an, um sein Stottern los zu werden und seine Aussprache zu verbessern. Ihr Zahnarzt rät Ihnen sicher davon ab. Auch das berühmte Korkensprechen - Korken zwischen die Zähne und versuchen so deutlich wie möglich zu artikulieren – ist bei Kieferorthopäden in Verruf geraten. Dasselbe mit dem Daumen-Knöchel ist in Ordnung, da werden Sie bestimmt nicht zu viel Druck in den Biss legen. Beide Techniken sollen die Aussprachedeutlichkeit erhöhen. Um lebendig zu sprechen, trainieren Sie bitte folgendes:

 JUWELEN-GEDANKE

Wirkungsvoll das Richtige im richtigen Augenblick verbal und/oder nonverbal kommunizieren.

1. Klare Artikulation – die genannte Daumenübung kann helfen. Machen Sie das möglichst kurz vor einer Rede, Sie lockern dadurch die Sprechmuskulatur

2. Den Mund zu bewegen – manche sprechen mit den kleinstmöglichen Bewegungen von Lippen, Kiefern und Zunge. Lockerungsübungen wie Kieferkreisen oder Zungenübungen machen die entsprechenden Muskeln beweglich

3. Laut sprechen – viele pressen beim lauter Sprechen oder Schreien den Hals zusammen und drücken dann krächzend die Worte heraus – mit dem Ergebnis von Halsschmerzen. Öffnen Sie bewusst Ihren Kehlkopf beim lauten Sprechen, Sie sprechen klarer und ohne Schmerzen – und das richtig laut

4. Variation – nutzen Sie bewusst die Möglichkeiten, Abwechslung in Ihre Sprechweise zu bekommen: Lautstärke, Tempo, Tonhöhe, Rhythmus, Pausen etc. Trainieren Sie das in Ruhe, damit Sie es dann automatisch einsetzen

5. Kurze Sätze – trainieren Sie in kurzen, beschreibenden Sätzen im Präsens zu sprechen, das wirkt lebendiger und ist leichter zu verstehen und zu verarbeiten

6. Spannung – erzeugen Sie Spannung und Aufmerksamkeit durch besondere Betonung Ihrer Worte

7. Sprechpausen - Interpausen setzen Sie zwischen zwei Sätze, Intrapausen in einem Satz vor und nach einem zu betonenden Wort. Beides erscheint dem Publikum kürzer als dem Redner - trainieren Sie also lange Pausen mit Blickkontakt. Pausen erzeugen Betonung und Spannung

8. Körpersprache - wie Gestik und Mimik, die das Gesagte unterstreichen und durch die Bewegung die Stimme verbessern

Für alles gilt wieder einmal mehr: trainieren Sie in Ruhe und machen Sie es sich zur Gewohnheit. In der Echt-Situation werden Sie keine Zeit haben, daran zu denken. Dann soll es bereits zur Gewohnheit geworden sein.

Übung Rezitieren

Mit dieser Übung erleben Sie, welche Wirkung Stimme auf den Inhalt hat. Nehmen Sie dazu einen Zeitungsartikel oder ein Telefonbuch (das ist schwieriger, aber lustiger). Stellen Sie sich hin und tragen den Text bzw. die Namen als Text in einer bestimmten Rolle vor: predigender Pfarrer, aufgeregte Mutter auf Elterntag, Nachrichtensprecher, Grabredner, Chef vor Mitarbeitern, Politiker im Wahlkampf, Jubiläumsredner, Richter verliest Urteil, Shakespeare-Schauspieler, Hausmeister, Vereinsmeier, Otto Waalkes, Heinz Erhardt, Boris Becker, Verona Pooth ... Legen Sie so viel Ausdruck, Kraft, Passion und Überzeugungskraft in Ihre Stimme, wie es der jeweiligen Rolle entspricht. Übertreiben Sie es ruhig, es hört Ihnen niemand zu. Und machen Sie sehr lange Wirkungspausen, wo es angebracht ist.

Dabei kommt es nicht darauf an, dass Sie ein guter Schauspieler oder Imitator sind. Es kommt darauf an, die Möglichkeiten Ihrer Stimme zu entdecken und zu nutzen. Wenn Sie dabei über sich selbst lachen können, umso besser!

Nachdem Sie eine Weile geübt haben, nehmen Sie Ihre Stimme auf Band auf. Erschrecken Sie nicht - Ihre Stimme klingt anders, als Sie es gewohnt sind. Andere hören Ihre Stimme immer so, wie Sie sie vom Band hören. Deshalb ist es sinnvoll, die Übung mit Aufnahme zu wiederholen, und sich dann anzuhören, wie es klingt.

Alle in diesem Kapitel genannten Techniken können Sie auf Dauer nur verfeinern, wenn Sie sie - anfangs sicher intensiver - regelmäßig und konsequent
üben. Bleiben Sie am Ball. Erfahrungen und Feedback von Kollegen und Teilnehmern an Besprechungen und Präsentationen werden Sie bestärken.

ZUSAMMENFASSUNG:

1. Viele versuchen mit Argumenten zu überzeugen, die Zuhörer weich zu klopfen.
    Je mehr Argumente, desto mehr kann Ablehnung entstehen. Eigentlich eine
    Ablehnung der Person.

2. Bei Argumenten fragen wir uns nach der Glaubwürdigkeit der Quelle, der da-
    hinter steckenden Absicht und nach Gegenbeispielen. Argumente funktionie-
    ren selten, weil wir auf eines davon immer eine Antwort finden.

3. Argumente funktionieren, wenn der Zuhörer noch keine Meinung hat. Sie wer-
    den vor allem dann besonders wirkungslos, wenn bereits eine andere Überzeu-
    gung gefestigt ist.

4. Erfolgreich überzeugende Menschen haben erkannt: Nicht Argumente über-
    zeugen, sondern die Kraft der Persönlichkeit und die Kraft ihrer Worte.

5. Überzeugungskraft wird vor allem in der Körpersprache wahrgenommen. Die
    Bedeutung der Körpersprache liegt weit über der von Sprache.

6. Der berühmte erste Eindruck entsteht in 150 Millisekunden. In dieser Zeit er-
    kennen wir vor allem die so wichtige Körperhaltung und vielleicht noch das
    Äußere.

7. Ein Lächeln kommt aus dem Herzen und bestimmt Ihre ganze Art. Sie zeigen
    dadurch Freundlichkeit, Offenheit, Sympathie, Wertschätzung und Zuneigung.

8. In Blickkontakt steckt »Kontakt«. Blickkontakt drückt nicht nur Sicherheit,
    Ehrlichkeit und Interesse aus, sondern auch Dominanz.

9. Ein Juwel hat keine Makel. Viele Gesten zeigen Unsicherheit, Unterwürfigkeit,
    Unehrlichkeit, Verlegenheit oder ähnlich dramatische Anzeichen. Diese gilt es
    durch bessere zu ersetzen.

Teil III
Das Juwel

9. Das Funkeln in allen Facetten

Wie Sie sich neue Rollen im Leben zu eigen machen, statt sie nur zu spielen

Auf einer Veranstaltung treffe ich eine junge Frau. Sie will eine Event-Agentur gründen. Erste Erfahrungen hat sie gemacht und sie hat einige Vorstellungen. Als ich genauer nachfrage, stellt sich heraus, dass sie Parties liebt, auch gerne im Service gearbeitet hat - früher in Bars und Clubs, dann auf etlichen Events - doch Organisation fällt ihr nicht leicht. Und wie sie an Kunden kommen soll, weiß sie schon gar nicht.

Nicht jedes Ziel ist sinnvoll. Spaß an einer Sache reicht nicht. Eine neue Rolle zu entwickeln hat nur dann Chance auf Erfolg, wenn sie Ihnen entspricht. Leider erlebe ich immer wieder Menschen, die nicht wissen, was Sie wollen, welche, die sich selbst unterschätzen oder welche, die sich total überschätzen.

In einem Vortrag berichtete eine Referentin über zwei Untersuchungen, eine bei der damaligen Hypobank und eine bei Daimler. Das Ergebnis: Nur rund zehn Prozent der Mitarbeiter können sich selbst richtig einschätzen. Eine erschreckend niedrige Zahl. Fast neunzig Prozent der restlichen neunzig Prozent unterschätzen sich. Ich habe daraus gelernt, dass es nicht einfach mal so eine »ach, was macht mir denn Spaß?«-Entscheidung ist, welchen Weg man gehen soll. Das gilt für die Berufswahl ebenso, wie für entscheidende Schritte im Beruf.

Ihre jetzigen Rollen sind Gewohnheiten, Teil Ihrer Persönlichkeit. Die neue Rolle, die neuen Rollen, müssen ebenfalls zu Gewohnheiten werden. Sie müssen ebenfalls Teil Ihrer Persönlichkeit werden. Es muss eine professionelle Authentizität entstehen, in der Sie sich wohlfühlen und mit der Sie das richtige Bild abgeben. Es ist sinnvoll, neue Rollen zu entwickeln. Und zwar gezielt. Sie inszenieren sich dabei gezielt nach einem genauen Plan. Und den werden Sie in diesem Kapitel entwerfen.

DAS HERZSTÜCK IST IHR INNERES

In Kapitel 8 haben wir uns Körpersprache und Stimme gewidmet. Das sind Teilaspekte, die ihre Bedeutung haben. Doch es gibt nichts Schlimmeres als einen Redner, der eher wie ein Schauspieler wirkt und bei dem man das Gefühl hat, da ist nichts dahinter. Verstehen Sie mich nicht falsch: es ist schon okay, wenn mal Kleinigkeiten nicht authentisch wirken. Das kann erstens situativ jedem mal passieren. Und zweitens ist das in der dritten Lernphase der bewussten Kompetenz unvermeidlich. Doch wenn das Publikum den Eindruck hat, da ist nichts stimmig und hier spielt jemand einen kompetenten Manager vor, der er nicht ist, geht der Schuss nach hinten los, einen einmal ruinierten Ruf können Sie schlecht wiederherstellen.

Ein durchaus lustiges Beispiel hat auf bedeutungsvolle Art gezeigt, wie ein unauthentisches Verhalten auf das Publikum gewirkt hat und böse Folgen hatte. Kennen Sie Edmund Stoibers Transrapid-Rede? An dieser Rede war nichts authentisch. Sie war schlicht wirr. Hier die Rede im Wortlaut:

DER TRANSRAPID, WEIL DAS JA KLAR IST! – EDMUND STOIBER

»Wenn Sie ... vom Hauptbahnhof in München ... mit zehn Minuten, ohne dass Sie am Flughafen noch einchecken müssen, dann starten Sie im Grunde genommen am Flughafen, am, am Hauptbahnhof in München, starten Sie Ihren Flug – zehn Minuten ... schauen Sie sich mal die großen Flughäfen an, wenn Sie in Heathrow in London oder sonstwo, meine, Charles de Gaulle, äh, in Frankreich oder in, äh, in, in, äh in, äh, Rom, wenn Sie sich mal die Entfernungen ansehen, wenn Sie Frankfurt sich ansehen, dann werden Sie feststellen, dass zehn Minuten ... Sie jederzeit locker in Frankfurt brauchen um Ihr Gate zu finden. Wenn Sie vom Flug- ... vom, vom Hauptbahnhof starten – Sie steigen in den Hauptbahnhof ein, Sie fahren mit dem Transrapid in zehn Minuten an den Flughafen in, an den Flughafen Franz-Josef Strauß, dann starten Sie praktisch hier am Hauptbahnhof in München – das bedeutet natürlich dass der Hauptbahnhof im Grunde genommen näher an Bayern, an die bayerischen Städte heranwächst, weil das ja klar ist, weil aus dem Hauptbahnhof viele Linien aus Bayern zusammenlaufen.«

Alles klar? Au weia! Was war passiert? Es sieht ganz danach aus, dass Stoiber - sonst durchaus ein guter Redner - mit seinen Gedanken vollkommen woanders war. Wer an etwas anderes denkt, ist kaum in der Lage seine Sätze und seine Körpersprache zu koordinieren. Stoiber konnte nicht einmal mehr die Worte in den Sätzen koordinieren. Da ihm das mehrmals kurz nacheinander passiert ist, entstand in der Öffentlichkeit das Bild, er wäre nicht mehr kompetent. Nun begann sein Stern zu sinken und schließlich musste er seinen Platz räumen.

 JUWELEN-GEDANKE

Wer nicht konzentriert ist, kann Worte und Körpersprache nicht koordinieren.

Ihre Entwicklung muss also als Ganzes vorangetrieben werden. Das Herzstück ist Ihr Inneres - Einstellung, Selbstvertrauen, Sicherheit - und letztlich sind Körpersprache und Stimme der äußere Ausdruck dessen.

Erfolgreiche Menschen denken in erster Linie die richtigen Gedanken. Doch was sind die Gedanken, die erfolgreiche Menschen erfolgreich machen? So weit dies nachvollziehbar und durch Umfragen und Untersuchungen belegt ist, sind das vor allem positive Gedanken.

1. Positive Gedanken über sich selbst: »Ich schaffe das« statt »Das kann ich nicht«

2. Positive Gedanken über das Umfeld: »Es kommen immer die richtigen Menschen zu mir« statt »Hoffentlich prellt mich nicht jemand um die Rechnung« oder »Hoffentlich sitzt da nicht wieder so ein Miesepeter in der Besprechung mit drin«

3. Positive Gedanken über die Zukunft: »Alles wird gut« statt »Es wird wieder schieflaufen«

Der Grat zwischen Selbstüberschätzung und positiven Gedanken ist schmal. Reflektieren Sie also durchaus kritisch, denn es ist ja nicht so, dass es das Negative nicht gibt. Konzentrieren Sie sich dann jedoch auf das Positive.

Sich an Vorbildern zu orientieren, kann Ihnen helfen, die eigene Rolle zu entwickeln und zu verbessern. Beobachtung ist die Grundvoraussetzung für Lernen. Lernen Sie von anderen, doch kopieren Sie niemanden! Die Versuchung, Eigenschaften und Verhaltensweisen von erfolgreichen Menschen nachzumachen, ist gefährlich. Es wirkt erstens wenig authentisch und zweitens führt es zu einem unzusammenhängenden Gesamtbild, an dem nichts mehr stimmt. Das sind nicht Sie. Sie können ein wunderbares Original sein oder eine billige Kopie. Stehen Sie lieber zu sich.

IHRE SELBSTINSZENIERUNG

Nun geht es ans Eingemachte. Wie werden Sie sich positionieren? Welches Bild wollen Sie abgeben? Das werden wir im Folgenden erarbeiten. Dabei entwickeln wir eine Rolle, Ihre persönliche Rolle.

Damit Sie zum funkelnden Juwel werden, ist das Ziel, eine Rolle zu finden, die den folgenden Kriterien entspricht:

1. Sie entspricht Ihrer Persönlichkeit und ist bzw. wird authentisch

2. Sie erzeugt ein positives, wirkungsvolles und zielorientiertes Bild von Ihnen in der relevanten Zielgruppe

3. Sie macht Sie einzigartig

 JUWELEN-GEDANKE

Ihre Rolle muss Ihnen entsprechen, authentisch wirken und einzigartig sein.

Diese Rolle wird nicht vollkommen neu sein. In den meisten Fällen bauen Sie auf einer vorhandenen Rolle auf. Hier ein bisschen nachgeschliffen, dort ein bisschen poliert. Mal mehr, mal weniger. So lange, bis das Juwel funkelt. Neu ist daran, dass die Rolle eindeutig definiert wird. Es ist weniger Aufwand und Sie fühlen sich schneller damit wohl, als Sie jetzt vielleicht vermuten.

Da dieser Prozess trotz alledem aufwändig ist, fangen Sie nur damit an, wenn Sie bereit sind, die Zeit und Mühen zu investieren. Sie entwickeln die Rolle auf dem Papier und in Ihrer Vorstellung. Dieser Prozess dauert zwischen ein paar Stunden und einigen Monaten, je nachdem wie schnell Sie den Kern treffen. Danach entwickeln Sie sich in die Rolle hinein: Kommunikation in verbaler und nonverbaler Form, Verhalten, Erscheinungsbild etc. Und als Drittes bauen Sie Ihre Marke, Ihr Netzwerk und Ihre Zielgruppe auf bzw. sorgen in der jeweiligen Gruppe für eine klare und einprägsame Darstellung Ihrer Rolle. Das alles dauert, ist mühsam, dafür sehr, sehr erfolgversprechend!

Wie kommt Ihre neue Rolle bei Ihrer Umgebung an und wie werden die Menschen reagieren? Das hängt davon ab, wie gut Sie Ihre Ziele umsetzen und wie schnell Sie in der neuen Rolle authentisch wirken. Doch nach anfänglicher Verwunderung und dem Austausch einiger Mitglieder Ihrer Peer-Group, werden Sie von Ihrem Umfeld ebenso positiv angenommen werden, wie von Ihrer Zielgruppe. Sie brauchen Ihre Peer-Group sogar als wertvollen Feedback-Geber und als Testfeld. Denn positive Rückmeldungen bestärken Sie und geben Ihnen immer wieder Mut und Motivation.

Ihre neue Rolle können Sie vergleichen mit einer Marke. Ein starke Produkt-Marke entsteht nicht von jetzt auf gleich. Sie muss entwickelt werden, aber auch wachsen. Sie muss durch Werbung bekannt gemacht werden, aber sich auch herumsprechen. Sie muss Erwartungen erfüllen, aber auch immer wieder durch Einzigartigkeit überraschen.

Das Ziel jeder Marke ist es, ein Versprechen abzugeben. Ein Versprechen von Qualität, Status und Besonderheit. Nicht jede Marke schafft dies und einige Marken trudeln nach kurzer Zeit mit der Preisspirale in den Abgrund. Hochwertige Marken mit Substanz dagegen, haben Bestand. Und so eine hochwertige Marke wollen wir kreieren.

 JUWELEN-GEDANKE

Eine Marke ist ein Qualitätsversprechen.

ÜBUNG MARKEN

Welche hochwertigen und exklusiven Marken fallen Ihnen ein? Schreiben Sie diese untereinander an den linken Rand eines Papierblattes. Schreiben Sie daneben jeweils ein paar Stichwörter, wie Sie die Marke assoziieren. Nennen Sie nicht die Aussagen, die Sie womöglich aus der Werbung kennen, nennen Sie die Gedanken, die sich in **Ihrem** Kopf gebildet haben. Es geht einzig um Ihre individuelle Wahrnehmung. Hier einige Beispiele mit meinen Assoziationen:

Apple   innovativ, cool, Design, edel, Qualität, Must-have

Mercedes   elegant, sicher, bequem, sportlich, schnell, wertbeständig

Montblanc   edel, Meisterstück, teuer, Image gefährdet durch Imitate

Porsche   Sound, sportlich, schön, Spaß, schnell

Sie als Marke? Ist das nicht übertrieben? Nein, denn Sie sollen ja nicht mit Porsche konkurrieren. Doch bezogen auf Ihre Aufgabe und Ihre Zielgruppe soll ein Bild entstehen, das einer Marke entspricht. »Die Marke Ich« sozusagen. Wir wissen, dass heute Menschen als Marken durchaus einen Mehrwert erzeugen. Das gilt nicht nur für die Zetsches, Guttenbergs, Gottschalks und Merkels. Denken Sie an Menschen in Ihrer Umgebung, an Menschen, die sich durch irgendetwas herausheben. Sei es durch Erfolg, Beliebtheit oder (Ehren-)Ämter: sie alle sind auf gewisse Art Marken, Originale. Nicht jede Marke ist bewusst inszeniert. Manch einer ist einfach so drauf. Andere sind inszeniert und keiner merkt, dass da Arbeit dahintersteckt.

ÜBUNG ATTRIBUTE BEKANNTE

Welche Bekannten fallen Ihnen ein, die sich durch irgendetwas (Amt, Leistung, Verhalten, Stärken …) herausheben? Diese Menschen müssen keine positiven Vorbilder sein, lediglich sich durch irgendetwas von der Masse abheben.

Schreiben Sie diese wieder untereinander an den linken Rand eines Blatts. Schreiben Sie daneben jeweils ein paar Stichwörter, wie sich diese Menschen auszeichnen. Es geht einzig um *Ihre* individuelle Wahrnehmung. Hier wieder Beispiele:

Mayer, Vorstand Edu AG	innovativ, sachlich, langweilig, anerkannt
Frau Holle, Montessori	hilfsbereit, engagiert, durchsetzungsstark
Hans, Sportvorstand	sportlich, trinkfest, humorvoll, attraktiv

Eine gezielte Selbstinszenierung ist also eine strategisch geplante Rolle, die Sie authentisch wirken lässt und die ein eindeutiges Bild von Ihnen in Ihrem Umfeld, Ihrer Zielgruppe und der Öffentlichkeit abgibt. Sie dient als (Verhaltens-)Richtlinie für Sie selbst und als Zielbild. Durch diese Marke werden Sie Klarheit für sich selbst und gegenüber anderen erzeugen. Sie werden für Mitarbeiter, Kollegen, Vorgesetzte, Kunden und alle anderen berechenbar und wirken dadurch sympathisch, kompetent und selbstsicher. Sie etablieren sich als Experte mit Profil. Sie etablieren Ihre Rolle als Marke. Sie etablieren eine professionelle Authentizität.

Wir brauchen dazu Vorbilder, die nicht der Masse entsprechen, sondern die sich von dieser durch ein vorbildliches, charismatisches und sympathisches Verhalten abheben. Nicht Kiesel, sondern Edelsteine. Diese Ausnahmeerscheinungen, die konsequent und erfolgreich in der Sache ihre Ziele erreichen und dabei stets wertschätzend mit ihren Mitmenschen umgehen. Deren Motive wir gutheißen. Die wir gerne bewundern, weil sie scheinbar mit Leichtigkeit authentisch wirken. Diese Juwele sind gar nicht so selten, sie werden nur in der starken medialen Präsenz von Blendern und Egoisten weniger wahrgenommen.

ÜBUNG VORBILDER

Um auf Sie authentisch wirkende Vorbilder zu analysieren, beginnen Sie jetzt eine Liste der Menschen zu erstellen, die Ihnen als Vorbilder dienen können. Das können Menschen aus dem öffentlichen Leben und aus Ihrem beruflichen oder privaten Umfeld sein. Nehmen Sie in die Liste neben den Namen Ihre Beobachtungen auf:

▶ Wer sind Ihre Vorbilder? Das können auch Menschen sein, die in einem Teilbereich Ihr Vorbild sind.

▶ Was gefällt Ihnen an den Vorbildern? Was beobachten Sie? Welche Eigenschaften, Verhaltensweisen, Merkmale haben diese? Was finden Sie überhaupt an anderen Menschen gut?

▶ Was können Sie im Vergleich mit Ihren Vorbildern ebenfalls gut oder besser?

▶ Was haben Sie nicht, was diese haben? Sind diese Eigenschaften für Sie erstrebenswert und passen sie zu Ihnen?

Ihre Vorbilder dienen uns später dazu, einen Maßstab zu haben in den Dingen, die Sie ausmachen. Ob das dann im Äußeren, Charakter oder Verhalten liegt, kann im Einzelfall durchaus unterschiedlich sein.

Doch nun wollen wir mit Ihrer Rolle beginnen. Die nachfolgende Übung ist die größte Aufgabe in diesem Buch. Sie wird viel Zeit in Anspruch nehmen. Nehmen Sie dazu Ihr Notizbuch (oder Ihren Computer) und schreiben Sie sich all die Gedanken dazu auf. Sie werden pro Frage vielleicht eine, vielleicht drei, vier Seiten voll schreiben. Je besser Sie sich dabei in mögliche Situationen hineinversetzen können und sich darin vorstellen, desto genauer können Sie die Fragen beantworten.

ÜBUNG 18 FRAGEN ZUR ROLLENENTWICKLUNG

1. Wie wirken Sie heute? Geben Sie eine ganz persönliche und private Selbsteinschätzung ab. Notieren Sie dies ausführlich, gerne auch mit Anmerkungen, wie Sie über diese Wirkung denken. Sind Sie mit der jeweiligen Eigenschaft, dem Verhalten, dem Merkmal zufrieden oder stört es Sie? Nehmen Sie dazu die Notizen aus früheren Kapiteln, insbesondere Kapitel 3, zu Hilfe.

2. Wie wollen Sie künftig von anderen wahrgenommen werden? Wie wollen Sie wirken? Notieren Sie das Bild, das Sie von sich haben möchten analog zur Antwort der 1. Frage mit den gewünschten Änderungen. Beantworten

Sie erst danach die 3. bis 5. Frage, die jeweils einen Teilbereich genauer beleuchten.

3. Wie verhalten Sie sich in der speziellen Situation, an die Sie denken, in Ihrer neuen Rolle? Überlegen Sie sich, woran Sie bzw. andere erkennen, dass das eine neue, andere Rolle ist. Stellen Sie sich dazu eine konkrete, möglichst herausfordernde Situation vor. Arbeiten Sie die Unterschiede in Ihrem Verhalten und Habitus zu heute heraus. Entspricht diese Ihrem Persönlichkeitstyp?

4. Wie treten Sie visuell in der neuen Rolle auf? Wird man es an Ihrer Kleidung, Ihrer Frisur, Ihrem Schmuck, ggf. an Ihrem Make-up sehen, dass Sie nun eine andere Rolle zeigen? Vielleicht verändern Sie nur Details, vielleicht aber auch alles. Planen Sie ein Markenzeichen wie Zetsches Schnauzbart, Steve Jobs schwarzer Pullover oder – erinnern Sie sich noch? – Heinz Riesenhubers[8] Fliege?

5. Wie verändert sich mit der Rolle Ihr Habitus? Was behalten Sie an Haltung, Körpersprache, Stimme, Sprechweise oder Rhetorik bei und was ändern Sie? Wie werden Sie durch Ihr Auftreten und Ihre Kommunikation andere erreichen, gewinnen und überzeugen?

6. Verwenden Sie für diese Frage die Liste aus Kapitel 3. Welche der dort genannten Eigenschaften bzw. Attribute werden künftig von anderen mit Ihnen assoziiert, und welche weniger bzw. nicht mehr? Nehmen Sie sich dazu bitte auch die Listen aus den ersten drei Übungen dieses Kapitels vor (Marke bis Vorbilder) und vergleichen die Ergebnisse damit, wie Sie künftig wirken wollen.

7. Vergleichen Sie sich mit anderen, mit positiven und negativen Beispielen. Auch hierzu dienen die Listen »Attribute Bekannte« und »Vorbilder«.

---

8 Heinz Riesenhuber von 1982 bis 1993 Bundesminister für Forschung und Technologie und trug immer eine farbige Fliege statt Krawatte.

8. Stellen Sie sich diesmal ein lockeres Abendessen oder eine Besprechung vor. Wie verhalten Sie sich im Rahmen dieser Gruppe und inwieweit hat sich dies verändert? Im Rahmen der Gruppendynamik gibt es immer unterschiedliche Rollen, die von den Teilnehmern besetzt werden. Beispielsweise den formellen und den informellen Führer, den humorvollen Clown und den Klassentrottel, den Kümmerer, Ja-Sager oder Unbeteiligte. Was waren Sie bisher und in welcher Rolle sehen Sie sich künftig? Ist dies abhängig von anderen Anwesenden oder werden Sie diese Rolle immer einnehmen. Es gibt einige der Figuren nur einmal in jeder Gruppe. Entspricht diese Ihrem Persönlichkeitstyp?

9. Welche Glaubenssätze, hindern Sie, sich so positiv zu zeigen und sich und Ihr Können so zu verkaufen, wie Sie es sich eben vorgestellt haben? Überlegen Sie, wie in Kapitel 3 beschrieben, bei jedem Gedanken, der Ihnen als möglicher Glaubenssatz einfällt, was dahinter steckt und noch wichtiger ist. Versuchen Sie herauszufinden, was Ihre wahren Überzeugungen sind, die Sie bisher gehindert haben oder in Zukunft hindern könnten, Ihre ideale Rolle zu leben.

10. Welche Glaubenssätze wären stattdessen hilfreicher? Machen Sie eine der Übungen Glaubenssatzveränderung (mental, rational oder albern) für jeden Glaubenssatz, wie sie in Kapitel 3 beschrieben sind.

11. Stellen Sie sich nun bitte genau vor, Sie haben die neue Rolle bereits angenommen. Wie fühlt sich die neue Rolle für Sie an? Zum einen, wie sie sich dann anfühlen wird, wenn Sie sie authentisch ausfüllen und zum anderen, wie es sich heute für Sie anfühlt, wenn Sie wissen, dass Sie diese Veränderungen vor sich haben.

12. Welche Ecken und Kanten werden Sie künftig zeigen? Eigenarten und kleine Schwächen und Fehler erzeugen Menschlichkeit. Dabei dürfen Sie die positiven Erwartungen nicht zerstören, die Ihre neue Rolle versprechen soll.

13. Wenn Sie gelebt haben, haben Sie Geschichten erlebt. Geschichten interessant erzählt, macht Sie für andere interessant. Sammeln Sie diese Erlebnisse. Was sind Ihre persönlichen Geschichten und Erlebnisse – welche zei-

gen Sie davon? Denn Sie zeigen natürlich nur die, die zu Ihrer Rolle passen. Entscheiden Sie sich für Erfahrungen, die Ihre Kompetenz hervorheben, die Ihre Charaktereigenschaften aufzeigen oder die Sie sympathisch erscheinen lassen. Entscheiden Sie sich auch, welche Geschichten Sie künftig nicht erzählen, weil diese Ihr Bild nicht unterstützen oder sogar beschädigen könnten.

14. Wer sind die Menschen, die Sie zukünftig umgeben sollen, Ihre Peer-Group? Welche Rolle spielen diese in Ihrem künftigen Leben? Wen werden Sie von Ihren bisherigen Wegbegleitern mit weniger Aufmerksamkeit bedenken?

15. Was ist Ihre größte Herausforderung in Bezug auf die Veränderung? Wo sehen Sie Schwierigkeiten, Blockaden oder Engpässe, auf die Sie besonders aufpassen müssen? Wie werden Sie vorgehen?

16. Was wird es Sie kosten, wenn Sie *keine* Veränderung herbeiführen? Wenn Sie so weiter machen wie bisher, müssten Sie dann auf etwas verzichten, erreichen Sie dann Ziele und Erfolge nicht?

17. Wie wird sich Ihr Leben verbessern, wenn Sie an Ihrer Rolle arbeiten, sie verbessern? Arbeiten Sie die Unterschiede zwischen der 16. und 17. Frage heraus. Was ist der Lohn der Mühe?

18. Machen Sie nun mit sich einen Vertrag, der Sie zur Einhaltung Ihrer persönlichen Zielsetzung verpflichtet. Dazu finden Sie am Ende des Kapitels eine Übung.

Mit dieser Übung haben Sie mehrere Dinge gleichzeitig erreicht. Zuerst haben Sie sich selbst kritisch reflektiert, denn Sie haben die Dinge fixiert, die Sie an sich verändern wollen. Zum zweiten haben Sie sich damit beschäftigt, was in Ihren Augen gut ankommt und wie Sie sich in Zukunft geben werden in Bezug auf Habitus, Äußeres und Verhalten. Zum dritten haben Sie sich ein Zielbild geschaffen, zumindest ein erstes. Das, was Sie jetzt auf dem Papier haben, hilft Ihnen, sich eine Vorstellung darüber zu machen, welche all der in diesem

Buch angesprochenen Punkte für Sie relevant sind. Sie können also die Inhalte filtern und sich auf die konzentrieren, die für Sie von besonderer Bedeutung sind.

Am Ende des Buches sollten Sie sich dann das Ergebnis dieser Übung nochmals ansehen und komplett überarbeiten. Durch die Erkenntnisse der noch folgenden Kapitel werden Sie Ihre Rolle weiter verfeinern und neue Einsichten verarbeiten.

Überprüfen Sie nun nochmals alles und überlegen, ob Sie die neuen Anforderungen nach Durchlaufen der dritten Lernphase Ihrer Meinung nach auch realistisch zu einem authentischen Teil Ihrer Selbst machen können. Unterschätzen Sie sich dabei nicht, Sie können mehr erreichen, als Sie sich vielleicht vorstellen können.

IHR WAHRES ICH

Wir sind alle auf der Suche nach Authentizität und jede Abweichung fällt uns auf. Authentizität kann man nicht vortäuschen, zumindest nicht auf Dauer. Wer dagegen eine eigene Rolle entwickelt und so lange an ihr arbeitet, bis sie authentisch wirkt, zeigt einen Teil seiner Selbst. Nicht eine billige Kopie oder Schauspielerei. Wer seine eigene Rolle lebt - ob alt oder neu - braucht sich nicht zu verstecken. Er zeigt einen Teil von sich.

 JUWELEN-GEDANKE

Wer seine Rolle lebt, braucht sich nicht zu verstecken.

Wenn Sie eine Führungspersönlichkeit sind, müssen Sie das nicht in jedem Augenblick sein. Sie sollten menschlich sein, ein bisschen was von sich zeigen. Selbstverständlich zeigen Sie von sich menschliche Züge, die positiv ankommen. Das können auch mal Schwächen sein, solange sie von anderen akzeptiert werden. Lampenfieber, ein Texthänger oder kleine Fehler werden bei nicht zu häufigem Auftreten akzeptiert, Lügen, Egoismus oder große Fehler nicht. Dabei erwarten die Menschen von Ihnen Verbindlichkeit. Nur wer zu dem steht, was er kommuniziert, wird akzeptiert. Das ist die Definition von authentischer Führung: »Walk the Talk«, das auch selbst tun, was man von anderen erwartet.

Suzanne Bates, Coach amerikanischer Top-CEOs und Autorin des Buchs »Speak like a CEO« bringt es auf den Punkt: Das wahre Ich muss durchscheinen. Damit sagt sie zweierlei:

1. Zeigen Sie nicht Ihr wahres Ich in seiner vollen Bandbreite, sondern die Rolle Ihrer Persönlichkeit, die Sie anderen zeigen wollen

2. Diese Rolle muss ein professionell authentischer Teil Ihrer selbst sein und das muss zu erkennen sein

Es ist dabei wichtig, dass Sie selbst mit sich in Verbindung stehen. Dass Sie ganz Sie selbst sind, zu sich stehen und Sie nichts aus der Ruhe bringt. Die folgende Übung dient dazu, sich mit sich selbst zu verbinden, in der eigenen Mitte zu sein. Probieren Sie es aus, Sie werden erkennen, wie sich Ihr Gefühl verbessert.

ÜBUNG ZENTRIEREN

Stellen Sie sich auf eine freie Fläche, ungestört von anderen, Geräuschen oder Gegenständen, die zu nahe stehen. Sie können gegebenenfalls Entspannungsmusik anstellen.

Stellen Sie Ihre Füße etwas weiter auseinander, als ich es in der Übung Haltung empfohlen habe. Sie müssen sehr stabil stehen. Wichtig ist, dass Sie sich wohl fühlen und bequem und sicher stehen und dabei eine gewisse Flexibilität im Körper haben.

Nun spüren Sie in sich hinein und suchen Sie den Punkt, der Ihr Zentrum ist. Das ist in der Regel im Bereich des oberen Magens oder des Solarplexus. Spüren Sie, wie Sie selbst in dieser Mitte zentriert sind. Atmen Sie in die Mitte.

Nun stellen Sie sich vor, wie Sie nichts aus dieser Mitte bringen kann. Dazu beginnen Sie, Pendelbewegungen zu machen. Schwingen Sie Ihren Körper in den Knien, in den Hüften und auch im Bauchbereich. Die Füße bleiben dabei die ganze Zeit an derselben Stelle und bewegen sich nicht fort.

Wenn Sie eine zweite Person zur Verfügung haben, die Ihnen helfen kann, bitten Sie diese, Sie zunächst vorsichtig, dann immer kräftiger, an verschiedenen Stellen des Oberkörpers zu drücken (nicht schlagen). Sobald die Person auslässt, pendeln Sie sich mit mehreren Schwüngen wieder in die Mitte ein.

Wenn Sie möchten, können Sie dieses Gefühl der Zentriertheit ankern (siehe »Übung Anker« in Kapitel 5).

Wann immer Sie dieses starke Gefühl der Zentriertheit spüren wollen, können Sie dies entweder schnell durch einen - zuvor etablierten - Anker abrufen, oder mit Erfahrung diese Übung auch schnell in einer Ecke machen.

COMMITMENT

Veränderung braucht Zeit und Termine. Nehmen Sie nun Ihren Zeitplaner und erstellen einen Zeitplan. Achten Sie auf Urlaubszeiten und wichtige Termine zu denen vielleicht schon Änderungen funktionieren sollen. Tragen Sie sich dann regelmäßige Termine mit sich selbst ein, an denen Sie an sich arbeiten und üben. Tragen Sie auch ein, wann Sie eventuell Seminare besuchen wollen oder Coaching in Anspruch nehmen. Bleiben Sie realistisch und konsequent; und bleiben Sie am Ball.

Veränderung wird immer wieder durch dringende Aufgaben im Alltag gefährdet. Deshalb empfehle ich Ihnen, mit sich selbst einen Vertrag abzuschließen. Notieren Sie darin die zu erreichenden Ziele detailliert und in möglichst messbarer Form. Ein Ziel ist bedeutungslos, wenn Sie nicht feststellen können, ob Sie es erreicht haben. Erfolg ist das Erreichen eines zuvor selbst gesteckten Zieles. Dazu müssen Sie genau wissen, wann das Ziel für Sie erreicht ist. Zu den festgelegten Zielen kontrollieren Sie Ihre Fortschritte. Machen Sie es zu einem wichtigen Projekt, wie Projekte in Ihrem betrieblichen Umfeld auch.

Unterteilen Sie jedes dieser Ziele in Teilschritte und legen Sie fest, bis wann diese erreicht sollen werden. Legen Sie fest, welchen Zeitbedarf Sie vermutlich brauchen werden und tragen Sie diesen als Termin in Ihren Zeitplaner ein. Entscheiden Sie sich, wie ernst es Ihnen damit ist und was es gibt, das im Notfall Ihre Termine beeinträchtigen darf, und was auf keinen Fall.

ÜBUNG ZIELVEREINBARUNG

Vereinbaren Sie mit sich folgenden Vertrag:

Ich _____ vereinbare mit mir selbst, dass ich den folgenden Zeitplan einhalte und die Zielerreichung stets kontrolliere:

Bis zum _____ habe ich die folgenden Punkte zur inneren Einstellung, Sicherheit und mentalen Festigung (Kapitel 3, 5 und 7) umgesetzt:

_____
_____
_____

Ich merke, dass ich das Ziel erreicht habe, wenn

_____
_____
_____

Bis zum _____ habe ich die folgenden Punkte zur Körpersprache, Stimme und Sprechweise (Kapitel 8) umgesetzt:

_____
_____
_____

Ich merke, ob ich dieses Ziel erreicht habe, wenn

_____
_____
_____

Bis zum _____ habe ich die folgenden Punkte zu meiner Positionierung (Kapitel 9 und 10) umgesetzt:

Ich merke, ob ich dieses Ziel erreicht habe, wenn

Bis zum _____ habe ich die Punkte aus den Kapiteln 11 und 12 umgesetzt:

Ich merke, ob ich dieses Ziel erreicht habe, wenn

Datum, Name, Unterschrift

ZUSAMMENFASSUNG

1. Eine neue Rolle muss zur authentisch wirkenden Gewohnheiten werden, zu einem Teil Ihrer Persönlichkeit. Das ist professionelle Authentizität.

2. Ihre Entwicklung ist ein Ganzes, das Herzstück ist Ihr Inneres: Einstellung, Selbstvertrauen sowie Sicherheit und letztlich Körpersprache und Stimme als äußerer Ausdruck.

3. Entwickeln Sie Urvertrauen: Reflektieren Sie kritisch, konzentrieren sich jedoch auf das Positive. Jede Sache hat zwei Seiten. Der Optimist ist motiviert und voller Energie.

4. Das Ziel jeder Marke und jedes Experten ist es, ein Versprechen von Qualität, Vertrauen und Besonderheit abzugeben.

5. Ihr wahres Ich – Wir sind alle auf der Suche nach Authentizität und jede Inkongruenz fällt uns auf. Ihr Verhalten muss Teil Ihrer Persönlichkeit sein und als solche erkennbar sein.

6. Authentizität kann man nicht vortäuschen. Ihre professionelle Authentizität ist eine Rolle, die ein Teil Ihrer Selbst ist.

7. Das wahre Ich muss durchscheinen. Es ist dabei wichtig, dass Sie selbst mit sich in Verbindung stehen, dass Sie zentriert sind.

10. Was einen Edelstein zum Juwel macht

Wie Sie sich mit Ihrer Einzigartigkeit glänzend verkaufen

Sie sieht blendend aus, ist bei allen auf Anhieb beliebt, verhält sich charmant allen anderen Gästen gegenüber. Diese junge Frau im schwarzen Kostüm macht einen hervorragenden Eindruck. Sie beteiligt sich an Small-talk und hat für jeden ein Lächeln auf den Lippen. Wer sie nach ihrem Beruf fragt, erfährt, dass sie für den Veranstalter arbeitet. Sie gibt sich bescheiden und unverbindlich. Man merkt ihr ihre gute Erziehung an. Jedes Mal, wenn sie eine Gruppe verlässt, haben die Menschen anerkennende Worte für diese charmante Frau. Doch sie fragen sich: Was genau macht sie eigentlich?

Die junge Dame hat ihre Chance nicht genutzt. Tatsächlich richtet sie Events aus, ist Projektleiterin bei der Veranstaltungsagentur, die den Abend gestaltet hat. Das Unternehmen bietet komplette Firmenfeiern, Hochzeiten und Feste an. Im Grunde hätte jeder der Menschen ein potenzieller Kunde sein können. Sie ist nur angestellt und Kundenakquise ist nicht ihr Bereich. Mag sein. Doch was würde es für sie und ihre Karriere bedeuten, wenn sie durch die Begeisterung, die sie ausstrahlt mit potenziellen Kunden das Gespräch in die richtige Richtung führt. Was würde ihr Chef sagen, wenn sie den ein oder anderen Kunden bringt?

LEBEN HEISST VERKAUFEN

»Mami, Mami, ich will ein Eis!« ruft die kleine Tina in die Küche.

Mami steht am Herd: »In einer halben Stunde gibt es Essen, da gibt es jetzt kein Eis.«

Tina reagiert enttäuscht. Doch sie gibt nicht auf. Sie setzt einen Schmollmund auf, zieht an Mutters Rock, macht ein Gesicht, wie wenn sie gleich laut losheulen würde. »Ich will aber ein Eis. Ich räum dann auch mein Zimmer auf.«

Sie bekommt ihr Eis.

Tina hat es schon früh gelernt zu überzeugen. Und sie verhandelt, bringt das Aufräumen mit in die Verhandlung ein. Verhandeln ist verkaufen. Das ganze Leben ist Verkaufen: Produkte, Dienstleistungen, eine Meinung, ein Projekt, eine Aufgabe, sich selbst. Sie verkaufen Ihre Leistung gegen Ihr Einkommen. Sie verkaufen Ihre Fähigkeiten gegen Karriere. Sie verkaufen sich gegen Erfolg. Das ist das Spiel.

Was nützt es gut zu sein, wenn es keiner weiß? Sie selbst setzen die Grenzen und verhandeln, was Sie, Ihre Leistung und Ihre Fähigkeiten wert sind. Sie verkaufen sich nicht unter Preis, versuchen den höchstmöglichen Preis zu bekommen. Sie sind das Produkt, die Marke. Und je hochwertiger die Marke desto mehr ist der Kunde bereit Geld auszugeben.

Was ist der Unterschied zwischen einem T-Shirt von C&A für 9,99 € im Doppelpack und einem von Boss für 49,99 €? Was ist der Unterschied zwischen einem Lippenstift von Essence für 2,99 € und einem von Dior für 32,00 €? Der technische Unterschied ist durchaus vorhanden, doch er rechtferig den fünf- oder zehnfach höheren Preis nicht.

Der Unterschied liegt nicht im Produkt selbst, sondern findet im Kopf des Käufers statt: Boss und Dior verkaufen ihren Namen, und der kostet gleich um einige Zehner mehr. Diese Marken haben es erreicht, einen Mehrwert, zumindest einen gefühlten bzw. zugeschriebenen Mehrwert zu schaffen.

Was ist der Unterschied zwischen Ihnen und Ihrem Kollegen? Vielleicht noch keiner im Preis. Daran werden wir arbeiten. Und in der Leistung, der Fachkompetenz? Wie erzeugen Sie Mehrwert?

 JUWELEN-GEDANKE

Der Name und das Image machen den Preis

FACHKOMPETENZ WIRD ZUGESCHRIEBEN

Nehmen wir an, Sie und Ihr Kollege haben in etwa die gleiche Fachkompetenz. Ihr Kollege versteht es nicht, diese zu vermitteln. Sie entwickeln nun Ihre Marke und stellen sich dadurch optimal dar, zeigen sich als Experte. Was geschieht in Ihrem Umfeld? Ihr Kollege verblasst neben Ihnen, Sie dagegen werden zunehmend als der Experte wahrgenommen. Ohne, dass Sie übertreiben oder sich besser darstellen als Sie sind, werden Sie subjektiv als besonders kompetenter Experte wahrgenommen. Kompetenz ist nicht messbar.

 JUWELEN-GEDANKE

Ihre wahrgenommene Kompetenz entsteht durch Ihr Image.

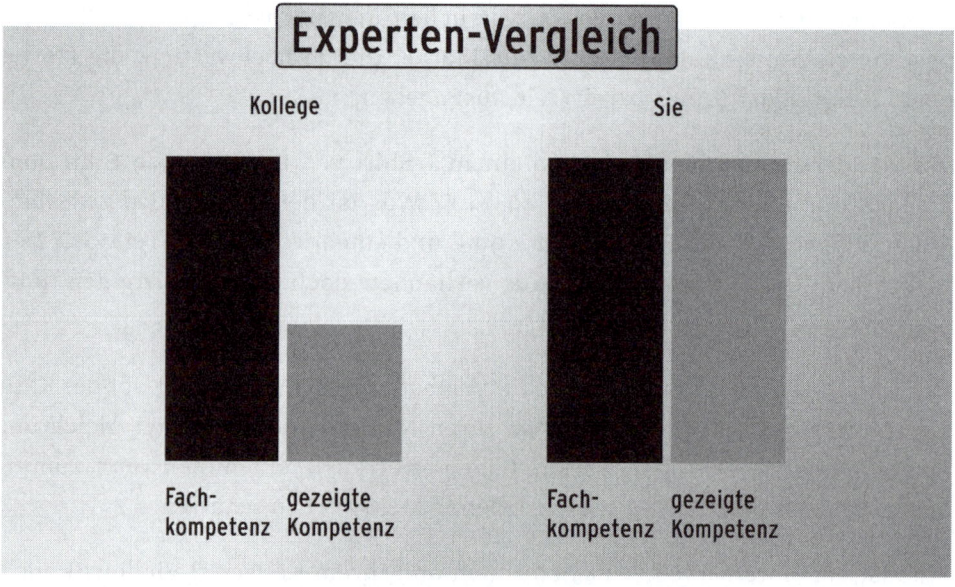

Abbildung 10.1: Ihre Fachkompetenz mag gleich hoch sein, Ihre Darstellung für diesen Bereich als Experte ist entscheidend

Sollte Ihr Gehalt oder Honorar frei verhandelbar sein, stellt sich die Frage, ob sich Ihr Preis mit Bekanntheitsgrad und Nachfrage entwickeln soll, oder Sie gleich hoch einsteigen. Antwort: wäre Boss auf C&A-Niveau eingestiegen, wäre Boss heute nicht da, wo sie wären. Andererseits: wäre Boss da eingestiegen, wo sie heute sind, wären sie vielleicht nicht mehr auf dem Markt. »Was wenig kostet ist auch wenig wert,« denken die meisten. Steigen Sie also lieber hoch ein, um das Niveau zu zeigen. Hier zeigt sich aber auch schnell der Blender, der nach dem ersten Auftrag abstürzt, denn Kunden sind nicht dumm.

 ### JUWELEN-GEDANKE

Ein hoher Preis ist oft das Ergebnis hoher Investitionen.

Doch bedenken Sie auch eines: Sie investieren in sich eine Menge Zeit (für Üben, Seminare etc.) und auch Geld (Bücher, Coaching ...). Das soll Gewinn bringen, oder? Wenn Sie also bedenken, dass Sie mit dieser Investition in Vorleistung treten, muss dies früher oder später Ihren Preis anheben - oder eben gleich.

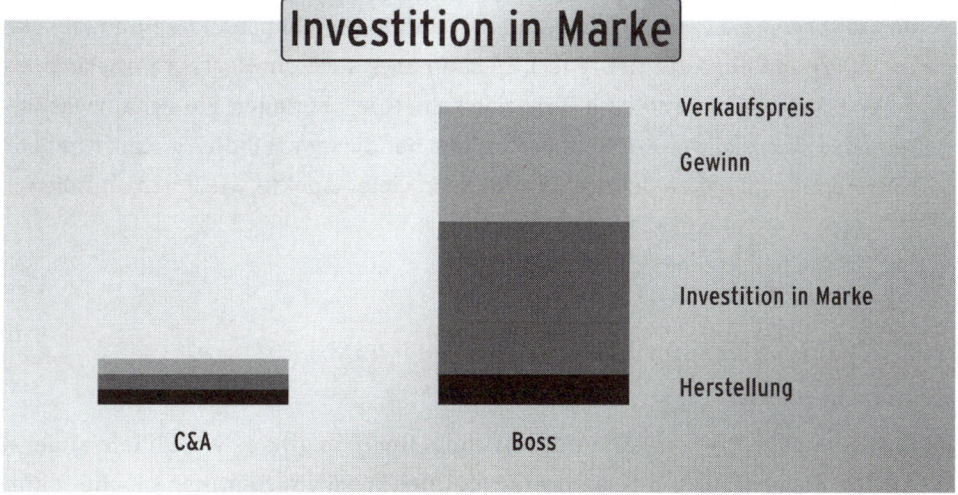

Abbildung 10.2: Die Herstellungskosten (schwarz) machen einen geringen Anteil aus. Die Investition in die Marke (Marketing, PR ...) ist hoch, doch Verkaufspreis und der Gewinn letztlich auch.

WIE SIE EINE MARKE WERDEN

Haben Sie sich einmal Gedanken darüber gemacht, warum Sie die Produkte kaufen, die Sie kaufen? Das gibt Ihnen Klarheit, warum andere Menschen Sie einkaufen könnten. Denn viele Menschen denken bei Produkten wie bei sich selbst, dass ein niedriger Preis das ausschlaggebende Kriterium sei. Saturn Hansa, Aldi und Co. machen uns das in der Werbung weis. Doch was sind die tatsächlichen Gründe? Es sind sogenannte Schlüsselinformationen. Das ist eine Vielzahl von Details, die in der Summe ein Gefühl erzeugen. Sie erinnern sich, dass eine Laufentscheidung rein emotional gefällt wird? Dieses Gefühl entscheidet darüber, ob wir etwas kaufen. Und die Schlüsselinformationen sorgen dafür, dass wir das Gefühl bekommen. Machen Sie bitte die nachfolgende Übung, bevor Sie weiter lesen.

ÜBUNG SCHLÜSSELINFORMATIONEN

Notieren Sie sich drei Gegenstände, die Sie einmal gekauft haben oder regelmäßig kaufen. Beispielsweise könnten das ein Brot sein (kaufen Sie häufig und ist preiswert), eine Digitalkamera (kaufen Sie alle paar Jahre und ist relativ billig) und ein Auto (ist teuer). Es kann aber auch ein Restaurantbesuch, eine Waschmaschine und eine Fernreise sein. Nun überlegen Sie genau: was waren alles Gründe, warum Sie das Produkt bei diesem Händler gekauft haben? Notieren Sie zu jedem der drei Produkte so viele Aspekte, wie Ihnen einfallen.

 JUWELEN-GEDANKE

Wir kaufen aufgrund einer Menge von Informationen.

Ja, Sie sehen, der Preis ist einer der Gründe. Doch da gibt es viele, viele andere. Wenn ich diese Übung mit mehreren Teilnehmern im Seminar mache, dann entstehen in kurzer Zeit einhundert Begriffe und mehr. Wir kaufen eben nicht nur nach dem Preis, sondern auch nach Qualität, Beratung, Ambiente, Entfernung, Produkt-Image, Händler-Image, Empfehlung, Design, Haltbarkeit, Frische, Wiederverkaufswert, Einfachheit, Warenverfügbarkeit, Service, Freundlichkeit, sozialen Aspekten, Ökologie, Zubehör, Herkunft, Sicherheit, Garantie und, und, und! Der Preis wird dann wichtig, wenn die anderen Faktoren gleichwertig sind oder gleich erscheinen.

Die große Frage ist nun, was sind die entscheidenden Schlüsselinformationen, die Sie von sich selbst vermitteln können?

Wie entwickeln Sie sich zu einer verkaufbaren Marke? Zuerst brauchen Sie ein Thema und einen Markt. *Der* Experte für »IT-Netzwerke in mittelständischen Unternehmen« zu werden ist ungleich schwieriger, da schon Tausende versuchen, ebenso Experte zu sein. Der Expertenstatus ist sehr eng mit dem Thema und dem Markt verbunden. Und je spezifischer dieser Markt ist, desto eher haben Sie eine Chance.

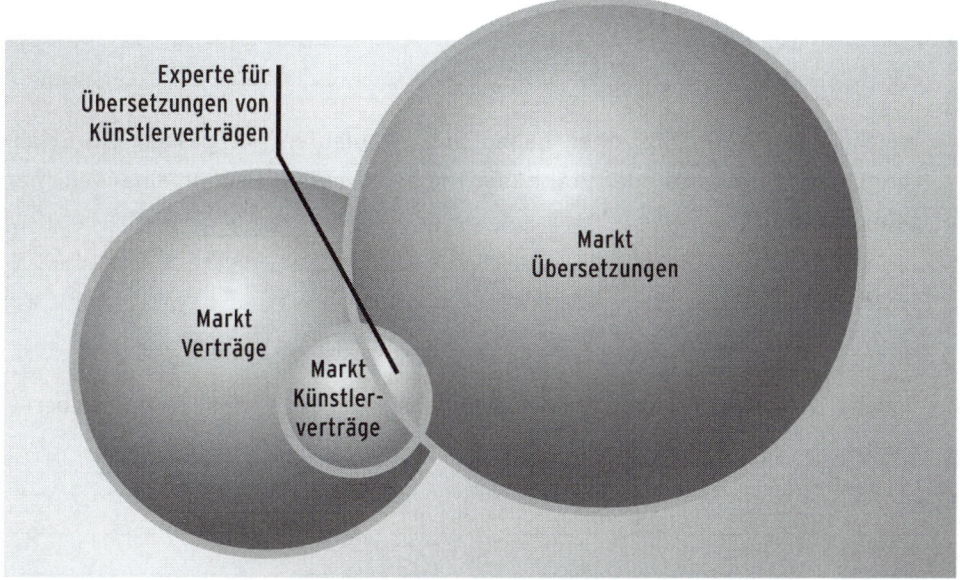

Abbildung 10.3: Jeder einzelne Markt wäre zu groß. In einem Teilmarkt, in dem (mindestens) zwei Fachbereiche kombiniert sind, finden Sie Ihre Experten-Position.

In der folgenden Übung werden Sie Ihre Fähigkeiten, Ihr Wissen und Ihr Können zusammentragen. Das Ziel der nächsten Abschnitte ist, etwas zu finden, bei dem Sie sich als der Experte positionieren können. Dazu ist es hilfreich, alle Bereiche zu kennen, in denen Sie etwas zu bieten haben und nach geeigneten Kombinationen zu suchen. Denn erst in der Kombination aus mehreren Bereichen gepaart mit dem geeigneten Markt ist die Chance auf Erfolg gegeben. Sie werden im Prozess erkennen, warum.

ÜBUNG WISSEN UND KÖNNEN

Machen Sie sich bewusst, was Sie alles wissen und können. Notieren Sie ausführlich, aus welchen Bereichen Sie schöpfen können.

Welche Ausbildungen (Studien, Weiterbildungen, Seminare, Titel, Zertifikate ...) haben Sie?

_____

_____

_____

Welche beruflichen Stationen haben Sie durchlaufen? Vergessen Sie Erfahrungen aus Ferienjobs oder Praktika nicht, auch wenn die schon eine Weile her sein mögen.

_____

_____

_____

Welche Erfahrungen haben Sie dadurch in welchen Bereichen, auch Randbereichen?

_____

_____

_____

Welche Erfahrungen haben Sie in welchen Branchen, schließen Sie die Branchen Ihrer Kunden mit ein, wenn Sie diese kennen?

_____

_____

_____

Welches zusätzliche Wissen, Können und Fähigkeiten haben Sie? Beziehen Sie auch Ihre Hobbys, soziale Engagements, private Interessen oder frühere Berufe mit ein.

Was können Sie, was nur wenig andere können?

Betrachten Sie nun Ihr Potenzial. Was empfinden Sie dabei? Erfüllt es Sie mit Stolz? Und bisher haben wir nur die »Hard Skills«, also die fachlichen Fähigkeiten betrachtet. Später werden wir Ihre Soft Skills mit einbeziehen. Denken Sie, dass Sie bereits eine Basis haben, auf der Sie aufbauen können? Ich bin mir sicher!

WELCHER EXPERTE WERDEN SIE?

In den großen Städten gibt es riesige Kaufhäuser, die sich um alle Themen des Sports bemühen, von der Taucherausrüstung über Biwaks und Jogging-Schuhen bis zum Eisstockschießen gibt es dort alles. Diese Generalisten können nur bestehen, weil sie zum einen in der Großstadt genug potenzielle Käufer haben und weil sie mit ausreichend Fläche und Personal alle Sportarten darstellen können. Als Generalisten haben sie den Ruf, alles zu vernünftigen Preisen zu haben. In der Großstadt gibt es jedoch mehrere dieser Häuser, das erzeugt auf alle einen gewissen Preisdruck.

Achten Sie nur mal auf die typischen aggressiven Anzeigen und Zeitungsbeilagen. In meiner früheren Wahlheimat, dem Bergdorf Schliersee, gibt es einen örtlichen Sporthändler. Er hat sich spezialisiert auf die Sportarten, die in den Bergen gefragt sind. Von Bergwandern über Schneeschuhe und Langlauf bis alpines Skifahren und Snowboarding hat er ein spezialisiertes Sortiment. Leider ist auch er im Preisdruck, da es derartig spezialisierte Geschäfte in fast jedem Nachbarort gibt. Manche werben sogar als aggressive Discounter.

In meiner ursprünglichen Heimat, dem Chiemgau, gibt es ein Aschauer Sportgeschäft, das in derselben Situation war. Der jetzige Besitzer hat das Sport- und ein Schuhgeschäft geerbt. Doch er hat umgestellt. Dieses Geschäft bietet heute ein exklusives Sortiment für Läufer. Dieses Geschäft hat sich zum echten Experten entwickelt. Die angebotenen Laufschuhe sind nicht teurer als anderswo (aber auch nicht billiger). Doch die Beratung mit Videoanalyse und vor allem einem Kennerblick mit Experten-Wissen ist einmalig. Und dies hat sich so weit rumgesprochen, dass die Kunden aus dem 70 Kilometer entfernten München kommen – trotz all der billigen Generalisten und Spezialisten, die es dort gibt.

 BRILLANTEN-TIPP

Ein Experte hat weniger Kunden, weniger Wettbewerb und höhere Gewinne!

Ein Experte ist also jemand, der sich auf ein bestimmtes Thema ganz gezielt konzentriert. Wohlgemerkt, ein Experte ist noch spitzer aufgestellt, als ein Spezialist. Doch es ist nicht nur das Sortiment, es ist das Vertrauen in sein Know-how.

Dabei ist es unerheblich, ob Sie Waren bzw. Beratung auf dem freien Markt verkaufen, oder ob Sie sich innerhalb Ihres Unternehmens diesen Experten-Status aufbauen. Sie arbeiten in der Halbleiterindustrie? Suchen Sie sich einen ganz speziellen Bereich, in dem Sie sich als Experte profilieren können, beispielsweise Ladeelektronik von Elektrofahrzeugen. Sie arbeiten als Fahrzeug-Designer? Vielleicht werden Sie der Experte für aerodynamische Fahrzeugböden? Sie arbeiten als Bankberater? Konzentrieren Sie sich doch auf Immobilien-Anlagen in Hong Kong. Das Prinzip ist klar, oder? Es geht nicht um Immobilien-Anlagen in Fernost, es geht ausschließlich um die in Hong Kong. Es geht nicht um Aerodynamik oder um Fahrzeugböden, es geht um aerodynamische

Fahrzeugböden. Es geht nicht um Fahrzeugelektronik oder Elektroautos, es geht nur um den Ladevorgang.

ÜBUNG EXPERTE

Worin sind Sie der Experte? Nehmen Sie ein großes Blatt (Flipchart oder mindestens DIN A3) und fangen Sie in der Mitte mit Ihrer Spezialisierung an. Dann schreiben Sie drum herum Begriffe, die mit dieser Tätigkeit zu tun haben. Verwenden Sie dazu auch die Ergebnisse aus der vorigen Übung und ergänzen durch neue Ideen. Neben jeden dieser Begriffe notieren Sie noch detailliertere Teilbereiche oder auch Anwendungsgebiete. Wenn Sie richtig viel auf dem Blatt haben, hundert Begriffe oder mehr, dann lassen Sie es auf sich wirken. Wo entdecken Sie etwas, das Aussicht auf Erfolg verspricht? Sie kennen Ihre Branche und Ihren Tätigkeitsbereich. Verfolgen Sie vor allem ungewöhnliche Kombinationen aus zwei oder mehr Bereichen. Markieren Sie alle Kombinationen, die aussichtsreich sein könnten. Je ungewöhnlicher, desto besser.

DIE GESETZE IHRES MARKTES

Jeder Markt funktioniert nach den gleichen Grundregeln. Das gilt für den Markt der Brause-Getränke ebenso, wie für den Markt der Führungskräfte. Ein Markt wird immer bestimmt durch das, was der Kunde will. Kunde ist im ersten Fall jeder, der Brause trinkt, im zweiten Fall jeder, der über den Erfolg einer Führungskraft mitbestimmt. Das sind im Einzelfall die Vorgesetzten, die Personalabteilung, die Personalentwicklungsabteilung, die Kollegen und Mitarbeiter, die durch ihre Arbeit die Führungskraft erfolgreich machen, die Headhunter und so weiter. Das alles sind Ihre Kunden.

Nicht wer Sie sind, ist entscheidend für Ihren Marktwert, sondern was Ihre Kunden oder potenziellen Kunden glauben, wer Sie sind. Und deshalb ist letztlich Ihr Auftreten so wichtig. Letztlich hat alle Arbeit an der eigenen Wirkung immer ein Ziel: Dass Sie auf die Menschen überzeugend wirken. Glaubhaft, überzeugend, kompetent. Sie sind das Produkt. Und wenn Sie als Produkt Ihren Markt überzeugen und bei Ihren Kunden einen guten Preis erzielen, haben Sie sich gut verkauft.

 JUWELEN-GEDANKE

Jeder hat Kunden – auch Angestellte.

Nehmen wir einmal an, Sie wollen sich beruflich verändern. Wie läuft das normalerweise? Sie suchen Stellenangebote, schicken Unterlagen hin, warten, ärgern sich, dass Sie mit Ihren Unterlagen schon ausscheiden. Oder Sie werden eingeladen, rennen hin und machen das Interview. Und bekommen danach eine Absage. Oder Sie werden zu Verhandlungen eingeladen und müssen jetzt um Ihren Preis pokern. Mühsam, frustrierend, demütigend. Die Alternative? Vermittler? Naja, auch nur eine kleine Erleichterung. Noch eine Alternative? Ja, Ihr Ruf eilt Ihnen voraus und Sie werden von einem Headhunter gezielt angerufen. Ich meine einen richtigen Headhunter (heute nennt sich ja fast jeder Personalvermittler schon Headhunter). Der ruft Sie an, weil er *Sie* will. Nicht weil er »jemanden« sucht. Wenn er seine Arbeit gut macht, dann hat er sich vorher erkundigt, wer im Fachgebiet, für das er auf der Suche ist, den besten Ruf hat, der Experte ist.

Oder nehmen wir den Fall, dass Sie im Unternehmen bleiben wollen. Es wird aber jemand für eine höhere Position gesucht. Sie bewerben sich, zwölf andere auch. Ihre Chancen? Eins zu zwölf. Es sei denn Sie haben intern so viele - oder besser gesagt die richtigen - Fürsprecher. Wieder haben Sie als Experte die größeren Chancen.

 JUWELEN-GEDANKE

Ihre Positionierung als Experte ist Ihr Vorsprung im Wettbewerb.

Wenn Sie Selbständiger, Freiberufler oder Unternehmer sind, ist es ähnlich: Sie brauchen Aufträge. Was tun Sie? Werbung, Internet, PR. Mühsam und teuer. Dann meldet sich endlich einer. Er holt von drei Anbietern Angebote ein, vergleicht, verhandelt und wenn Sie billig genug sind, kauft er. Anders beim Experten: dem eilt sein Ruf voraus, er wird gesucht und trotz hohen Preises gebucht.

DER EXPERTE WERDEN

Wie werden Sie zum Experten? Durch noch mehr Wissen? Das entsteht im Laufe der Zeit unwillkürlich. Viel wichtiger: Sie positionieren sich zum Experten. Dazu brauchen Sie das genaue Thema, Ihr Thema. Und dann promoten Sie sich. Mit dem Bekanntheitsgrad steigt der Experten-Status. Müssen Sie dazu so bekannt werden wie Coca-Cola? Nein, nur in Ihrer Zielgruppe. Das bedeutet: je kleiner die Zielgruppe, desto eher können Sie es sich leisten, bekannt zu werden. Eine große Zielgruppe können Sie sich gar nicht leisten – es sei denn, Sie sind Coca-Cola.

 JUWELEN-GEDANKE

Je kleiner Ihre Zielgruppe, desto größer die Aussichten auf Erfolg.

Die meisten trauen sich nicht, eine kleine Zielgruppe zu wählen, aus Angst nicht genug Job-Angebote bzw. Aufträge zu bekommen. Eine Frage: Wie viele Job-Angebote brauchen Sie? Antwort: das eine richtige. Also brauchen Sie im Extremfall das eine Unternehmen als Zielgruppe, mehr nicht. Wie viele Aufträge brauchen Sie? So viele, wie Ihre Zeit erlaubt. Also brauchen Sie im Extremfall diese eine Hand voll (oder wie viele das auch immer in Ihrem Bereich sein müssen), mehr nicht. Suchen wir also eine Zielgruppe, die genau dazu passt. Zielgruppe und Experten-Thema gehören ja unbedingt zusammen.

Ein Experte kann nur Erfolg haben, wenn er einen Markt hat. Und er kann nur *der* Experte sein, wenn er in seinem Markt eine besondere Rolle einnimmt.

Als Experte brauchen Sie eine Zielgruppe, die genau Sie sucht. Das gilt für Angestellte ebenso wie für Selbstständige. Eine Zielgruppe ist nicht – wie viele denken – jeder der kaufen könnte. Ihre Zielgruppe sind diejenigen, die Sie gezielt ansprechen möchten. Nehmen wir an, Sie verkaufen Herrendüfte. Ihre Zielgruppe könnten alle Herren sein, die Düfte verwenden. Vielleicht ist es jedoch sinnvoller, wenn Sie die Damen ansprechen, denn die Statistik zeigt, dass die meisten Herrendüfte von den Partnerinnen gekauft werden. Wenn Ihre Zielgruppe Damen sind, die für Herren einen Duft kaufen, dann kann doch trotzdem ein Mann bei Ihnen kaufen, oder?

Wenn Sie im Unternehmen der Experte für eine bestimmte Technik sind, wer ist dann Ihre Zielgruppe? All diejenigen, die diese Technik im Unternehmen weiterverarbeiten? Nein! Denn die »kaufen« zwar Ihre Leistung, sind für Sie aber zum Großteil irrelevant. Ihre Zielgruppe könnten dagegen bestimmte Vorgesetzte oder Meinungsbildner sein, und zwar in Ihrem Unternehmen und womöglich sogar außerhalb. Nämlich dann, wenn Sie sich in der Branche einen Expertenruf sichern wollen, um beispielsweise als Kongresssprecher eingeladen zu werden, Anfragen für Fachartikel zu bekommen oder von Headhuntern gezielt abgeworben zu werden.

Ihre Zielgruppe ist also idealerweise sehr klein. Sie müssen sie mit den Ihnen zur Verfügung stehenden Ressourcen, wie Zeit und Geld, erreichen können. Und auch nicht alle auf einmal. Finden Sie also eine Experten-Position in Zusammenhang mit einer relevanten Zielgruppe.

ÜBUNG THEMA/ZIELGRUPPE

Beantworten Sie sich bitte die folgenden Fragen schriftlich.

1. Können Sie mit Ihrem Thema im Markt Erster sein, oder hat das Thema schon jemand besetzt?

    _____

    _____

    _____

2. Können Sie mit Ihrem Thema in einer Nische Erster sein, die noch niemand besetzt hat?

    _____

----

3. Können Sie Ihr Thema noch weiter spezialisieren, um in diesem Bereich Erster zu sein?

----

4. Können Sie das Thema so weit anders benennen, um dadurch ein neues Thema zu kreieren und darin Erster zu sein?

----

5. Können Sie in einem Bereich zumindest vor dem bisherigen ersten im Markt Erster in den Köpfen sein?

Erläuterungen zu den Fragen lesen Sie bitte im Nachfolgenden.

EINIGE ANMERKUNGEN ZU DEN FRAGEN AUS DIESER ÜBUNG:

Zu 1.) »Der Zweite hat schon verloren« (John F. Kennedy)! Erfolg hat, wer Erster ist. Der Erste bekommt die Perle, der zweite nur noch die Muschel. Gibt es schon jemanden, der behauptet, Experte auf diesem Gebiet zu sein? Dann suchen Sie sich etwas anderes! Auch wenn Sie denken besser zu sein, der Erste hat das Thema schon besetzt.

Zu 2.) Wenn Sie nicht der Erste in der Stadt sein können, seien Sie der Erste im Dorf! Suchen Sie sich Ihr Dorf, also Ihre Marktnische um dort Erster zu sein. Das heißt, seien Sie lieber in einem kleineren, genau umrissenen Segment erster, als in einem größeren Segment um den ersten Platz zu kämpfen, den bereits ein anderer inne hat.

Zu 3.) Wenn Ihre Themenkombination besetzt ist, kombinieren Sie mit einer anderen oder einer dritten. Wenn Sie Englischübersetzung mit Vertragsrecht kombinieren ist das schon etwas besonderes. Wenn Sie jetzt noch auf Künstlerverträge spezialisieren, sind Sie schon spitzer. Und als vierte Kombi könnten Sie sich für die Künstlerseite entscheiden. Es geht immer noch spitzer.

Zu 4.) Wenn Sie Vertriebstrainer sind und das Thema Kundenbeziehung schon besetzt ist, nennen Sie es Love-Selling (Hans-Uwe Köhler). Eine neue Bezeichnung kann kreativ oder erklärend sein, Hauptsache Sie heben sich dadurch ab.

Zu 5.) Das hat Apple geschafft: Wer war der erste Anbieter von MP3-Playern? Niemand kennt den Namen dieses Unternehmens (Pontis). Wer ist Marktführer? Apples iPod! Können Sie es schaffen, mit einem Thema, das andere schon anbieten, in den Köpfen der Kunden zur Nummer eins zu werden?

Haben Sie für sich ein Thema gefunden? Es ist nicht leicht. Bleiben Sie dran. Fangen Sie mit einem Thema einfach mal an. Wenn Sie merken, Ihre Zielgruppe oder Ihr Thema sind noch nicht spitz genug, suchen Sie weiter. Justieren Sie, wenn Sie lange daran arbeiten, finden Sie schließlich Ihre einzigartige Positionierung.

WEITERE SCHLÜSSEL ZUR EINZIGARTIGEN POSITIONIERUNG

Mit dieser Basis schauen Sie sich nun bitte die folgenden Ideen an, um den einen Punkt zu finden, in dem Sie wirklich zukünftig die Nummer eins sein können. Ob Sie »echte« Kunden suchen oder Ihre internen Kunden erreichen wollen, es geht um dasselbe. Das Ziel: kommt Ihr Thema zur Sprache, fällt automatisch Ihr Name. Es wird nicht einmal nachgedacht, wer sonst in Frage kommt. Alle anderen haben nur eine Chance, wenn sie sich billiger verkaufen - deutlich billiger.

1. *Positionieren Sie sich spitz!* Je spitzer, desto gezielter können Sie sich zu diesem Bereich ein Expertenwissen aufbauen. Je breiter Sie wären, desto

breiter müsste auch Ihr Wissen sein. Ein breites Wissen kann jedoch nicht überall genug Tiefe bieten. Nur mit einem spitzen Thema können Sie zur Koryphäe werden.

2. *Je spitzer Ihre Positionierung*, desto höher die Glaubwürdigkeit und das Vertrauen in Ihre Fähigkeiten.

3. *Seien Sie Experte in den Köpfen!* Es geht mehr darum, dass Sie als Experte eingeschätzt werden, als tatsächlich der Beste zu sein. Es wird immer jemanden geben, der noch mehr weiß, sich aber nicht als Experte etabliert hat.

4. *Dem Experten laufen die Kunden zu!* Laufen Sie Ihren Kunden nicht nach - laufen Sie ihnen entgegen und empfangen Sie sie, wenn sie kommen!

5. *Richten Sie sich nicht nach Vorhersagen, Trends, Moden!* Der Markt wird begleitet von Analysten, die dafür bezahlt werden, Prognosen abzugeben. Diese Prognosen haben zwei Nachteile: Erstens gibt es bereits diesen Trend, sonst könnte der Analyst ihn nicht analysieren. Zweitens erfahren auch viele andere von diesen Prognosen und springen auf den bereits fahrenden Zug. Wer mit dem Strom schwimmt, fällt nicht auf! Außerdem sind Trends oft genauso schnell wieder vorbei, wie sie begonnen haben. Nur langfristige Strategien haben eine Chance zu wirken!

6. *Seien Sie nicht exzellent, sondern außergewöhnlich!* Wer seine Arbeit exzellent ausführt, erfüllt die Erwartungen seines Kunden, liefert also das, was der Kunde erwartet. Das ist gut. Wer durch Außergewöhnliches auffällt, überrascht seine Kunden positiv, über das exzellente Ergebnis hinaus. Er verblüfft sie regelrecht. Das ist hervorragend.

7. *Sein Sie anders!* In den meisten Fällen haben die Erfolg, die anders sind als die Masse, nicht die, die besser sind.

8. *Ihre Kunden kaufen kein Produkt, keine Dienstleistung, sondern Nutzen!* Kein Kunde kauft einen Staubsauger, weil es so toll ist, einen zu besitzen. Der Kunde kauft Sauberkeit. Kunden kaufen keine Software zur Netzwerküberwachung, sondern ein stabiles Netzwerk! Deshalb muss mit Ihrer Leis-

tung ein Bedürfnis befriedigt werden. Es genügt nicht, ein besonderes Verfahren oder eine besondere Beratung zu promoten! Viele Hersteller und Anbieter sind von ihrem Produkt überzeugt und wollen die Besonderheit (das Verfahren, das Design ...) verkaufen und damit werben. Das interessiert den Kunden nicht oder nur nebensächlich. Viel wichtiger ist die Frage, wo der Kunde ein Problem hat, das ihn Geld oder Zeit kostet. Wo ist der Knoten, den Sie lösen können?

9. *Zielen Sie spitz, nicht breit!* Sie werden nie alle potenziellen Kunden erreichen. Wichtiger ist es, die wichtigsten zu erreichen. Die, die dann wieder positiv über Sie berichten.

10. *Eigenlob stimmt!* Wir essen keine Enteneier sondern Hühnereier. Warum? Weil die Hühner im Gegensatz zu den Enten gackern, wenn sie gelegt haben. Das ist Werbung!

11. *Bestimmen Sie Ihren Preis selbst!* Die Marketing-Grundregel »Angebot und Nachfrage bestimmen den Preis« gilt. Je größer das Angebot, desto niedriger der Preis, je größer die Nachfrage, desto höher der Preis. Setzen wir also beim Angebot an, bedeutet das: je einmaliger Sie sind, desto geringer das Angebot, desto höher der Preis. Fokussierung erhöht den Marktwert.

Ein Dozenten-Kollege produziert spezielle Dokumentarfilme aus Cockpits von Verkehrsflugzeugen. Ein schwieriges Ziel, denn nicht nur die Sicherheitsregeln, die Betriebsfremden den Aufenthalt verbieten, sondern auch die technischen Anforderungen galt es im Vorfeld zu meistern. Kann dieser Vorsprung gegenüber Mitbewerbern ausreichen? Kann man in dieser Nische überleben? Ja, denn erst auf dem Weg zum Ziel eröffnen sich völlig neue Vermarktungsmöglichkeiten neben der normalen Auswertung auf DVD. Sei es die regelmäßige Ausstrahlung in Testprogrammen oder am Flughafen oder auch im Wartezimmer-TV in 4000 Arztpraxen. Diese Beispiele bringen Image und Aufmerksamkeit, eine Erstbestückung auf neuen Festplattenrekorder von Loewe aber richtige Lizenzgebühren.

Was ich damit demonstrieren will ist, dass sich für Experten Möglichkeiten ergeben, mit denen man vorher nicht rechnen kann. Niemand kennt den ganzen Markt der Möglichkeiten. Doch der Markt kennt den Experten und kommt mit neuen Ideen auf ihn zu.

 JUWELEN-GEDANKE

Der Generalist muss sich Kunden suchen, auf den Experten kommen Kunden zu.

Wenn Sie nicht gleich auf Anhieb Ihre Expertenposition finden, geben Sie nicht auf. Ich selbst habe einige Jahre gebraucht. Nach einer anfänglichen Idee, die nicht funktioniert hat, habe ich über ein Jahr später die Richtung komplett verändert. Und auch in diesem Bereich habe ich immer wieder leicht korrigiert, bis ich mein Thema exakt so gefunden habe, wie ich es heute anbiete.

ÜBUNG ANALYSE SOFT SKILLS

Bei dieser Übung gilt es, Sie selbst einmal genauer zu betrachten. Notieren Sie sich ausführlich, was Ihr Potenzial ist.

Was sind Ihre persönlichen Eigenschaften und Ihre sozialen Fähigkeiten (Soft Skills)? Was können Sie im Umgang mit anderen Menschen besonders gut, beispielsweise verkaufen, führen, überzeugen, netzwerken, trösten …?

Was schätzen andere an Ihnen?

Auf welche Leistungen sind Sie stolz (im beruflichen wie privaten Kontext)?

Was macht Ihnen besonders Spaß?

Was fällt Ihnen noch ein, was für diese Analyse hilfreich sein könnte?

Welche Ausbildungen wollen Sie noch machen, welche Kenntnisse noch erwerben?

Diese und die nachfolgende Übung helfen Ihnen, sich ein Bild von sich selbst als Experte zu machen. In der nächsten Übung beschreiben Sie in einem Text, wie Sie sich nach einem gewissen Zeitraum sehen. Damit das funktioniert, beachten Sie bitte Folgendes: Formulieren Sie in der zukünftigen Gegenwart, also beispielsweise mit »Ich, Name, bin der Experte zum Thema ...« Beschreiben Sie sich möglichst bildhaft. Zur Größe des Ziels: Denken Sie groß! Sie wollen sich doch nicht all die Arbeit machen, um dann ein kleines Lichtlein zu sein! Sie gehen davon aus, der größte Experte Ihres Fachs zu sein. Nehmen Sie alles aus Ihren kühnsten Träumen mit hinein, auch wenn Sie es sich nie erhoffen würden. Denken Sie groß! Und keine Angst vor Enttäuschung, sollten Sie das Ziel nie ganz erreichen. Wer versucht auf den Mond zu zielen und ihn verfehlt, landet immer noch bei den Sternen.

Nehmen Sie sich einen Zeitraum vor, den Sie sich gut vorstellen können. Ob das fünf, zehn oder fünfzehn Jahre sind, hängt von Ihrer aktuellen Situation und Ihrem Alter ab. Entscheiden Sie selbst und beschreiben Sie sich, wie Sie sich am Ende dieses Zeitraums sehen.

ÜBUNG ZIELBILD

Sammeln Sie alles, was Ihnen hilft, ein möglichst klares Bild davon zu verschaffen, was Sie wirklich wollen und auch, was Sie nicht wollen. Beschreiben Sie dazu ein genaues Bild, wie Sie sein wollen. Schreiben Sie ungefähr ein bis zwei Seiten (oder mehr), auf denen Sie sich so beschreiben, wie Sie am Ende des Prozesses sind und leben. Die folgenden Fragen helfen Ihnen dabei, in die verschiedenen Richtungen zu denken, sie sollten auch in dem Text beantwortet sein. Wenn es Ihnen hilft, machen Sie sich zunächst eine Stichwortsammlung oder ein Mind-Map[9].

▶ Welche Position, welchen Beruf, welche Bezeichnung haben Sie inne? Sind Sie angestellt, selbstständig, in der Geschäftsleitung?

▶ Mit wem haben Sie täglich zu tun, wer sind die Menschen in Ihrem Umfeld?

▶ Mit wem haben Sie gelegentlich oder häufig zu tun? Welche Persönlichkeiten, Würdenträger oder Medien?

▶ In welchem Gebiet werden Sie als Experte angesehen?

▶ Wie veröffentlichen Sie Ihr Wissen? Geben Sie Vorträge (vor wem?), schreiben Sie Fachartikel oder Bücher, sind Sie auf Kongressen, im Internet oder Fernsehen vertreten?

▶ Wie sehen Sie aus? Was tragen Sie, wie werden Sie wahrgenommen?

---

[9] Mind-Map ist eine Technik, bei der das Thema in der Mitte eines Blattes steht und darum an sich immer weiter verzweigenden Ästen die Stichworte. Dabei stehen die Oberbegriffe in direkter Verbindung zum Thema, an den Oberbegriffen die dazu gehörigen Wörter, die sich wieder verzweigen können. Das Gebilde sieht letztlich wie ein Baum von oben aus und die Wörter sind die Blätter. Der Vorteil ist, dass Sie die Begriffe zuordnen können, aber keine Reihenfolge von oben nach unten einhalten müssen. Die Methode fördert freies Assoziieren und kreative Ideenfindung.

▶ Wie ist Ihr Image, welches Bild haben andere von Ihnen? Nennen Sie Eigenschaften, die Ihnen zugeschrieben werden.

▶ Wie verhalten Sie sich? Wie sprechen Sie und wie bewegen Sie sich?

Dieses Zielbild dient als erster Entwurf. Sie sollten den Text am Ende des Buches und in den nächsten Wochen oder Monaten immer wieder zur Hand nehmen und gegebenenfalls verfeinern. Wie erwähnt, werden sich im Laufe der Umsetzung Änderungen ergeben. Manche aufgrund der Situation, manche, weil Sie Dinge ausprobieren und danach verwerfen. Im Moment ist es also noch nicht nötig, an alle Zusammenhänge zu denken.

ZUSAMMENFASSUNG

1. Das ganze Leben ist Verkaufen: Produkte, Dienstleistungen, eine Meinung, ein Projekt, eine Aufgabe, seine Fähigkeiten, sich selbst.

2. Hochwertige Marken erreichen einen Mehrwert, zumindest einen gefühlten bzw. zugeschriebenen. Deshalb sind sie oft wesentlich teurer. Der Mehrwert entsteht in den Köpfen der Kunden.

3. Menschen kaufen, was sie kaufen aufgrund einer Vielzahl von Schlüsselinformationen. Diese erzeugen in der Summe das Gefühl, dass es das Richtige ist – oft unabhängig vom Preis.

4. Ein Generalist bietet möglichst viel, kann aber nichts davon richtig gut. Ein Experte ist dagegen jemand, der sich auf ein bestimmtes Thema ganz gezielt konzentriert. Er ist wie eine hochwertige Marke.

5. Der Expertenstatus ist sehr eng mit dem Thema und dem Markt verbunden. Je spezifischer dieser Markt ist, desto größer die Chance auf Erfolg.

6. Der Experte läuft nicht seinen Kunden hinterher. Diese kommen zu ihm und er geht ihnen entgegen.

7. Für Experten ergeben sich Möglichkeiten, mit denen man vorher nicht rechnen kann. Denn der Markt kennt den Experten und kommt mit neuen Projekten auf ihn zu.

---

11. Ein Stein mit Charakter

Wie Sie im Alltag Ihre eigenen Werte leben und dabei an Wertschätzung gewinnen

Wenn man beobachtet, zu wem sich Menschen hingezogen fühlen, dann findet man Übereinstimmungen: Es sind immer die gleichen Merkmale, die Menschen anziehen: Sympathie, Kompetenz, Überzeugungskraft, Motivation ... Restaurantbesucher geben nicht mehr Trinkgeld, wenn das Essen, das Ambiente oder der Service besser ist. Wenn jedoch der Kellner sympathisch ist, fließt mehr Geld und die Gäste kommen gerne wieder.

 JUWELEN-GEDANKE

> *Trinkgeld gibt es für Sympathie, nicht für Service oder gutes Essen.*

Das bedeutet für Sie: Wenn es darum geht, etwas zu erreichen, zählen die Faktoren: Kompetenz, Glaubwürdigkeit, Überzeugungskraft, Begeisterung und Begeisterungsfähigkeit, Erfolg, Sympathie, Zuverlässigkeit, Integrität sowie weitere Werte.

IHRE WERTE BESTIMMEN IHREN WERT

Immer wieder ist heute von Werten die Rede, vom Verlust der Werte, gar vom Werteverfall! Wenn man genauer hinhört, geht es dabei um eine bestimmte Sorte der Werte: die ethischen. Das ist für das eigene Verhalten als Maßstab zu eng gefasst. Wenn wir von Werten sprechen, bezieht sich das auf die Werte, die unser Verhalten steuern. Es geht also nicht um materielle oder naturwissenschaftliche Werte. Jeder von uns hat ein System von Werten, die uns dazu dienen unser eigenes Denken und Verhalten zu beurteilen und zu kategorisieren in richtig und falsch, in gut und böse und in lohnenswert und unsinnig. Dabei orientieren wir uns grundsätzlich an den Werten, die in den Systemen, denen wir angehören, Bedeutung haben. Also beispielsweise die Systeme Familie, Unternehmen oder Gesellschaft.

 ## JUWELEN-GEDANKE

Werte steuern das Denken und Handeln

Die Werte, die in einem System gelten, gelten als Maßstab für das Verhalten untereinander. So sind Werte wie Gerechtigkeit, Vertrauen oder Ehrlichkeit sinnvoll und wichtig, um ein harmonisches Miteinander im System zu ermöglichen. Wer dagegen verstößt, wird - je nach Bedeutung des Wertes und des Verstoßes - bestraft. Er wird weniger gemocht, zurechtgewiesen oder sogar vor Gericht gestellt. Wenn über Werte diskutiert wird, geht es um diese Regeln des Miteinander.

 ## JUWELEN-GEDANKE

Jedes System hat ein Wertesystem, das das Zusammenleben steuert.

Doch darüber hinaus hat jeder sein Wertesystem, das nur ihm selbst als Antrieb oder Verhinderung dient. Unbewusst stellen wir uns bei jeder Kleinigkeit die Frage »dient dieses Verhalten der Erfüllung meiner individuellen Werte?« Dient es, findet das Verhalten statt. Dient es nicht, werden wir uns anders verhalten. So einfach könnte es sein, wäre da nur ein Wert zu erfüllen.

Da wir ein System von mehreren Werten haben, das uns noch dazu häufig weitgehend unbewusst ist, kommt es immer wieder vor, dass sich zwei Werte widersprechen. Was nun? Sind die beiden Werte zueinander eindeutig gewichtet und liegen sie in der Hierarchie weit auseinander, dann dominiert ein Wert den anderen, eine klare Sache. Wenn der Wert »Spaß haben« gegenüber dem konkurrierenden Wert »Treue« deutlich höher eingestuft wird, hat der Mensch kein Problem mit diesem Wertekonflikt - höchstens sein Lebenspartner. Der stärkere Wert entscheidet. Die Werte sind nämlich in ihrer Bedeutung hierarchisch geordnet.

 Juwelen-Gedanke

Konkurrierende Werte können zu innerer Zerrissenheit führen.

Liegen die beiden Werte jedoch nah beisammen, wird es schwieriger. Wir erleben das bei Entscheidungen, die mindestens zwei Werte betreffen, als innere Zerrissenheit. Die Entscheidung fällt uns schwer. Ein simples Beispiel: Sie sehen eine lange Liste neuer E-Mails kurz vor Feierabend. Ihr Werte »Ordnung« und »Verantwortung« sorgen dafür, dass Sie die Mails noch schnell durchsehen. So sind Sie sicher, dass keine wichtige Mail unbeantwortet bleibt. Doch gleichzeitig melden sich die Werte »Freiheit« und nochmals »Verantwortung«, diesmal nämlich Verantwortung gegenüber der Familie, zu Wort. Und schon haben Sie einen inneren Konflikt. Je nachdem, wie die Werte bei Ihnen persönlich geordnet sind, werden nun die Mails bearbeitet oder nicht.

Sie haben eben auch gesehen, dass in diesem Beispiel keiner dieser Werte etwas mit den ethischen Werten der Gesellschaft zu tun hat. Natürlich sind Freiheit und Verantwortung Werte, die in der Gesellschaft eine Rolle spielen, doch nicht in Bezug auf Ihre Mails. Der Wert Ordnung dagegen wird kaum mit Ethik in Zusammenhang gebracht werden. Doch im System »Unternehmen« kann er durchaus erwartet werden und es zu Sanktionen kommen, wenn er nicht erfüllt wird.

 Juwelen-Gedanke

Das Werte-System ist bei jedem individuell verschieden.

Übung Werte sammeln

Nehmen Sie einen kleinen Stapel von Karten oder Post-Its. Schreiben Sie nun auf jede Karte einen Wert. Denken Sie zunächst frei nach: was ist Ihnen wichtig? Welche emotionalen Zustände streben Sie an? Um weitere Werte zu sammeln, überlegen Sie sich in einem zweiten Schritt zu folgenden Fragen die Kriterien, die Ihre Entscheidung beeinflusst haben:

▶ Wenn es um wichtige Entscheidungen im Job geht (Wahl eines neuen Jobs, kritische Situationen im Job, Verhandlungen ...), welche Werte dienen mir als Kriterien?

▶ Was waren die Gründe, frühere Stellen zu kündigen? Wurden Werte nicht erfüllt?

▶ Was ist mir wichtig in Beziehung, Familie und Privatleben?

▶ Welche Werte erfüllen mir meine Hobbys bzw. meine Freizeitbeschäftigungen?

▶ Wenn ich mich mit jemanden streite, wo stoße ich an Punkte, die mir viel bedeuten? Haben diese mit meinen Werten zu tun?

▶ Was erwarte ich bei anderen? Hat dies mit meinen Werten zu tun?

Für einen dritten Schritt hier noch eine zusätzliche (unvollständige) Liste mit Werten. Kontrollieren Sie, ob darin Werte sind, die Sie Ihrer eigenen Sammlung hinzufügen möchten:

Kompetenz	Glaubwürdigkeit	Überzeugungskraft	Begeisterung
Begeisterungsfähigkeit	Erfolg	Sympathie	Zuverlässigkeit
Integrität	Sicherheit	Abwechslung	Freiheit
Gemeinschaft	Individualität	Freundschaft	Liebe
Gerechtigkeit	Sieg	Frieden	Lust
Glück	Zufriedenheit	Wohlbehagen	Harmonie
Stille	Pflichterfüllung	Disziplin	Härte
Tapferkeit	Karriere	Anerkennung	Respekt
Bescheidenheit	Bequemlichkeit	Effizienz	Ehre
Exzellenz	Fairness	Kreativität	Loyalität
Leidenschaft	Leistung	Neugierde	Freude

Kompetenz	Glaubwürdigkeit	Überzeugungskraft	Begeisterung
Geduld	Gelassenheit	Vertrauen	Würde
Stolz	Spaß	Kontrolle	Dankbarkeit
Ehrgeiz	Humor	Macht	Offenheit
Ehrlichkeit	Perfektion	Genauigkeit	Zuverlässigkeit
Großzügigkeit	Klarheit	Komfort	Sinn
Logik	Gesundheit	Schönheit	Sparsamkeit
Prestige	Macht	Luxus	usw.

> Nun sollten Sie eine große Sammlung Ihrer Werte besitzen, mindestens zwei Dutzend, jeder auf einer Karte.

Jetzt kennen Sie Ihre Werte. Es gibt hunderte und jeder Mensch hat andere. Sicherlich sind Werte wie Liebe, Sicherheit oder Gerechtigkeit bei den meisten Menschen wichtig - doch wie wichtig? Wenn Sie Ihre Werte und Ihre Werthierarchie kennen, hilft Ihnen das, sich in allen Lebenssituationen so zu verhalten, dass diese möglichst erfüllt werden. Bei Konflikten zweier Werte, können Sie sich dessen bewusst werden und dadurch Ihre Entscheidung erleichtern.

ÜBUNG WERTEHIERARCHIE

Nehmen Sie Ihren Stapel von Karten, auf denen je ein Wert steht. Ziehen Sie zwei Karten und legen die wichtigere oberhalb der anderen auf einen großen Tisch oder am Boden aus. Nehmen Sie eine weitere Karte und platzieren Sie diese nach Ihrer Wichtigkeit oberhalb, zwischen oder unterhalb der beiden anderen Karten. Verfahren Sie mit jeder einzelnen Karte so, bis alle Karte in einer Reihenfolge vor Ihnen liegen.

Wenn Sie auf eine Karte stoßen, bei der Sie das Gefühl haben, es sei nicht tatsächlich Ihr Wert, legen Sie sie beiseite. Dann ist es vermutlich ein Wert, der durch die Systeme, in denen Sie leben, vorgegeben ist und den Sie glaubten, verfolgen zu müssen. Entscheiden Sie, ob dieser Wert weiterhin in Ihre Wertehierarchie gehört, oder ob Sie ihn künftig nicht mehr beachten.

Zumindest die ersten zehn bis fünfzehn Werte sollten für Sie klar positioniert sein. Dies entspricht nun Ihrer persönlichen Werte-Hierarchie. Sie können sich diese nun notieren, damit Sie die Karten nicht mehr brauchen.

Wenn Ihnen eine Entscheidung zwischen zwei Werten nicht leicht fällt, legen Sie die beiden Karten auf den Boden. Treten Sie auf eine davon. Schließen Sie die Augen und denken Sie nur an diesen Wert und wo er einmal bei einer Entscheidung eine Rolle gespielt hat. Es sollte ein Gefühl für diesen Wert entstehen. Danach treten Sie neben die beiden Karten. Nun treten Sie auf die andere Karte und denken auch hier an Situationen bis ein Gefühl entsteht. Sie können mehrmals nacheinender auf die Karten treten. Gehen Sie dazwischen jedoch immer wieder auf einen neutralen Bereich, also nicht direkt von einer Karte auf die andere. Ihr Gefühl wird für einen der beiden Werte stärker sein und so die Entscheidung gefallen sein.

Überlegen Sie zuletzt, was Ihnen in bewusste Erinnerung gerät, bei dem Ihre Wertehierarchie Entscheidungen beeinflusst oder schwierig gemacht hat. Ihre Werte sind die Basis für jede Entscheidung.

Betrachten Sie nun Ihre Wertehierarchie. Wie geht es Ihnen damit? Welche Gedanken kommen Ihnen dazu? Sie können auch jederzeit Korrekturen vornehmen. Zum einen ändert sich Ihre Werthierarchie durchaus gelegentlich. Zum anderen ist es immer schwierig, sich unbewusste Prozesse vollkommen bewusst zu machen. Es kann also durchaus sein, dass Sie mehrmals ändern, bis Sie zufrieden sind.

 JUWELEN-GEDANKE

Wer seine Werte kennt, entscheidet sich leichter und richtiger.

Aus meiner Coaching-Praxis kenne ich die Bedeutung der Werte für eine ausgeglichene Persönlichkeit. Wie soll ein Mensch durch sein Auftreten wirken, Ausstrahlung und Charisma haben, wenn er sich seiner Werte nicht bewusst ist?

Vor allem wenn zwei Werte nahe beisammen liegen, die sich immer wieder ins Gehege kommen: Angenommen auf Platz fünf liegt Sicherheit und auf Platz sechs Abenteuer. Eine geschäftliche Entscheidung mit großer Tragweite steht an. Es geht darum, dass ein großes Projekt mit einem gewissen Risiko verbunden ist. Ist nun die Sicherheit wichtiger - der Erhalt der Arbeitsplätze und die Sicherung des Kapitals? Oder ist die Verlockung auf einen Wachstumsschub größer - mit neuen Arbeitsplätzen und Aufstieg in die Top-Liga? Der Sicherheitsdenker wird sich für die erste, der Abenteurer für die zweite Variante entscheiden. Wenn beide in einem drin sind und in der Hierarchie nah beieinander liegen, ist es ein Kampf!

Geprägt durch unsere Gesellschaft und durch Einflüsse wie die der Werbung, streben viele nach materiellen Werten, andere lehnen sie als »niedere« Werte ab. Wer darf urteilen was richtig oder falsch ist? Entscheiden Sie selbst, wie wichtig Ihnen der Sportwagen, der Luxusurlaub oder die Markenuhr zum Preis eines Einfamilienhauses sind. Diese materiellen Werte sind nicht an sich gut oder böse. Sie können positive Motivatoren sein, sie können Sie aber auch von Ihren nichtmateriellen Werten ablenken und fehlleiten. Das Streben nach Luxus ist ebenso akzeptabel wie das Streben nach Nächstenliebe - es muss sich ja nicht einmal widersprechen. Voraussetzung ist nur, dass das Streben nach materiellen Werten mit ethisch einwandfreien Methoden geschieht, womit wir wieder bei den gesellschaftlichen Regeln der Moral und Ethik sind.

 **JUWELEN-GEDANKE**

Auch materielle Werte haben ihre Kraft in Maßen.

BALANCIEREN ZWISCHEN DEN WERTEN

Die Suche nach Anerkennung ist jedem Menschen angeboren. Kein Grund also, sich dafür zu schämen, auch wenn manche dies als verwerflich abtun mögen. Die einen suchen Anerkennung innerhalb der Familie, andere bei Freunden, im Unternehmen, beim anderen Geschlecht, in der Öffentlichkeit oder auf der großen Bühne. Anerkennung treibt uns zweifellos an, gibt uns Energie und Motivation.

 JUWELEN-GEDANKE

Anerkennung ist ein starker Antrieb und kann zur Sucht werden.

Doch wie viel Anerkennung ist gut? Wer all sein Handeln danach ausrichtet, weil es sein höchster Wert ist, der ist abhängig von der Gunst anderer. Er leidet, wenn er die Anerkennung nicht oder nicht ausreichend erhält. Andererseits ist es eine Motivation, ein Antrieb. Was gibt es Schöneres, als zu erleben, wie andere die eigene Leistung anerkennen, einem Dank, Lob und Bestätigung aussprechen? Der Unterschied liegt darin, dass es nicht darum geht, die Dinge zu tun, um Anerkennung zu erhalten. Viel mehr geht es darum, die Anerkennung, die wir bekommen, anzunehmen und uns daran zu erfreuen. Und die Dinge tun, weil wir für die Sache Begeisterung haben.

Jeder hat seine eigene Wertehierarchie, also schätzen auch die anderen Menschen andere Werte höher bzw. niedriger ein, als Sie selbst. Wertschätzung bedeutet in diesem Sinne, jedem Menschen seine Wertehierarchie leben zu lassen, sie zu achten. Wer seine eigenen Werte als Maßstab für alle Menschen voraussetzt und jeden, der davon abweicht, als »komisch« oder verrückt erklärt, schätzt dessen Werte nicht. Wertschätzung bedeutet auch, die Werte des Systems zu achten, zu dem man und der andere zugehörig sind.

Beides ist nicht immer einfach, nämlich dann, wenn die eigenen Werte stark von denen des anderen bzw. des Systems abweichen. Denn hier prallen zwei Anforderungen aufeinander: Ihre eigenen Werte zu leben und damit Sie selbst sein und die Wertschätzung anderen gegenüber. Doch Wertschätzung ist ein wichtiger Bestandteil von Sympathie, Ausstrahlung und Charisma.

Es gibt keine Lösung. Die Frage ist, wie entscheiden Sie im Einzelfall? Je besser Sie Ihre Werte kennen, desto leichter fällt Ihnen die Entscheidung. Und es wird eine Entscheidung sein, mit der Sie auch im Nachhinein noch leben können. Und: Sie können über andere denken, was Sie wollen - nur anmerken soll man es Ihnen nicht.

BRILLANTEN-TIPP

Wertschätzung ist der Maßstab für alles Miteinander!

Es wird immer wieder diskutiert, wer nun im Meeting sein Handy anlassen darf, weil ein wichtiger Anruf kommen könnte. Wie pünktlich »pünktlich« denn nun eigentlich ist. Oder wer sich in der Kantine neben den Bereichsleiter setzen darf. Ob »Du« oder »Sie«, wer das »Du« anbieten darf, oder wer wen zuerst vorstellt ... Der gute alte Knigge ist in seiner modernen Form immer noch gültig und sollte Standard sein. Wenn Sie ihn nicht kennen: Lesen Sie ihn! Das Buch des Freiherrn von Knigge, das in Originalausgabe 1788 erschien, ist auch heute noch ein Bestseller und heißt »Über den Umgang mit Menschen«. Oder Sie besuchen ein Seminar. Leider sind die mir bekannten Knigge-Seminare sehr oberflächlich und behandeln meist nur selten benötigte oder Standard-Situationen. So kann ich Ihnen keine Empfehlung geben. Die meisten hören ausgerechnet da auf, wo es spannend wird, nämlich da, wo mehrere Regeln gleichzeitig zutreffen.

Es mag 97 Prozent der Menschen in Ihrem Umfeld nicht interessieren, da sie selbst keine Ahnung von den Benimmregeln haben. Wenn Sie auf einen der anderen drei Prozent treffen, ist es immer angeraten, Fettnäpfchen umschiffen zu können. Vielleicht ist dieser Mensch für Sie besonders wichtig, auch wenn Sie das jetzt noch nicht erahnen. Es geht dabei nicht um jede einzelne Regel, wie dies bei Hofe oder in Botschafterkreisen sicher wichtiger ist, als in einem IT-Unternehmen oder einer Werbeagentur. Vielmehr geht es um die Wertschätzung, die sich auch in diesen »Kleinigkeiten« zeigt. Je mehr Sie wissen, desto sicherer fühlen Sie sich in der entsprechenden Situation.

 JUWELEN-GEDANKE

Sich zu benehmen hat noch niemandem geschadet, aber vielen genutzt.

AUGEN SIND MÄCHTIGER ALS OHREN

Ich persönlich empfinde es auch als Wertschätzung den Mitmenschen gegenüber, wie ich mich kleide. Kleidung hat nach außen zwei Funktionen: den anderen wertzuschätzen und die eigene Wirkung zu unterstreichen. Im Geschäftlichen geht es dabei um die Wirkung von Kompetenz und Autorität, sicherlich nicht um sexy oder modisch.

Haben Sie sich im Rahmen Ihrer neuen Rolle schon Gedanken über Ihr Erscheinungsbild gemacht? Es gibt unveränderliche Faktoren, wie Ihr generelles Aussehen oder Ihre Körpergröße. Doch darüber hinaus liegt es an Ihnen, wie Sie sich geben wollen. Und es spielt eine enorm große Rolle, wie Sie sich zeigen. Alles, was Sie an Ihrem Äußeren tragen, ist Ausdruck Ihrer Persönlichkeit. Kleidung und Accessoires sind keinesfalls unwichtig oder Nebensache. Von wegen nur auf die inneren Werte käme es an!

 JUWELEN-GEDANKE

Angemessene Kleidung ist auch eine Frage der Wertschätzung des Gegenübers.

Ein Schauspieler steht an einer Ampel in Jeans, T-Shirt und Turnschuhen. Die Ampel zeigt Rot. Hinter ihm stehen eine Menge Menschen. Er geht bei Rot über die Ampel, als er sieht, dass kein Auto kommt. Niemand folgt ihm. Die gleiche Szene, nur trägt derselbe Schauspieler diesmal einen Anzug. Er wartet wieder bis die Ampel Rot zeigt. Kein Auto kommt, er geht. Diesmal gehen die Menschen hinter ihm her. Dieses berühmte Experiment wurde zig Mal wiederholt. Es bleibt dabei: alleine der Anzug erzeugt Führungskompetenz. Und das auf einer normalen Straße.

 JUWELEN-GEDANKE

Ein Anzug strahlt Führungskompetenz aus.

Von daher ist es ganz eindeutig: Ein Kieselstein kleidet sich bequem und praktisch. Ein Juwel trägt edle Kleidung. Das muss nicht der teure Brioni-Anzug sein - es sei denn in Ihrem Umfeld ist das das Niveau. Anzug, Kostüm oder Hosenanzug, Brille, Schmuck, Uhr, Schuhe, Hemd, Einstecktuch, Krawatte oder Handtasche, Mantel, Make-up, Frisur - überlassen Sie nichts dem Zufall. Die Regel ist einfach und in zwei Sätzen gesagt:

1. Ein Juwel kleidet sich eine Stufe besser als von seinem Umfeld erwartet.

2. Ein Juwel kleidet sich so, wie es in dem Bereich üblich ist, den es anstrebt.

Das bedeutet, dass Sie sich sehr wohl Ihrem Umfeld anpassen. Das bedeutet aber auch, dass Sie sich mindestens am oberen Rand orientieren, oder ihn als Ihren Standard setzen.

 BRILLANTEN-TIPP

Kleiden Sie sich jeden Tag so, als erwarteten Sie Ihren besten Kunden!

»Wenn ich Kundentermine habe, trage ich immer Krawatte.« - also jeden Tag! Denn wer sind Ihre Kunden? Ihr Team, Ihr Vorgesetzter, Ihr Vorstand? Natürlich, auch die! Es gibt keinen Unterschied zwischen Kundentagen und internen Tagen. Natürlich tragen Sie keinen dunkelblauen Anzug, wenn Sie an einer Maschine stehen. Doch Ihr Erscheinungsbild definiert Sie. Das betrifft auch die Frisur oder die Hände und Fingernägel. Leider muss ich das erwähnen, ich bin immer wieder überrascht wie egal das manchen zu sein scheint.

Der Alltag ist erschreckend. Da sind Krawatten zu kurz oder lang gebunden, Krawatten mit Motiven, Schuhe ungeputzt, Haare fettig, Dekolletés zu tief, Röcke zu kurz, Frisuren zu sexy, Schmuck übertrieben viel, Farben passen nicht, Farben bei Damen zu bunt (Blümchenmuster im Büro!), Diddelmäuse an der Handtasche, indiskutable Aktentaschen ...

In Ihrem Umfeld egal? Nein, es ist nie egal! Wenn alle in karierten Baumfällerhemden erscheinen, müssen Sie diesen Quatsch nicht mitmachen. Ihr Stil zählt! Nicht umsonst kann man an der Kleidung oft erkennen, mit wem man es im Unternehmen zu tun hat. Deshalb: natürlich können Sie sich als Abteilungsleiter nicht wie der Vorstand kleiden. Aber auch nicht wie Ihr Team. Woran erkennt man Ihre Position und dass Sie weiter nach oben wollen?

Eine schlimme Sache ist der »*Casual Friday*«. Das ist eine amerikanische Erfindung: Montag bis Donnerstag wird Business getragen, also Anzug und dergleichen. Freitag kommt jeder leger. Freitag wird so zum Tag, an dem man deutlich sieht, wer keinen Geschmack hat.

 ## JUWELEN-GEDANKE

Modetrends und Casual Friday führen oft zu verheerenden Ergebnissen.

Es gibt immer Ausnahmen, Modeerscheinungen und sogar Branchentrends, doch generell stehen klare und kräftige Farben, also weiß, rot, blau, schwarz, weiter oben, als Mischtöne wie beige und grau. Beim Hemd steht uni über gestreift oder kariert, weiß steht über hellblau. Bei Anzügen gilt dunkel(-grau oder -blau) über mittleren Grautönen. Bei der Krawatte stehen breite Streifen über kleinen Mustern. Bei Schuhen glänzend über matt. Oft ist jedoch das Material wichtiger, als die Farbe oder der Schnitt. Bei Uhren und Schmuck zählt eher das Dezente, Edle als das Protzig-Goldene. Auch eine 50 000 €-Uhr muss nicht aus Gold sein. Halten Sie in Ihrem Umfeld die Augen offen und beobachten Sie, wen Sie an der Kleidung und den Accessoires erkennen. Was ist es, das die Unterschiede ausmacht? Anzug ist nicht gleich Anzug. Kostüm ist nicht gleich Kostüm.

Und ein Wort zu Mode: Wenn Sie nicht in der Modebranche arbeiten, spielt Mode keine Rolle. Langfristige Trends sicher, doch Mode hat lediglich die Aufgabe, jede Saison etwas Neues zu entwickeln, um Umsatz zu erzeugen. Mode hat nicht die Aufgabe, dass die Menschen darin gut wirken (das müssen wir leider immer wieder sehen). Entwickeln Sie eher Ihren persönlichen Stil, als kurzfristigen Saisonerscheinungen zu folgen. Die Geschäftswelt ist kein Laufsteg! Zurückhaltung und Eleganz wirken immer besser. Einen Diamanten

schleift man auch nicht jede Saison in einer anderen Form. Billigen Mode-
schmuck dagegen schon.

 BRILLANTEN-TIPP

Im Geschäftsleben geht es darum kompetent und vertrauenswürdig zu sein, nicht modisch oder sexy!

Wer eine starke Marke ausdrücken will, kann es sich eventuell leisten ein außergewöhnliches Markenzeichen zu etablieren. Ich kenne Menschen, die im
Smoking-Hemd zu Jackett und Jeans rumlaufen oder in einem Gehrock. Prof.
Samy Molcho, der berühmte Körpersprache-Experte und ehemalige Pantomi-
me, hat Jacketts mit Stehkragen und komplett ohne Ärmel, oft in kontrastie-
renden Farben. Für Bühnenmenschen und Künstler gelten ohnehin Ausnahmen, siehe auch Thomas Gottschalk. Was immer Ihr Markenzeichen sein kann,
es muss zu Ihnen passen, darf nicht lächerlich wirken und bedarf einer strik-
ten Konsequenz. Das ist nicht einfach! Seien Sie vorsichtig oder lassen Sie es
lieber ganz.

 JUWELEN-GEDANKE

Das ganz persönliche Markenzeichen kann sich nur erlauben, wer eine Marke ist.

Und wie ist es mit Menschen, die eine hohe Position haben und dabei anders
gekleidet sind? Richard Branson (Virgin) trägt ein weißes, lässiges und weit
offenes Hemd zu hellblauen Jeans. Steve Jobs (Apple) schwarze Rollis oder T-
Shirts zu dunklen Jeans. Nun, es ist ganz einfach: Wenn Sie so weit oben sind
und es definitiv zur Marke gebracht haben, dann können Sie ein derartiges
Understatement-Markenzeichen aufbauen. Wohlgemerkt, wenn Sie dann da
oben sind. Nicht einmal ein Ackermann, Reithofer, Winterkorn oder die meisten amerikanischen CEOs könnten sich das erlauben. Sie sind weder der Typ
noch die Marke wie Branson oder Jobs.

Was für Ihr Erscheinungsbild gilt, gilt auch für Ihren Arbeitsplatz. Familienfo-
tos sind in USA Standard, in Deutschland gelten sie als zu privat. Diddelmäuse
oder Geschenke Ihrer Kinder gehören ebenso wenig auf Ihren Schreibtisch
oder an die Wand. Wer einen aufgeräumten Schreibtisch hat, gilt nicht nur als
ordentlicher, ihm traut man auch eher zu, sonst alles im Griff zu haben. Die
Möbel sollten angemessen sein – was immer das in Ihrem Betrieb heißt. Auf
welchem Geschirr servieren Sie Kaffee oder Tee? In Pappbechern aus dem Au-
tomaten? Auch das musste ich schon erleben! Auch IKEA-Gläser passen nicht
überall. Alles, wirklich alles, womit Sie sich ausdrücken, bewusst oder unbewusst, trägt seinen Teil zu Ihrer Persönlichkeit und Rolle bei.

 ### JUWELEN-GEDANKE

Auch Accessoires und Statussymbole drücken viel über Sie aus.

Dazu gehört auch der Dienstwagen oder in welcher Klasse Sie in Bahn und
Flugzeug reisen. Statt der E-Klasse tut's für Sie ein Kleinwagen, da Sie kaum
mit dem Auto fahren und die Umwelt schonen wollen? Doch alle auf Ihrem
Gehaltsniveau fahren E-Klasse? Dann kommen Sie nicht umhin!

Ist das immer sinnvoll? Nein, nicht nur die Umweltdiskussion zeigt Gründe,
die dagegen sprechen. Doch es sind quasi Spielregeln, ungeschriebene Gesetze,
die jede Gesellschaft bzw. jede Gruppe sich gibt. Ob man die unterstützen will
oder nicht – wer sich an Spielregeln nicht hält, spielt nicht mehr mit. Wie beim
Mensch-ärgere-dich-nicht. Und Mercedes, Audi und BMW erhalten dank diesem Spiel Arbeitsplätze in Deutschland.

Rollenentwicklung, Werte, Etikette, Erscheinungsbild, Rhetorik – ja, es ist viel,
was alles Ihren Weg zum Juwel bestimmt. Da stellt sich schon mal die Frage
nach der Motivation. Haben Sie die Übungen dieses Buches nur überlesen,
oder tatsächlich gemacht? Wenn Ihnen dazu bereits die Motivation fehlte,
kann sie Ihnen auch auf Ihrem weiteren Weg abhanden kommen. Was können
Sie tun, um am Ball zu bleiben?

SELBSTMOTIVATION STATT SCHWEINEHUND

Ich gebe Ihnen zwei Tipps zur Selbstmotivation mit auf den Weg. Der eine ist ein Zielbild. Der andere ist Planung mit Verpflichtung. Beides lege ich Ihnen anhand von Übungen ans Herz. Zielbilder sind Visualisierungen des künftigen Zustandes. Je genauer Ihre Vorstellung auf visueller, akustischer und emotionaler Ebene davon ist, was Sie erreichen wollen, desto stärker die Anziehungskraft, die davon ausgeht. Durch das positive Zielbild entsteht der Wunsch es zu erreichen. Im Grunde ist das wie die Fernsehwerbung einer Urlaubs-Destination: die Bilder die Ihnen gezeigt werden, lösen bei Ihnen den Wunsch aus, dorthin zu fliegen, auch wenn es viel Geld kostet. Nur: Hier bestimmen Sie über die Bilder selbst!

 BRILLANTEN-TIPP

Ziele und Zielvisualisierungen erzeugen eine magnetische Anziehungskraft und dadurch Motivation!

Die Visualisierung ist eine Vorwegnahme von künftigen Situationen. Sie wird unter anderem von Sportlern eingesetzt, die mit dieser Technik den idealen Bewegungsablauf trainieren und sich den Ziel-Durchlauf als Sieger imaginieren. Visualisierte Ziele unterstützen Sie darin, sich auf die Erreichung zu konzentrieren.

Viele erfolgreiche Menschen hatten schon früh Ziele:

▶ Heinrich Schliemann (*1822 †1890) hatte mit sieben Jahren das Ziel, Troja zu finden - ca. 1870-1873, also über 40 Jahre später, hat er es schließlich gefunden

▶ Wernherr von Braun (*1912 †1977) hatte mit zehn Jahren das Ziel eine Mondrakete zu bauen. In den 30er Jahren baute er tatsächlich die erste Rakete V1, 1945 flog eine seiner Raketen erstmals ins Weltall (200 km), 1949 kam er zur NASA und war an der Saturn-Trägerrakete für die Mondflüge beteiligt

▶ Margaret Thatcher (*1925) hatte ebenfalls bereits mit zehn Jahren das Ziel, ihr Land zu regieren, was sie 1979 bis 1990 als Premierministerin tat

In Kapitel 10 haben Sie sich ein Zielbild notiert. Dort ging es darum, ein Bild zu kreieren, das Ihnen die Richtung vorgibt. Sie hatten sich dabei vorgestellt, wie Ihr künftiges Leben aussieht. Dieses Bild können Sie für die folgende Übung als Basis verwenden.

ÜBUNG ZIELBILD 2

Setzen oder legen Sie sich während dieser Übung bequem hin. Sie können dies auch unmittelbar vor dem Einschlafen machen. Dadurch verstärken Sie den Effekt sogar noch, da Sie Impulse für Ihre anschließenden Träume setzen. Stellen Sie sicher, dass Sie ungestört sind und dass Sie es bequem und warm haben. Legen Sie sich gegebenenfalls eine Decke über. Schließen Sie die Augen und malen Sie ein inneres Bild von sich in einer künftigen Situation. Kreieren Sie sich den Ort, an dem die Szene spielt und betrachten Sie dieses Bild. Manche Menschen können sich die Szene so vorstellen, als wäre sie Wirklichkeit. Es ist ihnen möglich, alles ganz genau zu betrachten.

Ist das Bild farbig oder schwarz-weiß? Welche Tageszeit ist gerade? Gibt es andere Personen in der Szene? Woher kommen die Geräusche in der Szene? Gibt es Stimmen? Was genau passiert? Stellen Sie sich die Szene als einen Film oder eine Serie von Fotos vor, auf denen Sie erleben, wie Sie in Ihrer neuen Rolle Erfolg haben. Sie sind der Held des Filmes. Spielen Sie mit verschiedenen Varianten und Situationen. Werden Sie eins mit dem Helden der Szene.

Das Ziel dieser Übung ist, dass Sie Ihr Zielbild so anziehend und erstrebenswert empfinden, dass Sie bereit sind, den Weg dorthin zu gehen.

Fragen Sie sich auch in der Visualisierung, wie Sie dorthin gekommen sind. Es ist nämlich ein Unterschied, ob Sie sich von hier aus fragen wie Sie dorthin kommen werden, oder ob Sie sich dort fragen, wie Sie hingekommen sind. Der Gedankenablauf ist ein anderer und deshalb kommt die zweite Art einfacher zu einem Ergebnis.

PLANUNG IST DAS HALBE LEBEN

Kennen Sie das? Sie legen eine Arbeit beiseite, denken lange Zeit nicht dran, weil es nicht eilig ist. Mit jedem Tag, an dem die Arbeit aus Ihren Augen ist, sinkt die Wahrscheinlichkeit, dass Sie es noch einmal angehen. Die richtige Planung und etwas Disziplin können dem entgegenwirken. Planung ist nicht jedermanns Sache und manche planen einen vierzehntägigen Urlaub intensiver als das eigene Leben. Doch es lohnt sich einen durchdachten Plan zu haben und konsequent zu verfolgen.

 BRILLANTEN-TIPP

Nur was Sie als wirklich wichtig einstufen wird Vorrang behalten.

ÜBUNG ZEITPLANUNG 2

Beantworten Sie sich folgende Fragen:

1. Wie viel Zeit sind Sie bereit, wöchentlich zu investieren? Tragen Sie sich diese Zeiten an bestimmten Wochentagen als Fixtermine ein.

   ----

2. Was sind die wenigen Ausnahmen (Geburtstage, Geschäftsreise …), die erlauben, einen Termin zu verschieben? Wann sind Ausweichtermine, an denen Sie ausgefallene Termine nachholen?

   ----

3. Welche externen Hilfen (Präsentation-Seminar, Buch, Coaching, Schauspiel-Workshop, Vortrag über Körpersprache, ...) werden Sie wann einsetzen? Was werden Sie bis zu diesen Terminen erreicht haben?

----

4. Gibt es spezielle Anlässe, zu denen Sie einen bestimmten Fortschritt erreicht haben wollen, wie Präsentationen, Messen, Hauptversammlung, Zielgespräch etc.?

----

5. Welche Sanktionen setzen Sie sich bei Abweichungen, welche Belohnungen bei Etappenzielen? Nehmen Sie diese Sanktionen und Belohnungen ernst, wenn es Ihnen hilft, sich zu disziplinieren.

----

6. Ganz wichtig: notieren Sie regelmäßig, am besten täglich, Ihre Erfolge in ein Tagebuch oder in Ihren Kalender. So werden Sie sich immer wieder bewusst, wie die Veränderungen voran kommen. Lesen Sie drei Monate später diese Aufzeichnungen erneut.

Das Wichtigste ist jedoch, dass Sie sich immer wieder Ihres Ziels bewusst sind und dadurch den nötigen Antrieb haben. Ihre Begeisterung muss spürbar werden in Ihrem Tun und Ihrer Kommunikation. So gewinnen Sie die Herzen der Menschen.

ZUSAMMENFASSUNG

1. Es sind bestimmte Merkmale, die sowohl im Menschlichen wie im Beruflichen die Menschen anziehen. Der Mensch ist der entscheidende Faktor, ob wir kaufen oder nicht.

2. Wenn es darum geht, etwas zu erreichen, zählen: Kompetenz, Glaubwürdigkeit, Überzeugungskraft, Begeisterung und Begeisterungsfähigkeit, Sympathie, Zuverlässigkeit sowie weitere Werte.

3. Die Werte, die in einem System gelten, gelten als Maßstab für ein harmonisches Miteinander. Wer dagegen verstößt, wird mit Missachtung oder Ausgrenzung bestraft.

4. Jeder hat ein Wertesystem, das ihm als Antrieb dient. Bei jeder Kleinigkeit überprüfen wir, ob sie der Erfüllung der Werte dient.

5. Die Suche nach Anerkennung ist jedem Menschen angeboren. Anerkennung treibt uns an, gibt uns Energie und Motivation.

6. Passion, Leidenschaft und Dynamik begeistern – niemand kauft von einem Langweiler!

7. Wertschätzung ist ein wichtiger Bestandteil von Sympathie, Ausstrahlung und Charisma und im Umgang mit anderen.

12. Ein Stein allein macht noch kein Diadem

Wie Sie nicht nur Ihre eigene Rolle, sondern das ganze Stück inszenieren

Ein Streichorchester spielt. Die rund zwanzig Musiker sitzen seitlich auf einer Bühne, auf der auch ein Auto steht. Davor ein dunkel gekleidetes Publikum. Am Ende des Stückes gibt es Applaus. Dann steht in der letzten Reihe ein Geiger auf. Er geht in die Mitte der Bühne. Es ist Dieter Zetsche, Chef der Daimler AG. Das Thema: Zetsche präsentiert ein neues Modell.

Inszenierung ist die öffentliche Zurschaustellung eines Werkes. Das Werk sind Sie. Das ist nichts Komisches oder Künstliches. Auftritte werden inszeniert, um das Publikum zu beeindrucken – ob das volksnahe und hemdsärmlige Auftreten von Politikern, die pompöse Selbstdarstellung von Geistlichen oder der öffentliche Auftritt von Führungspersönlichkeiten der Wirtschaft.

Nicht nur die Person selbst, auch der Raum, das Rahmenprogramm, die ganze Veranstaltung wird mit großem Aufwand inszeniert. Da wird mit Musik, Essen, Plakaten und Bannern, prominentem Beiwerk in Form von hochrangigen Persönlichkeiten der Öffentlichkeit, Show-Acts und allerlei Pomp viel geboten. Gerade die Kirche hat darin viele Jahrhunderte Erfahrung und dementsprechend eine überragende Kompetenz. Spektakuläre Räume, Weihrauch, Ministranten, Symbole, Zeremonien und Rituale inszenieren nicht nur die Macht der Kirche, sondern sie prägen auch das, was üblich ist und erwartet wird.

Doch Ihr Stück ist nicht nur eine Veranstaltung, eine Präsentation, ein Vortrag oder ein Gottesdienst. Das Stück, in dem Sie der Protagonist sind, ist Ihre Karriere. Und um die zu gestalten, sind Sie auf andere angewiesen. Wie viel mehr wiegt es, wenn jemand anderes Sie empfiehlt, statt dass Sie sich selbst anbieten?

Wie bekommen Sie Fürsprecher, quasi die wichtigen Nebendarsteller, die jedes Stück erst funktionieren lassen? Denn anders als beim Bühnenstück werden diese nicht bezahlt, Sie können ihnen keine Regie-Anweisung geben.

BERÜHMT WERDEN: SELBST-PR

 ### JUWELEN-GEDANKE

Ich will so berühmt werden wie Persil! – Victoria Beckham

Victoria Beckham, ehemaliges Spice-Girl, beschloss als Jugendliche »so berühmt zu werden wie Persil« Sie wählte kein menschliches Vorbild, Sie wählte eine Waschmittelmarke. Sie inszenierte sich fortan und legte alles daran, so berühmt zu werden. Als Sängerin, als Schauspielerin, als Modedesignerin und als Ehefrau eines der bekanntesten Fußballspielers der Welt. Man mag nun über inszenierte Personen, wie Beckham, Paris Hilton oder Verona Pooth denken, wie man will. Eines ist unstrittig: Sie haben es geschafft aus dem Nichts ganz nach vorne ins Rampenlicht zu gelangen. Mal mit mehr, mal mit weniger eigenem Können. Entscheidend ist, dass sie ihr Ziel erreicht haben. Doch keine hätte so berühmt werden können ohne Unterstützer, ohne ein Umfeld, das mitspielt.

Ob Sie im Großen – die breite Öffentlichkeit – oder im Kleinen – Ihre Abteilung – bekannt werden wollen oder müssen, Sie haben viele Bausteine zur Verfügung. Eine Auswahl der wirkungsvollsten liste ich Ihnen hier auf:

1. Beteiligen – Meetings, Kongresse, Veranstaltungen: machen Sie häufig auf sich aufmerksam und ergreifen Sie aktiv das Wort. Übernehmen Sie Aufgaben, durch die andere auf Sie aufmerksam werden. Lassen Sie sich sehen und sorgen Sie dafür, dass Sie gesehen werden.

2. Schreiben – Fachartikel, wissenschaftliche Abhandlungen, Gutachten, Bücher, Blogs, Leserkommentare: wer schreibt, gerät in den Fokus anderer.

3. Vorträge - Lesungen, Präsentationen, Reden, Debatten: jeder Auftritt gibt Ihnen die Chance, zu zeigen, was Sie drauf haben.

4. Bloggen und Twittern - Nutzen Sie das Internet mit all seinen Möglichkeiten von Blog, Twitter, Facebook, Xing und Co. um auf sich aufmerksam zu machen. Auch wenn es schon wieder aus der Mode ist: wie wäre es mit einem Podcast?

5. Fürsprecher - je mehr Menschen Sie begeistern - und ich meine begeistern, nicht nur überzeugen - desto mehr werden begeistert über Sie sprechen und Sie auch empfehlen.

6. Presse - Pressemitteilungen, Fachartikel, Interviews, Kolumnen, Radio- und Fernsehauftritte: sorgen Sie dafür, dass die Presse weiß, dass Sie der Experte sind und als solcher zur Verfügung stehen. Je nach Fachgebiet können die richtigen Publikationen für Sie auch eine enge Auswahl spezifischer Fachtitel sein.

7. Netzwerken - Online-Netzwerke, Branchennetzwerke, Ihre Peer-Group, Ihr Team/Unternehmen, Sportvereine, andere Vereine und Verbände: je mehr Menschen Sie persönlich kennen und Sie mit ihnen in Kontakt bleiben, desto mehr können Sie empfehlen.

8. Referenzen - Bitten Sie aktiv andere, wie zufriedene Kunden, um eine Referenz. Lassen Sie sich diese schriftlich geben und veröffentlichen Sie diese an geeigneter Stelle (Web-Site) oder legen Sie sie Angeboten bei. Der Name und Bild des Absenders machen die Aussage glaubwürdig.

Wem vertrauen Sie mehr? Der Web-Site eines Experten oder einem Bekannten, der diesen empfiehlt? Ganz klar, Empfehlungen sind mehr wert. Doch wie können Sie empfohlen werden? Indem Sie es schaffen, dass Menschen so begeistert von Ihnen als Experte sind, dass sie Sie freiwillig und gerne weiterempfehlen. Natürlich funktioniert auch die Variante, dass Sie Menschen aktiv bitten, Sie zu empfehlen. Doch jemand, den Sie wirklich mitreißen konnten, wirkt immer glaubwürdiger.

BRILLANTEN-TIPP

Empfehler empfehlen, weil sie begeistert sind, nicht weil sie müssen.

Wenn Sie an Ihrer Reputation arbeiten, sind Sie auf andere angewiesen. Diese machen Fehler oder führen Dinge anders aus, als Sie es wünschen. Das mag an schlechter Kommunikation liegen - dann sind Sie selbst verantwortlich - oder an abweichenden Vorstellungen der Person. Entscheidend ist, dass Sie stets aktiv bleiben und dafür sorgen, dass Sie selbst die Fäden in der Hand behalten. Sie müssen Dinge delegieren, doch dürfen Sie nie die Kontrolle abgeben und müssen stets informiert sein über alle Geschehnisse. Es geht um Ihre Karriere.

 BRILLANTEN-TIPP

Behalten Sie stets die Fäden in der Hand!

Jedes Image - ob als Experte oder Unternehmen - entsteht und festigt sich über einen längeren Zeitraum. Es baut sich auf, durch eine Vielzahl von Einzelbotschaften und -aktionen. Das Dumme ist, dass in der Wahrnehmung der Menschen ein einzelner Ausrutscher alles zerstören kann. Denken Sie nur an Tiger Woods, dessen Leistungen im Golfsport ihm über Jahre einen Top-Ruf beschert haben. Als sein sexuelles Doppelleben bekannt wurde, das weder etwas mit dem Sport zu tun hat noch die Öffentlichkeit überhaupt etwas angeht, war sein Ruf zerstört.

Das gilt im Kleinen ebenso: ein hervorragender Techniker mag über Jahre hervorragende Arbeit geleistet haben. Auf einer Firmenveranstaltung vergreift er sich angetrunken im Ton und seine Reputation ist dahin.

 JUWELEN-GEDANKE

Jedes Image entsteht durch eine Vielzahl von Einzelbotschaften.

Das bedeutet, dass Sie sich keine Ausrutscher erlauben können. Die Kette reißt am schwächsten Glied. Halten Sie, was Sie versprechen, reagieren Sie immer und schnell und zuverlässig. Zwei Beispiele von Kollegen: Einer gibt (nebenbei) eine kleine Zeitschrift heraus. Trotz mehrmaliger Anfrage, die für ihn Umsatz bedeutet hätte, reagiert er nicht. Der andere ist einer der anerkanntesten und bestbezahlten Trainer in Deutschland. Auf meine Anfrage, mir einen kleinen Gefallen zu tun, reagiert er selbst am 30. Dezember sofort. Von welchem der beiden, glauben Sie, bin ich so begeistert, dass ich ihn gerne weiterempfehle? Den andern schätze ich auch, doch der kleine Makel bleibt.

 JUWELEN-GEDANKE

Ein Fehler kann alles wieder zerstören.

Dabei gibt es viele Fettnäpfchen, Taktlosigkeiten und Stolperfallen, in die man geraten kann. Manche zerstören aber auch durch schlechte Vorbereitung oder mangelnde Professionalität, das was sie aufgebaut haben. Denn auch ein Fachartikel, die Web-Aktivitäten oder ein Vortrag können peinlich ausfallen.

HABEN SIE WAS ZU SAGEN?

Sie sitzen in einem Vortrag, ein toller Titel hat Sie in diesen Saal gelockt. Fünfunddreißig andere ebenfalls. Angeblich ein Experte, der an diesem Abend spricht. Vorne steht ein Herr, dem buchstäblich das Wasser herunterläuft. Er zittert. Er versucht unverständlich Zusammenhänge zu erläutern. Seine Schrift auf dem Flipchart ist unleserlich, ein Gekrakel erster Klasse. Er hält keinen Blickkontakt, schaut - fast arrogant, tatsächlich aus Unsicherheit - über die Köpfe hinweg. Selbst wenn er nicht schreibt, hält er den Marker in der Hand, öffnet die Kappe und macht sie wieder zu. Immer wieder. Der Vortrag selbst ist jämmerlich langweilig, unstrukturiert. Als einer der Teilnehmer, der es tatsächlich geschafft hat, so weit mitzudenken, anmerkt, dass seine Erfahrungen gegenteilig seien, ist die Antwort: »Doch, glauben Sie es mir, das ist so!« Zu allem Überfluss überzieht er auch noch 15 Minuten. Der dezente Beifall hinterher galt wohl eher fürs Aufhören als für den Inhalt.

Überlegen Sie einmal, wie es Ihnen ergehen würde: Würden Sie diesen Menschen buchen, Ihr Unternehmen von ihm beraten lassen oder ihm Ihre Finanzen anvertrauen?

Ich war schon einige Male in der Leitung eines Verbandes, und bei einigen wurden auch Vorträge von Mitgliedern oder auch Verbandsfremden organisiert. Was ich da alles erleben musste. Von Consultants, Coaches, Geschichtenerzählern über Finanz-, Marketing- bis Internet-Experten mussten die Zuhörer und ich schon einiges Grauenvolles über uns ergehen lassen. Verstehen Sie mich nicht falsch, doch wenn jemand - vielleicht tatsächlich Experte seines Fachs - einen Vortrag hinlegt, wie den oben beschriebenen, dann hat er den Zuhörern und vor allem sich keinen Gefallen getan. Es gab Gott sei Dank auch viele gute Vorträge auf diesen Verbandsveranstaltungen.

 JUWELEN-GEDANKE

Sie werden im Rampenlicht stehen oder untergehen.

Egal in welchem Bereich Sie sich etablieren wollen, egal ob als Selbständiger, als Führungskraft oder Mitarbeiter im Unternehmen oder als Unternehmer: Sie werden im Rampenlicht stehen oder untergehen.

Natürlich ist Ihnen aufgefallen, dass ich immer wieder den Auftritt vor Publikum anspreche. Sie können auch bis zu einem gewissen Grad ohne Auftritte auskommen, können in bestimmten Bereichen auch mit PR, Fachartikeln, Blogs oder diversen Marketingmaßnahmen Ihre Ziele erreichen. Doch um aus der Masse der Wettbewerber herauszustechen, um als Experte zu gelten, werden Sie früher oder später - aus eigenem Kalkül oder von anderen gebeten - auf der Bühne stehen. Und das sollten Sie nutzen.

Denn dort erreichen Sie die Menschen direkt. Noch direkter geht dies im persönlichen Gespräch, doch kalkulieren Sie die Ihnen zur Verfügung stehende

Zeit. Zeit ist das kostbarste Gut, oder etwa nicht? Vorträge sind effizient. Jede Bühne, die Sie nutzen können, sollten Sie zu Ihrer Bühne machen.

 BRILLANTEN-TIPP

Nutzen Sie Bühnen!

Wenn Sie die Chance haben, einen Vortrag vor Interessierten geben zu dürfen, dann bitte tun Sie dies so, dass er Ihrem Image förderlich ist. Das ist nicht so schwer. Es ist Ihre Persönlichkeit, mit der Sie überzeugen werden. Legen Sie Ihre glänzenden Facetten und die professionelle Authentizität Ihrer Persönlichkeit in die Waagschale, und Sie werden es schaffen, zu einem Experten zu werden, dem die Menschen gerne zuhören.

 JUWELEN-GEDANKE

Charismatischen Rednern hört man gerne zu.

Charismatischen Rednern hört man gerne zu. Und hervorragende Redner-Eigenschaften unterstützen eine charismatische Wirkung. Doch wie können Sie Ihre eigene Wirkung entwickeln und optimieren? Wenn es Ihnen gelingt, in Besprechungen und vor allem bei Auftritten vor Publikum, eine Wirkung zu erzeugen, die die Menschen mitreißt, dann entsteht Charisma. Das bedeutet, dass Sie insbesondere bei den genannten Anlässen die beste Möglichkeit haben, sich zu präsentieren und Ihre Wirkung dauerhaft in den Köpfen Ihres Publikums zu verankern.

FÜHRUNG IST KOMMUNIKATION

Die zentrale Fähigkeit einer erfolgreichen Führungspersönlichkeit ist Kommunikation. Ob Sie Ihr Team instruieren, motivieren und auf Linie bringen oder ob Sie Ihre Ergebnisse präsentieren, Sie stehen häufig vor Gruppen und müssen dabei überzeugen. Sie werden daran gemessen, wie überzeugend Sie sind. Dabei ist es relevant, dass Sie in Ihrer Kommunikation stets verbindlich sind. Mitarbeiter verabscheuen unklare Kommunikation. Sie lehnen Führungskräfte ab, die sich vage ausdrücken, bewusst ausweichen oder nicht einhalten, was sie versprechen.

 ### JUWELEN-GEDANKE

Die Schlüssel-Qualifikation einer erfolgreichen
Führungspersönlichkeit ist Kommunikation.

Auch wenn es im Interesse der Unternehmen wäre, die Mitarbeiter und Führungskräfte darin kontinuierlich zu trainieren, wird dies leider zu wenig getan. Führungspersönlichkeiten erzählen Geschichten, rufen Bilder hervor und wecken Emotionen. Sie erzeugen Spannung und Aufmerksamkeit. Es geht um eloquentes Auftreten vor Gruppen, Gruppen, die Sie führen, motivieren und begeistern wollen. Sie sind auf andere angewiesen. Es reicht nicht, wenn Sie nur sich selbst inszenieren. Sie brauchen ein Umfeld, auf das Sie zählen können. Sie brauchen ein Stück, in dem Sie die Hauptrolle spielen. Ihr Team, Ihr Unternehmen, Ihr Umfeld.

Um zu einem rhetorischen Hochkaräter zu werden, beginnen Sie mit einem Blick auf Ihr Publikum. Was kommt bei jedem Publikum an? Genauer gesagt: wie »funktioniert« Publikum? Wenn Sie die Menschen fragen, was ihnen wichtig ist, werden Sie je nach Typ unterschiedliche Antworten hören. Die Antworten lauten von guter Struktur, Logik und Vollständigkeit, über spannender Aufbau, Humor und lebendige Vortragsweise bis gute Atmosphäre, angenehmes Klima und sympathische Vortragende. Welche Antworten welchem Typen entsprechen, ist Ihnen mittlerweile selbst aufgefallen, stimmt's?

Der Haken an der Sache ist, dass alle Antworten aus dem Bewusstsein der Teilnehmer kommen. Doch Kommunikation funktioniert zu einem größeren Teil unbewusst. Und dem Unbewussten sind ganz andere Dinge wichtig. Das Unterbewusstsein und das Gedächtnis brauchen Bilder, Geschichten und Emotionen.

1. Bilder dienen der Vorstellungskraft und sind letztendlich das, was im Gedächtnis vorrangig gespeichert wird. Worte müssen erst in Bilder übersetzt werden – sofern die Worte das zulassen. Selbst gut bekannte aber doch komplexe Worte, wie Fremdwörter, Fachausdrücke und Abkürzungen werden deswegen so schlecht verarbeitet.

2. Geschichten erzeugen Bilder und Emotionen und bringen diese in einen Zusammenhang. Sie sind deswegen wesentlich leichter zu merken.

3. Emotionen werden sogar noch besser als Bilder gespeichert. Wobei sowohl Bilder wie auch Geschichten Emotionen erzeugen.

 BRILLANTEN-TIPP

Lassen Sie Bilder und Emotionen entstehen!

Aha, deswegen hängen also Emotionen mit Charisma und Sympathie zusammen. Und deswegen waren auch die Reden von Martin Luther King, John F. Kennedy oder Barack Obama so erfolgreich: weil Sie Bilder und Emotionen entstehen lassen. Und wenn Sie es schaffen, komplexe Zusammenhänge aus Ihrem Kompetenz-Gebiet in einfache Bilder und Geschichten zu packen, dann ist das keineswegs kindisch oder unprofessionell. Dann ist das vor allem wirksam. Und Sie und Ihr Thema prägen sich in den Köpfen der Menschen ein.

So wie die Inhalte, zählen auch Sie als Person. Wie reagiert Ihr Publikum auf Sie? Es geht nicht nur darum, dass Sie ein guter Sprecher sind. Sie sind für Ihr Publikum authentisch, wenn es Sie bereits kennt. Ihr Publikum kommt bereits mit einem (positiven) Vorurteil. Es basiert auf den Erfahrungen, die der Einzelne mit Ihnen schon gemacht hat. Denken Sie nur daran, wie Sie selbst reagieren, wenn Sie zur Präsentation eines Kollegen eingeladen werden.

 **JUWELEN-GEDANKE**

Veränderung braucht Zeit bis sie akzeptiert wird.

Ihr Publikum weiß, jetzt spricht ein Langweiler, ein Schwätzer oder ein Charismatiker. Dem einen ist mühsam zu folgen, ein anderer versteht es spannend zu sprechen und beim Dritten ist es sogar lustig, weil er sehr humorvoll ist. Mancher geht inhaltlich viel zu sehr ins Detail, der andere kratzt nur substanzlos an der Oberfläche, manche liefern genau das Wesentliche. So ähnlich werden Ihre Zuhörer bereits über Sie denken. Was passiert jetzt, wenn Sie plötzlich ganz anders auftreten? Wenn Sie bisher langweilig und sachlich vorgetragen haben und plötzlich lebendig und humorvoll zu überzeugen verstehen? Diese Frage bekomme ich tatsächlich immer wieder gestellt. Ich kann Sie beruhigen - oder genauer, ich muss Sie enttäuschen - so schnell werden Sie sich nicht verändern. Doch sobald Sie an sich arbeiten, werden erste Anzeichen sichtbar, manchmal sogar sehr deutlich. Was passiert dann bei den Zuhörern? Sie werden die Veränderung registrieren und positiv (!) verwundert sein.

So positiv diese Verwunderung sein mag, die Reaktion kann trotzdem negativ wirken, weil manche mit Sprüchen reagieren wie »Sieht ja aus wie wenn Sie auf einem Seminar waren!« oder »Was ist denn in Sie gefahren?« Das liegt daran, dass wir ein bestimmtes Bild von jedem Menschen haben und es uns überrascht, wenn dieses Bild plötzlich wankt. Dabei spielt es keine Rolle ob das Bild besser oder schlechter wird. Unser inneres Bild stimmt plötzlich nicht mehr mit dem neuen Erlebnis überein - und das ist merkwürdig. Ignorieren Sie diese Sprüche oder reagieren Sie charmant darauf, doch lassen Sie sich davon bitte nicht abhalten, sich weiterzuentwickeln.

Jemand, der Sie zum ersten Mal erlebt, beurteilt Sie ohnehin wertneutral. Allerdings beginnt er Sie schon zu beobachten, bevor Sie zu den ersten Worten ansetzen, beim ersten Sichtkontakt. Und er ist dann ein zweites Mal gespannt, wenn Sie zum Sprechen ansetzen. Deshalb sind Ihr erster Eindruck und die ersten Momente Ihres Vortrages sehr bedeutend. Wenn Sie vor Publikum sprechen, setzen Sie deshalb immer mit etwas an, das Neugierde erweckt.

Eliminieren Sie alle Floskeln. Es interessiert niemanden, ob Sie sich freuen, dass alle »so zahlreich erschienen sind« oder wofür Sie »danken möchten«. Stellen Sie so schnell wie möglich eine Verbindung zum Publikum her (Blick-*kontakt*!), erzeugen Sie Aufmerksamkeit und strahlen Sie Energie aus. Seien

Sie sich Ihrer Wirkung insbesondere zu Beginn sicher. Sie haben keine zweite Chance.

 BRILLANTEN-TIPP

Ihr neues Publikum beobachtet Sie vom ersten Moment an!

DIE EIGENE WIRKUNG KENNEN – RBG

Es ist sehr hilfreich, wenn Sie Ihre eigene Wirkung bei Auftritten kennen. Denn die Selbstwahrnehmung weicht gerade bei Reden oft vollkommen von der Wirkung ab. Holen Sie sich also Feedback ein, sei es in einem Seminar oder von Teilnehmern. Achten Sie darauf, dass es ehrlich ist (nicht höflich). Einen Anhaltspunkt bietet Ihnen auch Ihre Persönlichkeitsstruktur, also die Frage, ob Sie eher der rote, blaue oder grüne Typ sind. Denn jeder Typ hat eine bestimmte, typische Wirkung auf Publikum.

Die folgenden Auflistungen beziehen sich auf zwei Grundlagen: Erstens betreffen die Aussagen wiederum einen hundertprozentigen Persönlichkeitstypen, den es nicht gibt. Es trifft also logischerweise zu, dass in Ihrer vorrangigen Farbe nicht alles zu hundert Prozent passt und dass Sie auch in den anderen beiden Farben Eigenschaften finden, die für Sie typisch sind. Zweitens beziehe ich mich speziell auf Reden und Präsentationen. Vieles davon trifft in der alltäglichen Kommunikation in Zweiergesprächen oder Besprechungen ebenso zu.

DER ROTE

Sie sind in der Regel lebendig und Ihre Zuhörer langweilen sich selten. Auch wird Ihnen die Führung selten streitig gemacht – es sei denn, da ist jemand, der um die Dominanz kämpft, weil er noch roter ist als Sie. Ihre Gestik ist normalerweise ausgeprägt.

Ihr Entwicklungspotenzial liegt im Bereich der Mimik, der inhaltlichen und logischen Struktur und Relevanz und der korrekten Recherche.

Ihre größten Gefahren sind Ihre eigene Ungeduld, dadurch werden Sie schon mal zu schnell und machen Gedankensprünge. Eine ungenaue Vorbereitung werfen Ihnen vor allem Blaue vor, es mangelt ihnen oft an Struktur. Ihre Illustrationen sind manchmal unverständlich, da Sie oft zu viel Wissen voraussetzen oder erwarten, dass man Ihren Gedankengänggen folgen kann. Ihr Humor geht schon mal zu Lasten anderer, Sie treten in manches Fettnäpfchen und neigen womöglich zur Selbstdarstellung. Mit Kritik und anderen Meinungen können Sie nur ungern leben, auch wenn Sie es vermutlich lernen mussten.

DER BLAUE

Sie sind in der Regel gut vorbereitet und Ihre Inhalte sind sehr strukturiert. Alles was Sie sagen ist logisch und korrekt. Wenn Sie humorvoll sind, dann ist es Ihr trockener Wortwitz, der die Menschen zum Lachen bringt. Leider denken viele Blaue fälschlich, Humor würde die Inhalte lächerlich machen und vermeiden ihn deshalb.

Ihr Entwicklungspotenzial liegt im Bereich der Vortragsweise, insbesondere Stimme, Sprechweise und Körpersprache in allen Bereichen, da Blaue oft knöchern und monoton wirken. Sie sollten stets daran arbeiten, die Inhalte emotionaler und persönlicher zu gestalten.

Ihre größten Gefahren sind Ihre eigene Zurückhaltung im Ausdruck, zu lange Schachtelsätze und das inhaltliche Überladen. Daraus resultieren häufig Zeitprobleme und Langweile, insbesondere für die Roten. Sie neigen zum Pedanten und Besserwisser, wobei Sie es auch tatsächlich besser wissen. Sie glauben, dass nur der Inhalt, nicht die Vortragsweise, zählt.

DER GRÜNE

Sie sind in der Regel sympathisch und Ihre Teilnehmer fühlen sich atmosphärisch wohl. Sie können Teilnehmer hervorragend einbinden und kommen gut mit jedem klar. Sie bauen auch lebendige Lernspiele oder Übungen mit ein. Emotionen können Sie sowohl zeigen, wie auch vermitteln.

Ihr Entwicklungspotenzial liegt im Bereich der inhaltlichen Klarheit sowie einer kraftvollen Körpersprache, Haltung und Sprechweise. Sie wirken häufig körperlich weich und damit wenig überzeugt.

Ihre größten Gefahren sind, dass Sie manchmal etwas flapsig und chaotisch sein können. Bei Unruhe in der Gruppe verlieren Sie die Führung und sind zu gutmütig bei Störungen. Sie wirken sehr weich und zeigen auch unpassende Emotionen. Sie kommen oft nicht zum Punkt. Wenig erfahrene Grüne versuchen ohnehin eine derartige Redesituation ganz zu vermeiden, weil es ihnen kein gutes Gefühl bereitet.

	Zwischenhirn – Rot	Großhirn – Blau	Stammhirn – Grün
Als Redner	Viel Gestik An Mimik arbeiten und darauf achten, dass das Gemeinte auch verstanden wird Geduld zeigen Niemanden »überfahren«	Sprachlich perfekt, Struktur An Mimik, Gestik und Ausdruck arbeiten Emotionen zeigen Nicht mit vielen Details überfordern	Viel Mimik An Gestik und prägnanter Ausdrucksweise arbeiten Auf erkennbare Struktur achten, nicht abschweifen Klar artikulieren

Abbildung 12.1: Die drei Persönlichkeitstypen in der Übersicht

Welche Erkenntnisse erhalten Sie daraus? Zum einen hoffentlich die eine oder andere Unterstützung in der Selbsterkenntnis. Zum anderen ist es ja sehr wahrscheinlich, dass Sie in Ihrem Publikum auch alle drei Typen sitzen haben. Und jeder hat andere Erwartungen an Sie. Ein Beispiel: Sind Sie ein Blauer und neigen deshalb zu überladenem Detailreichtum, so nervt das vor allem die Roten. Ihre Blauen Kollegen finden es dagegen sogar gut, weil Sie keine »wichtigen« Informationen unterschlagen.

Wie also es allen recht machen? Bei vielen Dingen ist es kein Problem, weil sie sich nicht widersprechen. Doch bei einigen schon. Stoßen Sie auf widersprüchliche Erwartungen der unterschiedlichen Typen, überlegen Sie eine Lösung, die beide bzw. alle drei Typen befriedigt.

BEISPIEL AGENDA

Blaue lieben und brauchen Struktur. Das betrifft beispielsweise den logischen Ablauf. Deshalb zeigen Blaue gerne zu Beginn eine Agenda und zeigen auf, was die Teilnehmer erwartet. Das haben viele auch in einem Seminar von einem (wahrscheinlich blauen) Trainer gehört. Blaue Teilnehmer fühlen sich dabei gut informiert. Rote gelangweilt! Das Dumme daran: nach einer langweiligen Agenda werden Sie es sehr schwer haben, die Roten überhaupt wieder zurückzugewinnen. Was also tun? Meine Empfehlung: bieten Sie eine Agenda ohne diese aufzudrängen. Dazu gibt es verschiedene Möglichkeiten: legen Sie einen Ausdruck auf jeden Platz, hängen Sie ein Flip-Chart mit der Agenda seitlich an die Wand oder beschriften Sie die Rückseite der Namensschilder mit der Agenda ... Der Vorteil: die Blauen haben die Information, die ihnen wichtig ist, und zwar jederzeit. Die anderen werden nicht durch Zeit verschwendendes Gerede über später ohnehin folgende Inhaltspunkte gelangweilt.

Die Entwicklungspotenziale lassen sich in drei Hauptbereiche gliedern: erstens Körpersprache, Stimme und Sprechweise, zweitens Inhalt und drittens Form. In Kapitel 8 ging es ausführlich um den ersten Hauptbereich, den der nonverbalen Kommunikation. Ihre Inhalte in eine strukturierte, spannende und emotionale Form zu bringen, ist der zweite Bereich. Die Blauen in Ihrem Publikum legen dabei besonders Wert auf Struktur, die Roten auf Spannung und die Grünen auf Emotionen. Sie brauchen letztlich all diese Komponenten in Ihren Gesprächen und Reden.

SPANNUNG WIE HITCHCOCK

Der rote Faden in einem Gespräch oder einer Präsentation basiert immer auf dem bekannten Konzept Einleitung, Hauptteil und Schluss. An dieser Stelle gehe ich jedoch nicht weiter ins Detail, denn jede Situation fordert eine ausführliche Abhandlung. Das sprengt den Rahmen dieses Buchs. Zudem ist Struktur letztlich relativ einfach, wenn man sich bereits bei der Gliederung Gedanken darüber macht. Schwieriger ist es, etwas spannend und emotional zu erzählen.

 JUWELEN-GEDANKE

Struktur macht Inhalte nachvollziehbar.

Menschen lieben Spannung, das ist der Grund warum sie Krimis schauen. Spannung erzeugt Emotionen. Hitchcock war der unangefochtene Meister. Er verstand es in jedem Moment zu fesseln. Oder er nutzte Phasen der ruhigeren Art, um dann plötzlich mit einer Überraschung aufzuwarten. Wenn Sie etwas spannend erzählen, dann werden Ihnen die Menschen nicht nur lieber und genauer zuhören, sie werden sich auch das, was Sie zu sagen haben, besser merken. Das hat etwas mit den Denkprozessen zu tun.

1. Spannung erzeugt Emotionen. Emotionen erzeugen Dopamin, das Glückshormon. Dieses wiederum sorgt dafür, dass das Gehirn lernbereiter ist.

2. Setzen Sie Spannung richtig ein, denkt der Zuhörer selbst mit, versucht voraus zu denken. Er gibt sich innerlich Antworten. Dieses Mitdenken geschieht nicht, wenn er nur passiver Konsument ist. Aktives Denken wiederum sorgt für nachhaltigeres Behalten.

 JUWELEN-GEDANKE

Spannung sorgt für anhaltende Aufmerksamkeit.

Und das Schöne daran ist, dass Sie es lernen können. Spannung folgt meistens einem bestimmten Konzept. Und das hat Hitchcock so schön herausgearbeitet. Er unterschied drei unterschiedliche Methoden:

1. Tension - Anspannung

2. Suspense - Ungewissheit

3. Surprise - Überraschung

Und alle drei können Sie hervorragend einsetzen. Es lohnt sich, die drei Methoden genauer anzuschauen und dann damit zu experimentieren und sie zu üben.

TENSION - ANSPANNUNG

Ein kurzer Moment der Anspannung, bei dem der Zuhörer dadurch überrascht wird, dass der von ihm erwartete Rhythmus unterbrochen wird. Tension ist unabhängig vom Gesamtkontext und kann an jeder Stelle eingesetzt werden, natürlich nicht inflationär. Das kann eine gekonnt platzierte Sprechpause sein, das kann sein, dass Sie etwas hinauszögern und dadurch dieser Spannungsmoment entsteht oder das kann das Geheimhalten der entscheidenden Information bis zuletzt sein.

SUSPENSE - UNGEWISSHEIT

Die typische Situation im Krimi, aber auch im Witz. Spannung entsteht durch das Gefühl, dass etwas passieren sollte, es ist aber völlig unsicher. Es könnte eine schlimme Befürchtung eintreffen - aber auch kurz vorher die Rettung kommen. Es könnte ein toller Ausgang erwartet werden - aber auch kurz vorher etwas anderes passieren. Oder es wird, kombiniert mit Tension, kurz vor der Auflösung die Szene gewechselt. Suspense spielt damit, dass der Zuhörer oder -seher aufgrund der Vorgeschichte den Ausgang erwartet. Er weiß, dass der Retter kommt. Doch gleichzeitig ist er sich nicht sicher. Im Gegensatz zu Tension geht es hier immer um den Inhalt der Handlung, den Erzählstrang.

Ein Beispiel: »Letztes Jahr hatten wir damit begonnen, ein völlig neues Geschäftsfeld zu erschließen. Gestern Abend stand nun endlich die Entscheidung auf der Tagesordnung, ob dieses Geschäftsfeld ausgebaut wird ... [Pause] ... (Tension = Pause und Suspense = Ausgang ist offen, Formulierung jedoch positiv, arbeitet damit offensichtlich auf ein positives Ergebnis hin - aber ist es dann tatsächlich positiv?). Herr Joshua leitet, wie Sie alle wissen, das Team, das mit umfangreichen Entwicklungen und Marktforschungen betraut war. Der Vorstand hat nun Folgendes beschlossen (Tension, da nochmals hinausgezögert wird): Er ist so weit zufrieden mit dem bisherigen Ergebnis und gesteht dem Team nun weitere sechs Monate und ein entsprechendes Budget zu, die ersten Produkte zu entwickeln (Surprise = vermutlich tatsächlich überraschend, denn die Entscheidung wurde als klares Ja oder Nein erwartet und nicht als Teilsieg).«

SURPRISE – ÜBERRASCHUNG

Eine unerwartete Wendung oder ein verblüffendes Ende tritt ein. Auch dadurch funktionieren sowohl Filme als auch Witze. Sie führen dabei ganz einfach auf eine falsche Fährte und überraschen dann mit dem Tatsächlichen.

Beispiel: »Vorletztes Jahr lag unser Gewinn nach Steuern bei 43 Mio. Euro. Wie Sie wissen, haben wir ein Krisenjahr hinter uns und auch unsere internen Probleme, bedingt durch die Umstrukturierung in der Produktion und die Akquise von Saxoon haben einiges an Investitionen und auch Problemen mit sich gebracht. Deshalb ist der Gewinn für das abgelaufene Jahr nicht so hoch ausgefallen, wie wir alle uns das erwartet haben. Er liegt bei ... 56 Mio. Euro.«

Aufgrund der Anmerkungen, was alles am Gewinn genagt hat, wurden die Erwartungen deutlich unter das vorvorige Jahr geschraubt. Als dann eine höhere Zahl herauskommt, ist die Überraschung sicher gelungen. Die Pause vor der Zahl hat die Wirkung noch erhöht (Tension).

Sie können alle drei Techniken jederzeit einsetzen. Die Suspense-Technik bedarf sicher der größten Planung und ist deshalb spontan nicht ganz so einfach. Die anderen beiden, insbesondere Tension, sind mit ein bisschen Übung sehr einfach zu erlernen, spontan einzusetzen und jederzeit wirkungsvoll.

ÜBUNG DOPPELPUNKTTECHNIK

»Sprechen Sie mit Doppelpunkt« nenne ich die einfachste und eine der wirkungsvollsten Techniken diesen kurzen Moment der Spannung aufzubauen. Mit diesem einfachen Trick werden Ihre Worte lebendiger und spannender, Ihre Wirkung interessanter.

Was Sie hier lesen, ist kein gutes Schriftdeutsch. In Briefen oder Büchern wären diese Formulierungen kein schöner Stil. Doch wenn Sie vor Publikum sprechen, gelten andere Regeln. Schriftdeutsch klingt gesprochen ohnehin langweilig. Formulieren Sie Ihre Sätze mit folgender Technik und Sie werden eine vollkommen neue Wirkung erleben. Sie entsteht durch einen Doppelpunkt. Alles was im Satz Beiwerk ist, steht vor dem Doppelpunkt, der eine - besonders wichtige Ausdruck - steht danach. Nun sprechen Sie das Ganze noch mit einer schönen Pause an Stelle des Doppelpunktes und mit deutlicher Betonung auf den danach folgenden Ausdruck. Hier Beispiele:

Vorher: 2008 haben wir 480.000 € Umsatz erzielen können.
Doppelpunkttechnik: 2008 war unser erzielter Umsatz: 480.000 €

Vorher: In der ganzen Branche gibt es keinen einheitlichen Standard für Ausschreibungen.
Doppelpunkttechnik: Eines fehlt für Ausschreibungen in der ganzen Branche immer noch: der einheitliche Standard.

Vorher: Herrn Müller, den Experten auf diesem Gebiet, konnten wir gewinnen, uns die neue Technologie verständlich zu erklären.
Doppelpunkttechnik: Wir konnten den Experten auf diesem Gebiet gewinnen, uns die neue Technologie verständlich zu erklären: Herrn Müller.

Vorher: Alle, außer der IT-Abteilung sind bereit, während der Weihnachtsfeier ein kleines Stück aufzuführen.
Doppelpunkttechnik: Alle sind bereit während der Weihnachtsfeier ein kleines Stück aufzuführen, nur eine Abteilung nicht: die IT.

Vorher: Die Deutschen geben am meisten Geld für ihr geliebtes Auto aus.
Doppelpunkttechnik: Die Deutschen geben für eine Sache am meisten Geld aus. Sie lieben sie sehr: ihr Auto.

Sie können bei Präsentationen die Anspannung einiger Beispiele noch steigern, wenn Sie gleichzeitig auf dem Flipchart die Aussage in der Pause, also während des Doppelpunktes, aufschreiben oder -zeichnen.

DREHEN SIE KOPFKINO

Der stärkste Glaube an etwas entsteht, wenn Ihr Zuhörer zu sich selbst innerlich etwas sagt oder innerlich ausmalt. Regen Sie deshalb seine Vorstellung an,
wo immer Sie können. Lassen Sie Ihre Zuhörer zu Imagineuren[10] werden. Die
Tension-Technik ist eine Möglichkeit, doch es gibt weitere. Das Ziel dabei ist,
dass Ihr Gegenüber selbst versucht, Dinge voraus oder zu Ende zu denken.
Oder dass ein Kopfkino entsteht, das in ihm Vorstellungen weckt. Letztendlich
geht es darum, ihn zum Denken zu aktivieren, statt ihn in der passiven Rolle
des konsumierenden Zuhörers zu belassen.

Dazu gibt es einfache Tricks, die immer funktionieren und dabei so einfach
sind:

▶ Sprechen Sie einen Satz und machen Sie vor dem spannenden Ende oder der
  Auflösung im nächsten Satz eine (möglichst lange) Pause. Im Prinzip die
  Doppelpunkt-Technik. Der Zuhörer führt innerlich Ihren Satz fort, wenn
  dies möglich ist. Wenn nicht, denkt er über mögliche Antworten nach und
  schätzt ab.
▶ Dasselbe funktioniert mit rhetorischen Fragen, die sich der Zuhörer eindeutig selbst beantworten kann. Wichtig ist, dass die Frage so eindeutig ist,
  dass es keine Andersdenkenden geben kann.
▶ Auch die offene rhetorische Frage hat diesen Effekt. Der Zuhörer muss
  nachdenken: »Kennen Sie auch eine solche Situation?« oder »Was hätten Sie
  jetzt an seiner Stelle getan?«
▶ Beginnen Sie einen Satz mit »Stellen Sie sich vor ...«, »Denken Sie an ...« oder
  »Erinnern Sie sich ...« und vervollständigen Sie ihn mit etwas, was sich jeder
  bildlich vorstellen kann. Selbst wenn Sie sagen würden »Denken Sie jetzt
  bitte nicht an einen hellblauen Elefanten!« würden es alle tun. Diesen Bil-

---

10 Ich liebe diese Bezeichnung, die von *Walt Disney Imagineering* stammt, einer 1952 gegründe-
   ten Themenpark-Firma, die 1986 diesen neuen Namen bekam. Sie entstand aus imagine (vorstellen) und engineer (Ingenieur).

dern können wir uns nicht entziehen. Nutzen Sie diese Technik so oft Sie können.

▶ Auch direkte Fragen regen zum Denken an: »Was denken Sie über …«, »Welche Anwendungen können Sie sich noch vorstellen?« oder »Welche Erfahrungen haben Sie mit … gemacht?«

▶ Erklären Sie etwas (Neues) und verknüpfen es mit Bekanntem, einfachen Dingen: »…, *das ist wie* wenn Sie eine Kartoffel in die Erde stecken und im Herbst wieder ausbuddeln.« Der entscheidende Satzteil ist dabei *»das ist wie«*.

Die Gedanken und das Kopfkino zu aktivieren ist die beste Garantie für aktive Zuhörer. Die genannten Fragen und Einleitungen sind Trigger, die dazu führen, dass der Hörer gar nicht anders kann.

Eine ebenso trickreiche, wie vor allem im Radio gerne verwendete Phrase ist »Gleich erfahren Sie …«. So sehr wir das alle kennen und vielleicht hassen, es funktioniert trotzdem immer wieder. Ihr Ziel ist es, dass Ihnen aufmerksam zugehört wird. Nutzen Sie diese Techniken und Sie werden davon profitieren.

DIE KUNST DES STORYTELLING

Geschichten spielen eine zentrale Rolle dabei, wie gut Ihre Teilnehmer Informationen verstehen, glauben und sich merken. Der Trend Storytelling - in den USA längst ein großes Thema - wird nicht umsonst in Deutschland immer bedeutender. Das hat zwei Ursachen: zum einen erkennen die sachlichen Deutschen auch mehr und mehr wie gut Geschichten funktionieren. Zum anderen spielt es im internationalen Business immer weniger eine Rolle, was in einzelnen Ländern üblich ist. Meistens setzt sich einfach der amerikanische Stil durch. In diesem Fall zurecht.

 **JUWELEN-GEDANKE**

Geschichten erzeugen Vertrauen.

Die Menschen wollen nicht noch mehr Information, sie sind voll davon. Sie wollen Vertrauen, Vertrauen in Sie, Ihre Ziele und Ihren Erfolg. Kurz: in die Geschichte, die Sie zu erzählen wissen. Fakten schaffen kein Vertrauen. Vertrauen braucht eine aussagekräftige Geschichte.

Wie denn nun – Märchen erzählen? Nein, es geht um Geschichten, die Ihre Aussagen manifestieren. Eine einzige beispielhafte Geschichte überzeugt weit mehr als tausend Argumente. Das hängt mit der Arbeitsweise des menschlichen Gehirns zusammen, wir glauben Bildern mehr. Das Beispiel malt ein Bild. Auch dann, wenn Ihr Beispiel keineswegs allgemeingütig oder sachlich logisch ist. Doch was soll's? Wenn Sie es nutzen können, tun Sie es! Wenn Sie in Ihrem Vortrag oder Gespräch Argumente anbringen, die alle in sich logisch erscheinen, ist längst nicht gesagt, dass Ihre Zuhörer sich überzeugen lassen. Sie suchen viel mehr nach Widerspruch, Ausnahmen und dergleichen. Erzählen Sie ein Erfolgs-Beispiel, das nicht einmal eine Garantie für allgemeine Gültigkeit abgeben muss, und der Großteil Ihres Publikums glaubt Ihnen. Je besser Sie erzählen können, desto mehr! Können Sie dazu noch einen (vermeintlichen) Beweis, z. B. ein Bild, zeigen, schlägt die Geschichte jedes Argument. Selbst bei kritischem Publikum.

 **JUWELEN-GEDANKE**

Sammeln Sie Ihre Geschichten in einem Notizbuch.

Sammeln Sie Geschichten. Sie haben viele persönlich erlebte Erfahrungen. Darüber hinaus können Sie sich mit Kollegen austauschen oder Bücher lesen, um mehr Material zu haben. Sammeln Sie ab sofort Ihre Geschichten, Beispiele, Erfahrungsberichte, Schicksale, Anekdoten etc. in einem Notizbuch oder einer Datei.

Wenn Sie eine Geschichte erzählen, wollen Sie berühren. Es ist der Sinn einer Geschichte, Emotionen zu erzeugen. Beinhaltet die Geschichte emotionale Momente, versetzen Sie sich beim Erzählen in die Situation hinein. Spüren Sie in sich und achten Sie auf Ihre Emotionen und Stimmungen aus den Situationen der Geschichte. Lassen Sie sie zu und zeigen Sie sie. Je besser Sie selbst

Ihre Emotionen spüren, desto besser sind sie vom Publikum empathisch zu spüren. Je mehr es mitfühlt, desto glaubwürdiger werden Sie.

Es gibt verschiedene Arten von Geschichten, die man folgendermaßen kategorisieren kann. Letztlich laufen die meisten Geschichten darauf hinaus und die Liste gibt Ihnen Anhaltspunkte, nach was Sie suchen:

1. Wer bin ich?

2. Warum bin ich hier?

3. Wie ist es dazu gekommen? - Was habe ich gelernt?

4. Ich weiß, was Sie denken!

5. Gelebte Werte

6. Die Zukunft - Die Vision

7. Die Heldenreise - Wie ich zum Held wurde (siehe unten)

Streuen Sie Ihre Geschichten in Ihre Reden ein. Suchen Sie passende Stellen und erzählen Sie. Beginnen Sie, ohne vorher anzukündigen, dass Sie jetzt eine Geschichte erzählen. Steigen Sie einfach ein. Erzählen Sie die Geschichte immer aus Ihrer persönlichen Sicht, nur dann kann das Publikum Ihre Emotionen erleben. Und erklären Sie nie die Moral der Geschichte. Wenn sie vorbei ist, ist sie vorbei. Und wirkt nach.

 JUWELEN-GEDANKE

Geschichtenerzählen ist eine Sache der Übung.

Geschichten zu erzählen, will geübt sein. Sie kennen das von Witzen. Manche können das (weil sie geübt darin sind) und manche nicht. Üben Sie! Üben Sie auch einzelne Geschichten, die Sie immer wieder erzählen können. Denn in der Praxis ist es so, dass bestimmte Geschichten immer wieder passen. Sie haben ja doch immer mal wieder ein anderes Publikum. Sie werden merken, dass Sie dieselbe Geschichte immer besser erzählen können. Und noch ein Praxistipp:

Bestimmte Geschichten lösen beim Publikum schon mal einen witzigen oder betroffenen Kommentar aus. Merken Sie sich diesen unbedingt und verwenden Sie diesen in Zukunft immer. So wird Ihre Geschichte immer besser.

 Juwelen-Gedanke

Nicht jede Geschichte muss lustig oder traurig sein.

Ihre Geschichte muss nicht lustig sein. Sie muss auch nicht zu Tränen rühren. Wenn sie es tut - wunderbar! Für eine Geschichte ist nur eines wichtig: Sie muss Bilder entstehen lassen, Emotionen erzeugen und berühren.

Wenn ich eine Rede beginne, dann fast immer mit einer kleinen Geschichte. Häufig verwende ich passende Metaphern. Diese kommen gut an und sorgen von der ersten Sekunde an für Aufmerksamkeit. Der erste Satz meiner Rede ist der erste Satz meiner Geschichte.

Wie Sie der Held sind und nicht der Angeber

Wenn Sie eine Geschichte erzählen, in der Sie selbst etwas großartiges geleistet haben, besteht immer die Gefahr, dass Sie eher als Angeber, denn als Held wirken. Andererseits sind es gerade diese Geschichten, die Ihre Reputation erhöhen, Sie besser wirken lassen. Natürlich gibt es da ein paar kleine Tricks.

- ▶ Lassen Sie andere für sich sprechen: »Meine Frau hat dann gesagt, ich soll ... machen.«, »Mein Chef sagt immer, wenn einer in so einer Situation ... dann sei ich das.«
- ▶ Zeigen Sie auf, wie Sie sich erst überwinden oder etwas lernen musste: »Ich war mir ja nicht sicher, aber ich dachte, ich versuch's mal ...«, »Ich habe noch nie vorher so etwas gemacht, aber ...«
- ▶ Erzählen Sie, dass Ihnen selber nicht bewusst war, was Sie geleistet haben: »Mit war ja nicht bewusst, dass das so eine Auswirkung ...«, »ich bin da ganz unbedarft rangegangen, doch dass das solche Konsequenzen haben wird ...«

▶ Zeigen Sie in der Handlung zwei Wendepunkte auf. So arbeiten die meisten Filme oder Romane: Sie wollten etwas machen - Wendepunkt - es funktionierte nicht, was Sie auch versuchten - Wendepunkt - irgendwer oder irgendwas hat Ihnen geholfen oder Sie hatten eine Eingebung - Sie konnten es schaffen - als der Held.

Was Sie nicht tun sollten, ist Ihre Leistung schmälern: »Das hätte jeder andere auch so getan ...«, »Das war doch eine Kleinigkeit ...« oder »Das war Zufall ...«. Dadurch schmälern Sie die Leistung tatsächlich, kaum jedoch Ihre Wirkung als Angeber. Schmälern Sie nicht Ihre Leistung, doch nutzen Sie die Möglichkeit, dass der Held (= Sie) erst zum Held wurde.

 JUWELEN-GEDANKE

Verkaufen Sie sich ganz unbescheiden als der Held.

Der klassische Aufbau einer Heldengeschichte ist deshalb auch die:

1. Situationsbeschreibung

2. Held (= Sie) wird gerufen

3. Held fürchtet sich, weigert sich etc. (siehe Auflistung oben)

4. Held trifft Unterstützer oder die Umstände schubsen ihn

5. Held überwindet sich

6. Held siegt - Situation gerettet

Nach diesem Muster aufgebaute Geschichten wirken nie angeberisch. Doch Sie berühren, weil das Publikum sich in den Helden, in Sie, hineinversetzen kann. Dieses Muster können Sie in jeder Situation anwenden und gehen als Held hervor.

DAS GUTE-GESCHICHTE-REZEPT

Storytelling ist nicht einfach, doch das Ergebnis überzeugt. Natürlich ist die gute alte Kunst des Geschichtenerzählers in jeder denkbaren Form möglich. Jedes Märchen, jede Erzählung eines Urlauberlebnisses, jeder Film ist eine Geschichte. Entsprechend viele Varianten gibt es. Analysiert man diese Vielzahl, kommen einige Bestandteile immer vor.

1. Ein starker Anfangssatz - er weckt sofort die Aufmerksamkeit und das Interesse, er zieht das Publikum sofort emotional mitten in die Handlung hinein. Beginnen Sie nicht mit Erklärungen, sondern starten Sie an einer spannenden Stelle der Story. Notwendige Erläuterungen (das »Setting«) können bei Bedarf nachgereicht werden.

2. Anhaltspunkte für die Vorstellungskraft - die Situation muss so sein, dass sich der Zuhörer hineinversetzen kann. Das heißt nicht, dass er die Situation kennen muss, seine Phantasie kann weit gehen.

3. Etwas Besonderes, eine Situation, die außergewöhnlich ist. Das muss nicht ein Harry Potter sein. Das kann etwas sein, was es für Sie persönlich zu etwas Besonderem gemacht hat und das Sie nun als etwas Besonderes erzählen.

4. Eine Notwendigkeit zu handeln - die Situation braucht jemanden, der eingreift und dann jemanden, der etwas tut. Das sind normalerweise Sie als der Held, doch der Zuhörer fühlt empathisch mit Ihnen mit und versetzt sich in Sie hinein.

5. Einen Wendepunkt oder eine Überraschung - schließlich soll sie spannend sein und die Zuhörer fesseln. Der Wendepunkt und die Notwendigkeit zu Handeln können zusammengehören.

6. Einen bildhaften Erzählstil, wie ich ihn weiter oben bereits angesprochen habe: siehe Dramaturgie und Kopfkino.

Eine Geschichte muss dabei immer konkret sein, das heißt keine Möglichkeitsformen, sondern Sie erzählen die Geschichte so, wie sie in Ihrer Wahrheit exis tiert. Sie brauchen selbst eine innere konkrete und bildliche Vorstellung von der Handlung, sonst wird das nichts. Die Wirkung von gut erzählten Geschichten ist magisch.

EMOTIONEN ZEIGEN IST DAS A UND O

Das A und O beim Geschichten erzählen, genauso wie bei jeder anderen Form der berührenden und überzeugenden Kommunikation ist, dass Sie Ihre eigenen Emotionen zeigen. Das zeigte uns schon Augustinus mit seinem »In dir muss brennen, was du in anderen entzünden willst.« Entwickeln Sie Passion in Ihrem Bereich. Ich habe schon Menschen erlebt, die haben von einem schönen Urlaub, einem tollen Essen, Ihrer Lieblingssportart oder anderen emotionalen Hobbys erzählt, als sollten Sie ein Gutachten oder einen Gesetzestext darüber anfertigen. Wenn Sie mit dem Rad über die Alpen gefahren sind, hat Ihnen das Spaß gemacht, es hat Sie Mühen gekostet, Sie hatten Rückschläge, Wadenkrämpfe und Glücksgefühle am Ziel. Wenn Sie erzählen, durchleben Sie das alles wieder – bitte! So wird Ihr Vortrag lebendig, so wird er emotional und berührt.

 BRILLANTEN-TIPP

Emotionen lassen Sie menschlich wirken!

Emotionen machen Sie menschlich. Das ist relevant für Ihre Glaubwürdigkeit und wirkt vor allem wiederum der Gefahr entgegen, als Angeber eingestuft zu werden. Angeber berichten von sich und Ihren Taten emotionslos – oder höchstens mit übertriebenem Stolz.

 JUWELEN-GEDANKE

Emotionen überzeugen.

Die Kunst ist es, dass Sie sich während des Erzählens zu hundert Prozent in Ihre Emotionen begeben. Sie müssen niemandem sagen, dass es Sie gefreut hat, dass Sie das Ziel erreicht haben. Man wird es Ihnen ansehen, man wird es spüren. Und wenn Ihnen Ihr Thema »Der Halbleitermarkt« oder »Die Auswirkungen der Steuerreform« etwas bedeutet, dann haben Sie auch dazu Gefühle. Zeigen Sie das bitte auch! Menschen haben Gefühle – und wollen ihre Gefühle empathisch mitfühlen. Das meinte Augustinus mit brennen. Setzen Sie Ihre Gefühle ein und Sie werden die Menschen erreichen. Setzen Sie Ihre Gefühle ein und Sie werden noch viel mehr in Ihrem Leben erreichen.

DIE GRENZEN DES ERLAUBTEN

Dass es dabei Grenzen gibt, versteht sich. Wenn Sie erzählen, dass Sie sich bei Ihrer Alpentour verletzt haben, müssen Sie nicht weinen. Wenn Sie allerdings die Menschen wahrhaftig betroffen machen wollen, können durchaus Tränen fließen. Im Idealfall allerdings die des Publikums. Wenn Sie es geschafft haben, die von Ihnen erwarteten zwanzigprozentigen Einsparungen um ein Viertel zu übertreffen, zeigen Sie Ihren Stolz und Ihre Freude nicht, wenn deshalb Menschen Ihren Arbeitsplatz verloren haben. Der Maßstab sind die Emotionen, die beim Publikum – im entsprechenden Fall sogar in der Öffentlichkeit – entstehen. Ein lachender Ackermann mit seinem berühmten Victory-Zeichen beim Mannesmann-Prozess mag selbst positive Emotionen gehabt haben, die Öffentlichkeit hat er düpiert und dort ganz andere Emotionen ausgelöst.

Wie viel Show ist eigentlich erlaubt? In einer Welt, in der wir ständig mit Entertainment bombardiert werden – Werbung, Internet, Fernsehen, Handys mit Spielfunktion, Autoradio, iPod und vieles mehr – sind wir an die ständige Unterhaltung gewöhnt. Das geht so weit, dass sich viele zwar nach Ruhe sehnen, ist sie dann aber da, langweilen sich die meisten schnell, werden müde und schalten ab. Wenn Ihr Stil in Gesprächen und Auftritten eher ruhig und monoton ist, wird genau das passieren. Alleine deshalb ist es schon von der Form her wichtig, dass Sie sich als Unterhalter sehen. Überdenken Sie jede Kommunikation dahingehend, dass Sie Wege finden, Sie lebendiger, spannender und aufregender zu machen.

Die Grenze liegt da, wo es »Show der Show wegen« wird. Jemand der einfach nur albern, gewollt lustig oder effekthaschend seine Botschaft verpackt, wird das Gegenteil erreichen. Er verliert seine Glaubwürdigkeit. Die Grenze ist Gefühlssache. Die Frage, die Sie sich stellen können: Wie mache ich es spannender – und dient dies noch dem Inhalt? Diese Frage müssen Sie sich letztlich in jedem Einzelfall stellen. Doch vergessen Sie dabei nicht, dass Entertainment und Humor sympathisch machen, nicht lächerlich.

ZUSAMMENFASSUNG

1. Auftritte werden inszeniert. Inszenierung ist die öffentliche Zurschaustellung. Sie zeigen sich dabei im bestmöglichen Licht.

2. Es geht um Ihre Karriere: seien Sie aktiv und sorgen Sie dafür, dass Sie selbst die Fäden in der Hand behalten. Sie müssen Dinge delegieren und dabei die Kontrolle behalten und informiert sein.

3. Nutzen Sie Bühnen: Ob als Selbständiger, Führungskraft, Mitarbeiter im Unternehmen oder Unternehmer: Sie werden im Rampenlicht stehen oder untergehen.

4. Charismatischen Rednern hört man gerne zu. Und hervorragende Redner-Eigenschaften unterstützen eine charismatische Wirkung.

5. Die zentrale Schlüssel-Qualifikation einer erfolgreichen Führungspersönlichkeit ist Kommunikation.

6. Kommunikation funktioniert zu einem größeren Teil unbewusst. Vorrangig ist, dass das Unterbewusstsein und das Gedächtnis Bilder, Geschichten und Emotionen bekommen.

7. Menschen lieben Spannung, das ist der Grund warum Hitchcock der Meister-Regisseur war. Sie hören genauer zu und merken sich das, was Sie zu sagen haben, besser.

8. Drehen Sie Kopfkino: Der stärkste Glauben an etwas entsteht, wenn Ihr Zuhörer zu sich selbst innerlich etwas sagt oder es sich innerlich ausmalt.

9. Geschichten erhöhen Ihre Reputation, wenn Sie der Held sind. Doch Sie dürfen erst in der Geschichte zum Held werden.

10. In dir muss brennen, was du in anderen entzünden willst: Emotionen zu zeigen berührt und überzeugt. Und es macht Sie menschlicher.

Nachwort

Ein Diamant ist für die Ewigkeit

Bitte werden Sie keine Paris Hilton mit diesem Buch. Es geht nicht um Entertainment. Verkaufen Sie sich, Ihre Leistung und Ihr Können. Das was Sie erreichen wollen, das sollen Sie schaffen!

Ein Rohdiamant wird nicht an einem Tag zum Brillanten. Packen Sie es an! Auf Ihrem Weg zum Juwel, liebe Leserin und lieber Leser, begleite ich Sie gerne weiterhin. Meine Vorträge, Seminare, Coachings und Bücher bieten Ihnen die Möglichkeit, sich stets weiter zu entwickeln. Wenn Sie Fragen, Anregungen und besonders, wenn Sie Erfahrungsbeispiele haben, freue ich mich über eine Nachricht unter juwel@moesslang.com oder einen Eintrag im Forum zum Buch unter www.juwel-und-kiesel.de. Sie helfen damit auch anderen, von Ihren Erfahrungen zu profitieren.

Jede kleine Entscheidung ist bedeutsam. Die Entscheidung, ob Sie heute Abend ausgehen oder zu Hause bleiben, kann Ihr Leben verändern. Sie wissen nie, wen Sie treffen und was passiert. Veränderungen an Ihren Rollen führen zu vielen Auswirkungen. Das betrifft Beziehungen, das geschäftliche Umfeld, Ihre Karriere und vieles mehr. Sie entscheiden darüber, was Sie erreichen wollen. Sie entscheiden darüber, welchen Weg Sie gehen wollen. Sie entscheiden über Ihren Erfolg. Es ist Ihre Wirkung, die überzeugt und die Menschen gewinnt!

Ein Juwel kann unterschiedlich gefasst sein. Traditionell oder avantgardistisch. Die Tradition entspricht dem Gewohnten. Die Avantgarde überrascht. Sie setzt Impulse und Maßstäbe. Entscheiden Sie, was Ihre Mission ist. Ein Juwel glänzt.

Seien Sie ein Juwel!

Ihr
Michael Moesslang

Literaturempfehlungen

ASGODOM, SABINE; Eigenlob stimmt, Econ, München, 1999

BATES, SUZANNE; Speak like a CEO, McGraw-Hill, New York, 2005

BECKWITH, HARRY; You, Inc., Warner Business Books, New York, 2007

BERNDT, JON CHRISTOPH; Die stärkste Marke sind Sie selbst!, Kösel-Verlag, München, 2009

BRAUN, ROMAN; Die Macht der Rhetorik, 2. aktualisierte und überarbeitete Auflage, Redline Wirtschaft, Heidelberg, 2007

DENNING, STEPHEN; The Leader's Guide to Storytelling, Jossey-Bass, San Francisco, 2005

FEDRIGOTTI, ANTONY; Optimistisch in die Zukunft, Axent-Verlag, Augsburg, 2007

GARTEN, MATTHIAS; Best Business Presentations, Gabler, Wiesbaden, 2004

GALLO, CARMINE; The Presentation Secrets of Steve Jobs, McGraw-Hill, New York, 2010

GÁLVEZ, CRISTIÁN; Du bist, was Du zeigst!, Knaur, München, 2007

GÁLVEZ, CRISTIÁN; 30 Minuten Storytelling, Gabal, Offenbach, 2009

GSELL, SIEGFRIED; EQ schlägt IQ (Persönlichkeitsstruktur-Anayse), Heimdall, Rheine, 2008

JEARY, TONY; Life is a series of presentations, Fireside, New York, 2004

MATSCHNIG, MONIKA; Körpersprache, Gräfe und Unzer, München, 2007

MOLCHO, SAMY; Alles über Körpersprache, Mosaik, München, 1995

MOESSLANG, MICHAEL; Besser wirken – mehr erreichen, BoD, Norderstedt, 2006

MOESSLANG, MICHAEL; Besser präsentieren – mehr erreichen, BoD, Norderstedt, 2008

NASHER-AWAKEMIAN, LORD JACK G. O.; Die Kunst, Kompetenz zu zeigen, mvgVerlag, Heidelberg, 2003

NAUMANN, FRANK; Die Kunst der Sympathie, Rowohlt, Hamburg, 2007

PINK, DANIEL H.; A whole new mind, Riverhead Books, New York, 2006

PöHM, MATTHIAS; Präsentieren Sie noch oder faszinieren Sie schon?, mvgVerlag, Heidelberg, 2006

PöHM, MATTHIAS; Vergessen Sie alles über Rhetorik, mvgVerlag, Landsberg am Lech, 2001

REYNOLDS, GARR; Presentation Zen, New Riders, Berkeley, 2008

REYNOLDS, GARR; Presentation Zen Design, New Riders, Berkeley, 2010

ROAM, DAN; The back of the napkin, Penguin Group, New York, 2008

SCHERER, HERMANN; Jenseits vom Mittelmaß, Gabal, Offenbach, 2009

SCHMITT, TOM UND ESSER, MICHAEL; Status-Spiele, Scherz, S. Fischer Verlag, Frankfurt am Main, 2009

STEVENSON, DOUG; Never be boring again, Cornelia Press, Colorado Springs, 2003 (deutsch: Die Story-Theater-Methode, Gabal, Offenbach, 2008)

TOPF, CORNELIA; Körpersprache für freche Frauen, 5. Aktualisierte Auflage, Redline Wirtschaft, Heidelberg, 2005

WEISSMAN, JERRY; Presenting to win, Prentice Hall, New Jersey, 2006

WEISSMAN, JERRY; In the line of fire, Prentice Hall, New Jersey, 2005

WILLIAMS, ROBIN; The Non-Designer's Presentation Book, Peachpit Press, Berkeley, 2010

Der Autor

Michael Moesslang, Keynote Speaker, Top 100 Excellence Trainer und Autor, ist der Experte für persönliche Wirkung und sensationelles Präsentieren. Er ist Gründer des PreSensation® Institutes in München. PreSensation setzt sich aus dem Englischen »Presentation« und »Sensation« zusammen. Die große Leidenschaft des Autors ist es, aus Menschen eine Sensation zu machen. Er begleitet sie auf dem Weg zu optimaler Wirkung, zu professioneller Authentizität und Charisma.

„Meine Vision ist eine Welt, in der die Menschen glücklich, zufrieden und erfolgreich leben. Die Welt ist eine bessere, wenn die Menschen sich nicht bescheiden verstecken und klein machen, sondern das, was ihnen zusteht, aktiv anstreben." Um diese Vision zu verwirklichen, beschäftigt sich Michael Moesslang seit über zehn Jahren intensiv mit der Persönlichkeit, den Werten, Überzeugungen und Verhaltensstrukturen von Menschen.

Keynote-Vorträge und Seminare des Autors zum Thema »PreSensation®« motivieren sein internationales Publikum. Als Coach begleitet er Führungskräfte aus Wirtschaft und Industrie.

Michael Moesslang ist nach 20jähriger Erfahrung in Marketing und Werbung fundiert und BDVT-zertifiziert zum Dipl. Master European Business Trainer® ausgebildet. Zudem ist er NLP-Master nach drei der bedeutendsten Standards. Zahlreiche Zusatzausbildungen, unter anderem bei Samy Molcho, Robert Dilts und Anthony Robbins, stützen ergänzend sein umfangreiches Know-how und seine persönliche Wirkung. Dies beweist er erfolgreich seit 1990 als Dozent beispielsweise an der St. Galler Business School, der Hochschule München, der

Bayerischen Akademie für Werbung und Marketing und seit 2000 als Trainer und Vortragsredner für Wirtschaft und Verbände.

Michael Moesslang ist Professional Mitglied in der German Speakers Association und Autor mehrerer Fachbücher.

www.Michael-Moesslang.de